100개의 미생물,
우주와 만나다

100개의 미생물,
우주와 만나다

온 세상을 뒤흔들어온 가장 미세한 존재들에 대하여

플로리안 프라이슈테터·헬무트 욥비르트

유영미 옮김 | 김성건 감수

생명의 진화와 인류의 미래에 관한
천문학자와 생물학자의 대화

갈매나무

일러두기

- 인명과 지명 등 고유명사의 표기는 국립국어원 외래어표기법을 따랐다.
- 책명은 번역해 실었으며 원제를 병기했다. 한국어판이 있는 경우 원제를 생략하고 한국어판의 제목을 따랐다.
- 생물의 이름의 경우, 학명을 그대로 읽는 것을 원칙으로 하되 국명이 있거나 일반적으로 통용되는 한글 명칭이 있는 경우 이를 사용했다. 학명 표기는 국립국어원 외래어표기법을 따르되, 일반적으로 통용되는 표기와 동떨어진 경우 예외를 두었다.
- 학명의 원어는 최초 1회 병기했으며, 이탤릭체로 표기했다. 바이러스의 경우에는 원서의 표기 원칙을 따라 이탤릭체로 표기하지 않았다.
- 이 책에서 말하는 '균류'는 주로 곰팡이, 버섯, 효모를 포함하는 '진균류'를 말한다. 본문에서는 학계에서 통용되는 표현에 따라 '균류'로 표기했다.

추천사

《100개의 미생물, 우주와 만나다》는 다양한 미생물을 다루고 있다. 질병, 건강, 지구온난화 등 우리 일상과 관련한 100가지 미생물이 등장하는데, 흥미진진하고 시시콜콜한 사건들부터 인류와 우주의 역사까지 광범위하게 이야기가 펼쳐진다. 재미있게 읽기에도 부족함이 없을 뿐만 아니라, 최근의 전문적 연구까지 포괄하고 있어 유익하고 깊이가 있다.

모든 생물의 공통적인 마커 유전자를 바탕으로 고세균을 독립적인 역domain 으로 처음 제안했던 칼 워즈의 분류법(20장 참고)에 따르면, 지구상의 미생물은 세균과 고세균 그리고 진핵미생물로 나눌 수 있다. 이 책에서는 여기에 더하여 세균, 고세균, 진핵미생물을 숙주host 로 하는 바이러스까지 포함한다.(바이러스를 생명체로 보지 않는 입장에 동의하는 편이지만, 바이러스도 작고 일부 생명활동을 하고 있다는 점에서 이 책에서는 바이러스를 '미생물'로 보고 있다). 이 책에서 다루고 있는 100개의 미생물은 위 분류로 나누어 보면 세균이 29개, 고세균이 23개, 진핵미생물이 23개, 바이러스가 24개다. 모든 미생물을 골고루 선정했다고 볼수 있다. 100개 가운데 나머지 하나는 지구상의 생명의 조상인 루카LUCA 다(18장 참고).

바이러스는 생명체로 보지 않는다. 왜냐하면 바이러스는 유전물질을 가지고 있지만 완벽하지 않아서 숙주의 유전물질과 생리활성이 없이는 증식할 수 없기 때문이다. 그런데 이 책의 62장에서는 숙주가 없는데도 돌기를 만들어내는 활성을 나타내는 바이러스를 소개하고 있다. 58장은 바이러스를 먹이로 삼을 수 있는 진핵미생물이 주인공이다. 바이러스를 포함하는 새로운 먹이사슬을 설명하고 있다. 68장의 스푸트니크 바이러스는 바이러스를 숙주로 하는 바이러스다. 이런 것들은 다른 어떤 매체에서도 찾아보기 힘든 매우 희귀하고 흥미로운 바이러스 이야기들이다.

바이러스 외에도 생명의 진화를 설명하는 루카(18장), 그리고 진핵생물의 탄생에 대한 단서를 제공하는 로키아르카에오타(로키고세균)(91장)에 대한 이야기는 최근의 연구 결과를 바탕으로 썼다.

책에 들어가기 전에 이해를 돕기 위해 한 가지 용어를 더 설명하고 싶다. 40장, 52장 등에서 언급되는 '조류'가 그것이다. 여기서 말하는 조류藻類는 새를 말하는 조류鳥類가 아니다. 광합성을 하지만 뿌리, 줄기, 잎으로 구분되지 않는 미역, 다시마 등을 조류라고 부른다. 이 책에서는 조류 중에서도 아주 작은 미생물인 미세조류를 조류라 칭하며 다루고 있다.

이 글을 쓰고 있는 나의 키는 170센티미터 정도다. 즉, 1.7미터다. 대표적인 미생물이라 할 수 있는 대장균의 크기를 1.7 마이크로미터라고 가정한다면, 대장균 100만 개를 일렬로 연결해야 내 키 정도가 된다. 다르게 표현하면 대장균의 크기는 내 키의 100만 분의 1 정도인 것이다. 길이 단위로 '마이크로'는 100만 분의 1을 나타낸다. 진핵미생물은 세균과 고세균보다 10배 이상 크다. 길이로 말하면 수십 마이크로미터다. 바이러스는 세균과 고세균에 비해 10배 이상 작다. 0.1마이크로미터보다 작은 크기다. 대부분의 미생물이 '미'생물이라는 이름 그대로, 현미경으로 봐야만 겨우 보일 정도로 미세한 크기인 것이다. 그렇지만 여기에 예외가 있다는 점이 재미있다. 42장의 주인공인 티오마르가리타 나미비엔시스는 세균인데, 크기가 750마이크로미터로 대장균보다 몇백 배나 크다. 육안으로도 보일 정도의 크기로, 저자가 말하듯이 이 책에 찍힌 마침표 정도의 크기다.

여러분은 이 책을 읽고 이처럼 작지만 다양한 미생물들이 우리와 함께 지구 위에서 살아가고 있음을 알게 될 것이다. 미생물이 우리의 질병과 건강뿐만 아니라 일상생활 전반에 매우 밀접한 영향을 미치고 있다는 점 또한 알게 될 것이다. 비록 눈에 잘 보이지 않더라도 말이다. 그리고 이 미세하고 매력적인 생물들에 대해서 더 많이 알고 싶어질 것이다.

김성건 한국생명공학연구원 생물자원센터장

들어가며

미생물에 대한 천문학자와 생물학자의 대화

🔭 안녕하세요. 천문학자 플로리안 프라이슈테터입니다.

🔬 안녕하세요. 생물학자 헬무트 융비르트입니다. 생물학자인 제가 사람들에게 놀라운 미생물의 세계 이야기를 들려드리려는 이유에 대해서는 뭐 굳이 설명하지 않아도 되겠지요. 하지만 천문학자가 미생물 이야기를 하려 하다니? 그건 잘 납득이 가지 않는군요. 천문학자는 우주를 연구하는 사람이잖아요.

🔭 하하, 그걸 알고 싶으시군요. 천문학은 전 우주를 연구 대상으로 삼는 학문이랍니다. 따라서 모든 것이 우리 소관이라니까요. 하지만 맞아요. 보통 천문학자들은 그저 행성, 별, 은하에 대한 이야기만 하지요. 나머지는 생물학 같은 유용한 보조학문에게 맡겨두고요.

🔬 허허, 보조학문이라니! 우주를 연구하는 사람들이 있다는 건 아주 멋지고 좋은 일이에요. 하지만 진짜 삶은 하늘이 아니라 여기 땅에서 이루어진답니다. 생물학이 없으면 당신네 천문학자들과 나머지 인류의 형편이 말이 아닐걸요.

🔭 네에, 잘 봐주시길 바라요. 큰 것뿐 아니라 작은 것을 연구해야 세상을 제대로 알 수 있다는 건 우리 모두가 동의하는 바이니까요. 천문학 역시 미생물을 이해하는 데 관심을 갖고 있어요. 우주는 아시다시피 엄청 커요. 어마어마하게 크지요. 그러다 보니 우주에 있는 것들은 너무나 멀리 있고, 서로 간에도 엄청난 거리를 두고 떨어져 있어요. 그래서 우리 천문학자는 상상할 수 없이 광활한 우주를 연구하기 위해 망원경을 활용하죠. 망원경으로 별을 관측하면, 별은 별빛을 통해 우리에게 저 먼 곳에서 무슨 일이 일어나고 있는지를 알려줘요. 그래서 저는 몇 년 전 《100개의 별, 우주를 말하다》라는 제목의 책을 썼습니다. 저 바깥 우주에서 빛을 발하는 무수한 별 하나하나가 들려주는 각각의 이야기를 합치면 우주의 이야기가 탄생하니까요.

🔬 맞아요. 하지만 별들뿐 아니라, 생물학의 연구 대상인 눈에 보이지 않는 미세한 세계도 이야기를 들려준답니다. 현미경으로 들여다보면, 오랫동안 상상도 못 했던 세계가 눈에 들어오거든요.

🔭 맞는 말씀이십니다. 하늘의 별만 우주 이야기를 들려주는 것이

아니라, 미생물 역시 또 다른 우주 이야기를 들려주지요! 지구를 오늘날과 같은 행성으로 만든 것도 미생물이에요. 행성으로서의 지구는 우리 천문학자의 담당 영역이지요. 소행성, 혜성, 달, 다른 행성도 그렇고요. 우리는 멀리 어느 행성에 생명체가 존재할는지 아직 알지 못해요. 하지만 외계 생명체를 부지런히 찾고 있지요. 이런 수색에도 미생물이 중요한 역할을 해요.

미생물이 온갖 것에 연관되어 많은 이야기를 들려주는 건 놀랄 일이 아니에요. 한 사람의 신체 안에 있는 세균 수만 해도 100조 개에 이르거든요. 자그마치 우리 은하에 있는 별 개수의 500배에 해당하는 수지요. 지구상에 존재하는 세균의 총 개수는 관측 가능한 온 우주의 별보다 더 많고요. 미생물은 작지만, 온 세상에 존재해요! 그러므로 세상을 이해하려 한다면, 이 작은 생물체를 간과할 수 없습니다.

인류의 역사, 개인의 일상, 인간의 몸과 건강, 환경, 지구 등 우리 모든 삶의 근간이 미생물의 영향을 받지요. 미생물 역시 천문학에서 다루는 빅뱅이나 다른 은하, 외계 행성, 암흑물질처럼 오랫동안

미지의 존재로 남아 있었는데 말이에요. 이 세상에 미생물의 영향을 받지 않는 영역은 거의 없어요. 세균과 바이러스는 우리가 물리쳐야 하는 '나쁜' 병균일 뿐인 존재가 아니고, 그것을 훨씬 넘어서는 신기한 생명체들이죠.

🔬 그래서 우리 책에서는 질병, 감염과 같은 달갑지 않은 주제는 별로 등장하지 않을 거예요. 미생물이 할 수 있는 흥미로운 일들에 대한 이야기가 주를 이루죠.

🔭 미생물 덕분에 생겨난 공휴일 이야기라든가…….

🔬 또 미생물이 어떻게 건축, 예술, 종교를 바꾸었는지…….

🔭 미생물은 지구 기후에도 영향을 미쳐서 기후 보호에도 도움을 줄 수 있지요.

🔬 미생물이 아니었다면 초콜릿이나 맥주, 빵, 치즈도 없었을 거고요.

🔭 노벨상, 겨울 여행, 방사능 폐기물, 미국의 정치, 우리가 입는 옷 등 모든 것이 미생물과 관계있어요. 우주비행도요. 가령 화성으로 여행하려 한다면, 적절한 미생물과 협력해야만 해요. 우주에서 천연자원을 채굴하거나, 우주정거장에서 생활하는 데에도 미생물이 필요하고요.

🔬 맥주와 초콜릿은 이미 말했지요?

🔭 아무리 자주 언급해도 지나치지 않죠.

🔬 다양한 미생물이 세상에 미치는 영향은 정말 놀라워요. 그것을 완벽히 조망하는 건 아예 불가능한 일이죠.

🔭 그래서 우리도 그런 불가능한 시도는 애저녁에 포기했고요.

🔬 네, 그래서 우린 100개의 미생물을 뽑아보려는 거죠? 세상에 대해 재미있고, 우습고, 특이하고, 신기하고, 인상적인 이야기를 들려

주는 놈들로 말이죠. 100개의 미생물에 얽힌 세상 이야기. 눈에 보이지 않는 낯선 세상, 그럼에도 우리 삶의 모든 측면에 영향을 미치는 세상을 엿보려는 것입니다.

미생물을 통해 우리는 생명의 시작과 끝을 이해할 수 있어요. 미생물을 소재로 비인간적인 범죄나 정치에 대한 이야기도 할 수 있고, 학문적 깨달음을 위해 용감무쌍하게 스스로를 실험 대상으로 삼은 이야기도 할 수 있죠. 땅속 깊숙이에서 일어나는 일, 먼 우주에서 일어나는 일, 그 중간에서 일어나는 일도 말이에요. 미생물은 인체가 어떻게 기능하는지, 왜 우리가 지금과 같은 존재가 되었는지, 스스로 멸절하지 않으려면 어떻게 해야 하는지를 보여줍니다.

미생물은 우리 인간이 존재하기 훨씬 오래전부터 있었고, 인간이 사라진 뒤에도 오래도록 남겠지요. 인간이 이런 충실한 동반자를 발견하기까지는 꽤 시간이 걸렸어요. 그리고 더 어려운 과정을 거쳐 이들의 이야기를 듣는 데까지 이르렀죠. 이들의 존재를 의심하고, 부인하고, 인정하고, 무시하는 일들이 있었어요. 이 미세한 생물이 우리에게서 얼마나 유익을 얻는지를 발견했고, 반대급부로 인간 역시 이들에게서 많은 유익을 취할 수 있었어요. 빵과 맥주, 하늘과 땅. 과거와 미래, 삶과 죽음……. 미생물은 어디서나 함께해요. 미생물의 이야기는 우리의 이야기랍니다.

오, 이렇게 비장하게 운을 뗐으니 일단 맥주 한잔 들이켜야 할 듯한데요.

건배! 자 이제 시작해봅시다!

차 례

❖ "자연의 모태에서는 경이로운 형상이 무궁무진하게 만들어진다."

✨ 역사를 만들기 위해 몸집이 클 필요는 없다

❊ 언젠가 우리가 다른 행성에 거주하게 된다면, 미생물과 함께할 것이 틀림없다

❖ 미생물은 별의 죽음을 견디고 살아남을 수 있을지도 모른다

"자연의 모태에서는 경이로운 형상이 무궁무진하게 만들어진다."

– 에른스트 헤켈, 《자연의 예술적 형상》

①

분열균
생명 분류의 어려움

Schizomycete는 문자 그대로 '분열균류(여기서 균류는 진균fungus, 즉 곰팡이를 의미한다—옮긴이)'라는 뜻이며, 오늘날에는 의미가 전이되어 '세포분열로 증식하는 미생물'을 의미한다. 그러나 원래 이 말은 구체적인 생물을 칭하는 말이었다. 그리고 그 생물은 진균fungus과는 무관했다. 분열균은 엄청나게 다양한 지구상의 생물을 대략이나마 분류하는 것이 얼마나 어려운지를 잘 보여준다. 1882년에 나온 식물생리화학 교과서에는 이렇게 표기되어 있었다. "세균(박테리아)이 속한 Schizomycete 혹은 분열균은 현재까지 알려진 가장 하등하고 미세한 유기체다." 당시 사람들도 이미 세균을 알고 있었고, 세균이 세포분열을 해서, 즉 그냥 이분법을 통해 둘로 나뉘어 번식할 수 있다는 사실을 알고 있었다. 하지만 당시에는 미생물에 대한 체계적인 정리가 되어 있지 않아, 세균을 분열균으로서 효모균류, 사상균 그리고 다른 미생물로 분류했다.

오늘날에도 조망은 쉽지 않다. 우리의 책은 미생물을 다룬다. 하지만 미생물이란 무엇일까? 미생물이라는 것은 공식적이고 명확한 경계가 있는 것이 아니다. 이 분야의 주요 교과서인 《Brock의 미생물학》은 미생물을 다음과 같이 정의한다. "미생물은 아주 미세한 단세포생물이다. 미세하게 작지만 세포는 없는 바이러스도 미생물에 포함된다." 미생물은 육안으로는 볼 수 없다(볼 수 있는 개체를 제외하면 말이다). 그리고 단세포다(하나 이상의 세포로 이루어진 몇몇 개체를 제외하면 말이다). 또한 미생물은 생물이다(생물이라 말할 수 없는 바이러스를 제외하면 말이다). 결국 확실히 말할 수 있는 것은 미생물은 미생물학의 연구 대상이라는 것뿐인데, 이런 말은 별로 도움이 되지 않는다.

명확한 생물 분류를 향한 인류의 소망

사람들은 수천 년 동안 지구상의 생물을 분류하고자 애써왔다. 아리스토텔레스는 생물을 '완벽'의 정도로 분류했고—아니나 다를까—인간을 '자연의 사닥다리' 최상단에 위치시켰다. 근대에 들어서 그런 주관적인 체계를 지양하고, 생물을 좀 더 과학적으로 분류하려는 노력이 이루어졌다.

스웨덴의 자연과학자 칼 폰 린네Carl von Linné가 18세기에 생물 분류체계를 정립했을 때는 아직 모든 것이 적잖이 조망 가능했다. 우선 식물과 동물이라는 두 '계'가 있었고, 그 밑에 강, 목, 과, 속, 종 같은 하위 그룹이 있었다(정확히 말하면 린네는 돌을 '광물계'라고 하여 제3의 계로 분류했다. 하지만 광물은 생물에 속하지 않는다). 호모 사피엔스 종인 인간은 동물계에 속하고, 그중에서 포유류 강에 속한다. 포유류 강 안에서 다시 호미니드(유인원) 과에 속하며, 거기서 다시 호모 속으로 세분화한다.

그러나 생명체를 단순히 동식물로 나누는 것만으로는 얼마 안 가 한계에 부딪혔다. 무엇보다 미생물에 속하는 생물들이 점점 더 많이 알려졌고, 찰스 다윈Charles Darwin의 진화론은 새로운 분류체계의 필요성을 대두시켰다. 그리하여 동물, 식물에 더해 대부분 단세포생물로 이루어진 '원생생물'이 또 하나의 계로 추가되었다. 20세기에는 균류를 식물계로부터 분리했고, 원생생물을 '진핵생물(세포핵이 있는 생물)'과 '원핵생물(세포핵이 없는 생물)'로 나눴다. 그러다가 1970년대 새로운 연구 결과가 나오면서 다시 한번, 이번에는 상당히 극적인 전환이 불가피해졌다. 미국의 미생물학자 칼 워즈Carl Woese가—당시 아직 원핵생물에 속했던—박테리아를 자세히 살펴본 결과, 박테리아를 서로 다른 두 그룹으로 나눌 수 있다는 것, 아니 필연적으로 나누어야 한다는 것을 깨달았던 것이다. 언뜻 아주 비슷하게 보이지만, 유전적 분석으로 그들이 전혀 다르다는 사실을 알게 되었기 때문이다(20장을 보라). 그리하여 워즈는 원핵생물을 세균bacteria과 고세균archaea으로 분류하고, 생물 분류 단계에서 계보다 더 높은 최상위 단계인 역domain을 두고, 지구상의 모든 생물을 세 가지 역, 즉 진핵생물과 세균 그리고—새로운—고세균으로 분류했다.

세균과 고세균은 미생물학자가 아니고서는 구별이 쉽지 않다. 인간, 기린, 대왕고래는 한눈에 차이가 보이지만, 현미경으로 세균과 고세균을 관찰하면 처음에는 거의 구별이 되지 않는다. 그러나 생물학적 체계에서 중요한 것은 외모가 아니다. 우리 인간은 다른 동물과 마찬가지로 진핵생물이다. 우리는 모두 체세포의 기본 구조가 같다. 이런 기본 구조가 우리가 서로 가까운 생물임을 보여준다. 그러나 세균과 고세균을 유전적으로 분석하면 엄청난 차이가 확인된다. 나아

가 인간과 동식물은(모두 진핵생물이다) 세균보다는 고세균과 훨씬 더
비슷하다.

생물 분류의 문제는 아직 최종적으로 해결되지 않았다. 계속해 분
류체계를 개선할 수 있는 새로운 제안들이 나오고, 생물을 이 서랍에
서 꺼내 저 서랍으로 넣곤 한다. 확실히 미생물이긴 한데, 생물로서
의 모든 조건을 충족하지는 않는 바이러스를 어떻게 분류해야 할지
도 아직 불분명하다. 바이러스는 아직 생물 분류체계에 포함되어 있
지 않은 것이다. 생물을 명확히 분류하고 싶은 인류의 소망은 크다.
이해가 가는 일이다. 하지만 유감스럽게도 현실 세계는 아직 이런 우
리의 소망에 부응해주지 않는다.

②

마이크로코쿠스
안톤 판 레이우엔훅의 치아 위생

맨눈으로 볼 수 없을 정도로 미세한 동물들이 질병을 일으킨다! 고대 로마의 학자 마르쿠스 테렌티우스 바로Marcus Terentius Varro는 2000년도 더 전에 이런 무시무시한 추측을 했다. 그러나 바로는 훗날 네덜란드 자연 연구가 안톤 판 레이우엔훅Anton van Leeuwenhoek이 "아주 작은 동물"이라 칭했던 이 존재들에 대해 추측 이상은 할 수가 없었다. 하지만 1676년에 레이우엔훅은 이 작은 생물을 최초로 눈으로 확인했다. 이 발견은 레이우엔훅이 거의 강박에 가까울 정도로 치아 위생에 열심이었던 덕분에 가능했다.

맨 처음 직물상으로 직업생활을 시작했던 레이우엔훅은 성실함을 인정받아 고향 델프트에서 주류 검량관으로 임명되었다. 주류 검량관은 포도주, 맥주, 화주를 용기에 채워 정확한 양으로 판매하도록 내주는 일을 담당했다. 한편 그는 경제적으로 여유가 있어 여가 시간에는 돈이 많이 드는 취미생활을 했는데, 그 취미생활의 도구는 바로 현미경이었다. 그는 현미경과 현미경으로 연구할 수 있는 세계에 매료되었고, 렌즈를 연마하는 법을 배워 현미경을 직접 제작하기도 했다. 그가 만든 현미경들은 당대의 여느 현미경보다 훨씬 성능이 좋아서 물체를 최대 270배까지 확대해 볼 수 있었다.

최초로 세균을 눈으로 관찰하다

레이우엔훅은 (자신의 손가락을 포함해) 손에 잡히는 모든 것을 현미경으로 관찰했다. 한동안은 미각이 어떻게 기능하는지에 특히나 관심을 쏟았는데, 1674년 10월 19일에 쓴 편지에는 자신의 혀에 백태가 꼈다고 썼다. 백태가 껴 있는 동안에는 미각이 감퇴된다는 것을 느끼고는, 현미경으로 백태가 생긴 소의 혀를 관찰함으로써 백태가 미뢰에 어떤 영향을 주는지를 정확히 묘사하고자 했다. 이런 시도에 뒤이어 특정 음식에서 왜 어떤 맛이 나는지에 대해서도 관심을 두고 연구했다. 가령 청어는 익혀서 먹든 날로 먹든 늘 소금 간을 하는데, 이때 온도가 소금 결정의 형성과 모양에 영향을 미친다는 사실을 현미경 관찰을 통해 확인할 수 있었다. 익힌 청어에는 뾰족뾰족한 소금 결정이 생성된 반면, 날것에는 사각형 모양의 결정이 보였다. 이에 레이우엔훅은 날것이 미뢰에 덜 자극적으로 느껴지는 이유가 소금 결정이 사각형 모양이기 때문이라고 추측했다.

그럼 후추는 왜 그렇게 아린 맛이 나는 걸까? 레이우엔훅은 궁금증을 해결하기 위해 후추 열매 몇 개를 며칠 동안 물에 담가놓았다. 열매가 부드러워지면 더 자세히 관찰하기 위해서였다. 그는 후추 열매를 담가두었던 용액 자체도 현미경으로 분석했고, 1676년 4월 24일에 그 용액 안에서 엄청나게 미세한 생물 몇몇을 관찰하고 "굉장히 놀랐다"고 적었다. 이것이 오늘날 우리가 '세균(박테리아)'이라 부르는 것이다. 같은 해 10월, 레이우엔훅은 영국 왕립학회에 편지를 보내—이 편지는 오늘날 유명해졌다—자신이 물에 사는 작은 단세포

"동물"을 발견했다고 보고했다. 얼마나 작은지 이런 동물 100마리를 일렬로 세워도 모래알 하나 길이에 못 미친다고 했다.

하지만 세균 발견의 분명한 증거로 여겨지는 것은 레이우엔훅의 또 다른 편지다. 그 편지에는 이 기이한 생물에 대한 스케치도 담겨 있다. 레이우엔훅은 1683년 9월 17일 왕립학회에 그 편지를 보내며, 우선 자신의 개인적인 치아 관리법을 자랑스레 설명했다. 매일 아침 소금으로 치아를 문지르고, 물로 헹궈내며, 식사를 마치면 이쑤시개를 사용해 이에 낀 이물질을 제거한 뒤, 손수건으로 치아를 반들거리게 닦는다고 했다. 그런데 이렇게 신경을 쓰는데도 어금니 사이에 백태가 꼈고, 이를 현미경으로 자세히 살펴보니 그 안에서 "매우 활발히 움직이는 아주 작은 살아 있는 동물들"이 있더라고 적었다. 세균의 형태와 크기에 대한 묘사는 꽤 정확해서, 그가 당시 마이크로코쿠스*Micrococcus* 속의 세균을 관찰했음이 틀림없어 보인다. 마이크로코쿠스는 '작은 알갱이'라는 뜻이다. 이 세균이 구형을 띠기 때문이다. 마이크로코쿠스는 구형의 세균을 총칭하며, 이 세균은 인체뿐 아니라 토양, 생활하수, 공기 중에도 존재한다.

안톤 판 레이우엔훅은 미세한 세균의 존재를 최초로 입증했으며, 최초로 세균을 자신의 눈으로 관찰했다. 아울러 규칙적으로 이를 닦는 것이 얼마나 중요한지를 보여주었다.

3

스트렙토미세스 그리세우스
이제는 독수리 대신 미생물

오스트리아의 연방 헌법 8a조는 자국의 국가 문장이 "자유롭게 비상하는 검정 독수리"를 형상화하고 있다며, 이 독수리는 "머리가 하나에, 금빛 무기로 무장하고 있으며, 혀는 붉은색이고, 가슴 부분은 가운데에 은색 띠가 들어간 붉은 방패로 덮여 있다"고 상세히 명시한다. 반면 독일의 국가 문장을 장식하는 독수리의 외관은 헌법으로 규정되어 있지 않다. 대신 1950년 독일 연방 대통령 테오도어 호이스가 공시한 내용에 상술되어 있다("머리가 하나인 검은 독수리로 … 고개의 방향은 오른쪽을 향하고 있으며, 날개는 펼쳤으나 깃털은 닫고 있다. 부리, 혀, 발은 붉은색이다"). 스위스는 자신의 국가 문장에 동물을 넣지 않고, 스위스의 프랑을 국가의 상징으로 승격시켰다.

미국 사람들은 유럽 국가들의 문장 속 독수리를 보며 안됐다는 듯 혀를 찰지도 모른다. 그도 그럴 것이 미국에는 각 연방 주마다 그 주를 상징하는 공식 새가 있을 뿐 아니라 공식 양서류, 나비, 갑각류, 파충류, 나무, 열매가 있고, 그 외에 많은 다른 동식물이 있기 때문이다. 심지어 그 주를 상징하는 공식 미생물까지 있다.

2019년 5월 10일 뉴저지 주지사 필 머피는 스트렙토미세스 그리세우스*Streptomyces griseus*를 미국에서 네 번째로 작은 뉴저지주를 상징하는 공식 미생물로 선정하는 법안에 서명했다. 이것은 적절한 선택이었다. 스트렙토미세스 그리세우스는 1914년 알렉산더 크라인스키 Alexander Krainsky가 러시아 땅에서 처음 발견했지만, 1943년에 미국의 뉴저지에서도 발견되었기 때문이다. 이어 뉴저지주 럿거스대학에서 이 세균에 대한 아주 성공적인 연구가 이루어졌다. 럿거스대학의 미생물학자 셀먼 왁스먼 Selman Waksman은 이 연구로 1952년 노벨 생리학·의학상을 받았다. "결핵을 치료하는 최초의 항생제인 스트렙토마이신을 발견"한 공로였다.

알베르트 샤츠 Albert Schatz와 엘리자베스 버기 Elizabeth Bugie도 스트렙토마이신의 발견에 참여했는데, 왁스먼 혼자에게만 상이 수여된 점이 약간 불공평한 감이 있지만, 그 외에는 정말 대단한 의학적 성공이었다. 그때까지 항생물질이라고는 페니실린이 유일했고 결핵에는 페니실린이 듣지 않았는데, 이제 스트렙토미세스 그리세우스가 분비하는 스트렙토마이신이 이런 의학적 틈을 메꾸어준 것이다. 이후 스트렙토미세스 속에 속하는 세균들로부터 많은 다른 항생제가 탄생해 의료환경을 확 바꿔놓았다.

미생물을 국가의 문장으로!

미국의 여러 주가 자신의 주를 상징하는 생물을 여럿 두고, 자신의 주 홍보를 위해 미생물까지 동원하는 게 우스워 보일지 모른다. 하지만 스트렙토미세스 그리세우스는 여느 새, 식물, 문장, 찬송가보다 더 멋진 상징이 아닐까.

항생제는 이미 수많은 사람의 목숨을 구했으며, 오늘날 의학에서 그야말로 필수 불가결한 것이다. 그러므로 뉴저지주처럼 미생물을 내세우는 주가 더 많지 않은 게 이상할 정도다. 2013년 이후 미국에서 뉴저지주 외에 미생물을 자신의 주를 상징하는 공식 생물로 선정한 주가 딱 하나 있으니 바로 오리건주다. 오리건주는 맥주나 빵을 발효시킬 때 쓰여 맥주효모균 혹은 빵효모라 불리는 사카로미세스 세레비시에*Saccharomyces cerevisiae*를 자신의 주 공식 미생물로 지정했다. 하지만 주나 국가의 문장에 세균 같은 것을 그려 넣은 예는 찾아볼 수 없다. 이젠 좀 변화를 주어도 좋겠건만 말이다.

물론 오스트리아의 경우에는 독수리 대신 박테리아로 문장을 바꾸기가 어려울 것이다. 그러려면 헌법을 개정해야 하니 말이다. 하지만 최소한 독일에서는 안 될 것도 없다. 당시 테오도어 호이스 대통령이 그랬던 것처럼, 공고를 통해 일을 조율하면 되니까. 깃발에 연방 독수리 대신 연방 박테리아를 넣을 수 있을지도 모른다. 독수리에게 피해를 주는 남세균*Cyanobacteria*(시아노박테리아), 아이톡토노스 히드릴리콜라*Aetokthonos hydrillicola*는 어떨까? 이 시아노박테리아의 이름은 '독수리 킬러'라는 뜻이다.

할로박테리움 노리센스
핵폐기물 감시자

할로박테리움 노리센스*Halobacterium noricense* 는 이름에 '박테리움'이라는 말이 들어 있으니 박테리아(세균)인가 싶을 것이다. 하지만 그렇지 않다. 이 미생물이 이렇게 불리게 된 것은 할로박테리움 속에 속하는 미생물들이 세균(박테리아)이 아니라 고세균(20장을 보라)에 속한다는 사실이 유전 연구를 통해 밝혀지기 전에 이름이 지어졌기 때문이다. 그러나 사실 이 이름에서 흥미로운 부분은 박테리움이 아니라 '할로'다. 할로? 헬로? 이름 속에 인사말이 숨어 있는 걸까 생각했다면 틀렸다. 할로*Halo* 는 소금을 뜻하는 그리스어에서 유래했고, 이 미생물이 소금을 굉장히 좋아하기 때문에 이런 이름이 붙었다. 할로박테리움 노리센스와 같이 극도로 소금을 좋아하는 고세균들은 종종 '할로아르카에아*haloarchaea*'라고도 불리며, 염도가 굉장히 높은 환경에서 생존하는 데 전혀 문제가 없다.

할로박테리움 노리센스는 오스트리아 최대의 소금 채취 지역인 알트아우스제 호수의 소금 광산에서 2억 5000만 년 전에 형성된 소금층을 수백 미터 깊이로 시추해 들어갔을 때 발견되었다. 잘츠부르크대학의 헬가 스탄로터*Helga Stan-Lotter* 와 동료들은 2004년 시추를 통해 얻은 물질에서 아직 학명이 등록되지 않은 소금을 좋아하는 고세균을 발견했다. 그러고는 알트아우스제 호수 지역이 이전 로마제 국의 노리쿰Noricum 지방에 속했던 것을 고려해 할로박테리움 노리 센스라고 명명했다.

스스로를 보호하고 지구를 지키다

이런 발견 못지않게 흥미로운 것은 헬름홀츠 드레스덴-로젠도르 프 센터의 미리암 바더Miriam Bader와 동료들이 2018년 이 할로박테 리움을 자세히 연구하고 알아낸 사항이다. 그들은 완전히 다른 방 향에서 이 미생물에 접근했다. 바로 인간이 만들어내는 쓰레기 가운 데 가장 탐탁지 않은 쓰레기를 처리하는 문제와 관련해서 말이다. 제 2차 세계 대전 이후 우리는 필요한 에너지를 충족하기 위해 원자력 발전소를 가동하기 시작했고, 그 과정에서 고준위 방사성 폐기물을 많이 배출했다. 이 폐기물은 굉장히 위험한 물질로, 유감스럽게도 저 절로 사라지지 않고 오랜 세월 동안 지구상에 남는다. 그래서 지금 까지는 지하 깊은 곳에 묻는 방법밖에는 이를 처리할 별다른 묘안이 없었다.

폐기물은 방사능이 사라질 때까지 경우에 따라 몇만 년에서 몇백 만 년이 걸리므로 되도록 지질활동이 없는 곳, 무엇보다 물이 들어가 지 않을 곳에 매립해야 한다. 물이 들어오면 쓰레기가 다시 표면으로 씻겨 올라올 것이기 때문이다. 지하 암염층, 즉 암염돔이 최종 저장 소 후보로 여겨진다. 이런 암염층은 수백만 년 전부터 안정된 상태로 남아 있고 여러 번 빙하기를 거치면서도 손상되지 않았다. 하지만 이

곳도 절대적으로 안전하지는 않다. 그래서 바더와 동료들은 최악의 시나리오를 상정하고, 만약 암염돔에 물이 들어가서 방사성 물질이 물에 용해되어 나온다면 무슨 일이 일어날지를 연구하고 있다. 굉장히 위험한 물질이 제어되지 못하고 확산된다면, 치명적인 결과가 빚어질 것이다. 하지만 놀랍게도 우리는 여기서 할로박테리움 노리센스의 도움을 받을 수 있다. 이 미생물은 암염 속에서도 문제없이 서식할 수 있을 뿐 아니라 폐기물의 확산도 막을 수 있다. 할로박테리움 노리센스가 방사성 입자와 접촉하면 인산염이 만들어지기 때문이다. 인산염은 방사성 원소와 결합하면 몇 분 되지 않아 물에 녹지 않는 광물을 만들어낸다. 그러면 쓰레기는 여전히 존재하고 여전히 위험하지만, 최소한 물에 녹아 널리 확산되지는 않을 것이다.

물론 할로박테리움이 우리에게 기쁨을 주려고 그렇게 하는 건 아니다. 순전히 자신에게 유익하기 때문에 그렇게 한다. 방사성 금속은 그들에게도 위험하기에, 스스로를 보호하는 방편으로 인산염을 만들어내는 것이다. 이 발견은 앞으로 방사성 폐기물 영구 저장소의 안전성을 평가하는 데 도움을 줄 수도 있다. 쓰레기 처리에 도움을 줄 수 있는 자연의 감시자가 있다는 사실을 알게 된 것은 좋다. 하지만 방사성 폐기물은 애초에 만들어내지 않는 것이 우리 모두에게 더 좋을 것이다.

⑤

스핑고모나스 데시카빌리스
우주의 미니 광부

2017년 많은 언론에서 소행성 프시케가 가격으로 따지면 1000경 달러에 달한다고 보도했다. 이런 기사는 놀라운 동시에 좀 황당하다. 이 기사들은 당시 미국항공우주국NASA이 2022년에 직경이 226킬로미터 정도인 이 소행성에 탐사선을 보내겠다고 결정하면서 나왔다. 프시케가 관심을 끈 것은 무엇보다 이 소행성이 소행성으로서는 드물게 거의 금속으로만 구성되어 있기 때문이었다. 주로 철과 니켈로 이루어져 있지만, 그 외에도 각종 유용한 금속이 포함되어 있다. 희토류와 같이 경제적으로 중요한 금속들도 있고, 금과 은, 백금도 있다. 이 소행성의 질량은 3만조 톤에 달하는데, 이를 시장 거래가로 따지면 1000경 달러라는 어마어마한 가격이 나온다.

물론 전 세계에서 그런 값을 지불할 수 있는 사람은 아무도 없을 것이다. 그런데 이 행성 전체를 지구로 가져오면 어떻게 될까? 지구의 금속 가격은 아마 어마어마하게 떨어질 것이다. 물론 기술적으로 불가능한 일이지만 말이다. 미국항공우주국은 금속을 가져오기 위해 탐사선을 보내려는 것이 아니다. 단지 그 천체를 학문적으로 연구하기 위함이다. 하지만 소행성에서 금속을 채굴하는 것 자체는 충분히 고려해볼 가치가 있는 일이다. 소행성에서 채굴한 금속을 여기 지구로 가져와 활용하는 것이 아니라 바로 거기 우주에서 필요한 물건들로 만들면 어떨까. 굳이 로켓을 활용해 우주로 지구의 물질들을 쏘아 올리지 않아도 될 것이다.

미래 우주개발을 함께할 동반자

이런 생각은 아직 SF에 가깝다. 하지만 언젠가 현실이 된다 해도, 우주에서 금속을 채굴하는 광부는 인간이 아니라 미생물이 될 가능성이 높다. '바이오마이닝biomining' 또는 '바이오리칭bioleaching'이라 불리는 이 아이디어는 이미 몇십 년 전부터 지구에서 광물로부터 금속을 용출하는 데 활용되고 있다. 특정 미생물은 그들의 신진대사를 위해 철과 같은 금속을 사용함으로써 특정 화학반응을 일으킬 수 있다. 간단히 말하자면, 약간의 물을 첨가해 잘게 부순 광석과 적절한 미생물을 한데 섞으면, 미생물이 광석 위에서 증식한다. 그리고 이들의 신진대사를 통해 필요한 금속이 광석에서 용출되어 물에 들어가게끔 한다. 물이 아래로 흘러나오면, 다시 물을 위로 붓는 과정을 반복한다. 그러면 물속의 금속 함유 농도가 높아져서 금속을 정제해 활용할 수 있다.

구리나 우라늄을 채굴하는 데 활용되는 이런 기술을 우주에서 소행성의 자원을 채굴하는 데에도 활용할 수 있을지 모른다. 혹은 이런 기술을 활용해 달이나 화성의 암석으로부터 귀중한 금속을 추출해낼 수 있을지도 모른다. 2019년 유럽우주기구ESA는 국제우주정거장에서 진행한 '바이오락BioRock' 실험에서 이 방법이 얼마나 잘 작동하는지를 시험해보았다. 이 실험을 위해 달과 화성에 있는 물질과 닮은 현무암과 다양한 미생물을 우주로 실어 날랐는데, 미생물은 성장에 필요한 환경 조건을 제공하는 밀봉된 용기에 담겨 운송되었고, 원심분리기를 활용해 화성이나 달에 맞먹는 중력을 발생시켰다. 그러자 세 박테리아 가운데 두 가지는 화성이나 달의 중력 혹은 무중력 상태에서 지구에서보다 더 나은 바이오마이닝 능력을 선보이지는 못했다. 하지만 세 번째 박테리아는 연구진을 놀라게 했다. '스핑고모나스 데시카빌리스*Sphingomonas desiccabilis*'라는 이름의 박테리아는 지구에서보다 더 월등한 능력을 선보였다. 이 박테리아는 중력이 약해져도 전혀 방해를 받지 않는 듯했다.

앞으로도 계속 실험을 통해 이 미생물이 소행성의 물질에도 동일한 효과를 발휘하는지 실험해야 할 것이다. 우주에 대규모 우주정거장을 건설하거나, 달이나 화성에 정착지를 건립하기까지는 아직 갈 길이 멀다. 하지만 그런 일이 가능하게 된다면, 미생물도 그 건설에 참여할 것이다.

⑥

인간 T-림포트로픽 바이러스 1
우리가 알을 낳지 않는 이유

'인간 T-림포트로픽 바이러스 1 Humanes T-lymphotropes Virus 1, HTLV-1'
은 레트로바이러스다. 레트로라고? 흠, 레트로라고 해서 바이러스가
사자머리에 데님 재킷을 입고 워크맨으로 80년대 팝 음악을 듣는 건
아니다. 여기서 '레트로'는 숙주를 감염시키는 방식과 관련한 말이
다. 바이러스는 숙주 없이는 증식할 수 없다. 바이러스는 기본적으로
유전정보로만 이루어지며 단백질에 의해 보호되는데, 바이러스 막에
둘러싸인 것들도 있고, 바이러스 막이 없는 것들도 있다. 바이러스가
스스로를 복제하기 위해서는 살아 있는 세포, 즉 숙주에 침투해 세포
의 도구를 활용해서 유전정보를 복제해야 한다. 모든 바이러스가 그
렇게 한다. 하지만 모든 바이러스가 같은 장소에서 같은 패턴으로 그
렇게 하는 것은 아니다. 어떤 바이러스는 숙주세포의 유전정보에 손
을 대지 않는 반면, 어떤 바이러스는 직접 게놈에 침투해 그곳에 삽
입된다. 레트로바이러스는 바로 후자의 경우다.

인간의 모든 체세포의 핵에 있는 유전정보는 DNA라 불린다. 영
어의 DeoxyriboNucleic Acid를 줄인 말이다. DNA는 그 유명한 핵
산으로 이루어진 '이중나선'으로, 종을 막론하고 모든 생물은 이것에
기본적인 생물학 정보가 담겨 있다. 많은 바이러스 역시 DNA의 형

태로 유전정보를 가진다.

보통은 다음과 같이 작동한다. DNA에 저장된 유전정보가 RNA로 전사되고, RNA는 리보솜으로 이동해 그곳에서 어떤 단백질을 어떻게 합성할 것인지를 정한다. 이것은 아주 중요한 일이다. 유기체가 생명을 유지할 수 있는 것은 단백질 덕분이기 때문이다. 그러나 유전정보가 늘 DNA로 존재하는 것은 아니다. 레트로바이러스의 경우에는 유전정보가 RNA의 형태를 띤다. RNA, 즉 '리보핵산'은 두 가닥이 아닌 한 가닥의 핵산으로 구성된다. 그리고 과정은 반대로 진행된다. 레트로바이러스는 '역전사효소'라는 효소의 도움으로 자신의 RNA를 DNA로 되돌린다(여기서 레트로라는 이름이 유래했다). 그러고는 이제 그 DNA를 숙주세포의 DNA에 끼워 넣는다.

이것은 탁월한 속임수다. 숙주가 바이러스의 유전정보를 자신의 유전정보처럼 취급해 바이러스를 복제하기 시작하기 때문이다. 바이러스는 더 이상 복제 걱정을 하지 않아도 되는 것이다.

인간에게서 발견된 최초의 레트로바이러스는 1980년대 초 미국의 바이러스학자 로버트 갈로Robert Gallo가 발견한 인간 T-림포트로픽 바이러스다. 이 바이러스에 한번 감염되면 더 이상 이 바이러스를 몸에서 내보낼 수 없으며, 무엇보다 백혈병을 유발할 수 있다. 그래서 인간 T-림포트로픽 바이러스 1을 '사람 티세포 백혈병바이러스-1형'이라고 일컫기도 한다. 에이즈를 일으키는 레트로바이러스인 HIV와 달리 HTLV-1은 잘 알려져 있지 않지만, 전 세계적으로 수백만 명의 보균자가 있다.

인간의 번식에 도움을 주는 바이러스

레트로바이러스가 늘 숙주에 부정적인 영향을 미치는 것은 아니다. 어떤 바이러스는 단순히 체세포에 들어갈 뿐 아니라, 생식세포에 들어가 숙주의 번식에 참여한다. 생식세포는 후손에게 유전정보를 전달하는 세포다. 그리하여 숙주의 유전정보와 함께 바이러스의 DNA도 전달한다. 이런 바이러스를 '내인성 레트로바이러스'라고 부르며, 우리 인간은 세월이 흐르면서 그런 바이러스를 많이 가지게 되었다. 우리 DNA의 8퍼센트는 내인성 레트로바이러스에서 연유한 것이다. 이것들은 우리에게 더 이상 위험하지 않다. 바이러스 DNA는 시간이 흐르면서 여러 돌연변이를 거쳐 병을 유발하는 바이러스 입자를 더 이상 만들어낼 수 없어지기 때문이다.

그렇다고 이런 바이러스가 우리에게 영향을 미치지 않는다는 의미는 아니다. 말하자면, 우리는 침입자들을 길들여 그들의 특성을 우리에게 유익하게 만들었다. 가령 바이러스는 자신의 외부 층과 세포벽을 융합시켜 숙주에게 달라붙을 수 있다. 또한 바이러스는 숙주의 면역계를 억제한다. 이 두 가지 특성은 바이러스의 번식에 이로울 뿐 아니라 인간의 번식에도 이롭다. 레트로바이러스의 도움이 없다면, 우리는 아직도 오리너구리처럼 알을 낳아 번식했을지도 모른다.

초기 포유류는 후손을 자기 몸속에서 키울 수 없었다. 그래서 알을 낳지 않는 경우, 오늘날 캥거루들처럼, 배아를 주머니에 넣고 다녀야 했다. 오늘날 우리 인간과 다른 동물들이 몸속 자궁에서 후손을 키울 수 있는 것은 레트로바이러스 덕분이다. 5000만 년에서 1억 년경 전에 이런 바이러스가 우리 조상의 생식세포에 끼어들어 왔다. 세포와 융합하는 능력과 면역계를 억제하는 능력이 바로 우리가 진화 과정에서 태반을 발달시키기 위해 필요한 능력이었다. 태반은 배아를 모체의 혈액순환과 연결하고, 자궁벽에서 자라도록 하는 엄청 복잡한 조직이다. 이 과정에서 배아의 조직은 자궁의 점막에 뿌리를 내리는데, 이때 레트로바이러스로부터 넘겨받은 유전자가 모체의 면역반응을 억제해준다. 면역반응이 억제되지 않는다면, 모체는 배아를 이물질로 여기고 당장 자신의 몸에서 밀쳐낼 것이다.

바이러스는 병을 유발할 수도 있다. 달갑지 않은 일이다. 하지만 바이러스는 장구한 역사 가운데 계속해서 우리를 돕기도 했다. 임신은 쉽지 않은 일이다. 우리가 후손을 깨지기 쉬운 알의 형태로 둥지에서 부화시켜야 한다면 어떨까. 생각만 해도 아찔하다.

메타노브레비박터 루미난티움
지구온난화의 주범은 정말 소일까?

그림과 같은 알프스산을 배경으로 초지에서 풀을 뜯는 평화로운 소들. 알프스 지역의 관광엽서와 여행 홍보자료에서 흔히 볼 수 있는 목가적인 풍경이다. 그러나 이런 장면의 이면에는 꽤나 어두운 현실이 도사리고 있다. 바로 이러한 풍경이 기후위기를 부추기는 요인이 되고 있기 때문이다. 하지만 기후위기에 대한 책임이 소나 초원에게 있다고 말하기는 힘들다. 엄밀히 말해 그 책임은 소와 풀을 서식 공간으로 삼는 미생물에게 있기 때문이다.

'메타노브레비박터 루미난티움*Methanobrevibacter ruminantium*'은 고세균으로, 메타노브레비박터 속에 속한 많은 친척처럼 메탄을 생성하는 단세포 미생물이다(63장 참조). 메타노브레비박터는 현재 메탄을 발생시킨다고 알려진 유일한 생물이다. 대기 중의 나머지 메탄은 화산작용 같은 지질활동으로부터 배출된다. 메탄을 만들어내는 메타노브레비박터 속의 고세균들은 산소가 없는 환경을 선호하므로, 소의 위나 장은 그들에게 안성맞춤의 서식 공간이다. 하지만 이 고세균들이 소의 내장에서 만들어내는 메탄은 소의 위장 안에 남아 있을 수 없다. 그렇다면 어떻게 될까? 당연히 소의 양쪽 끝으로 나올 수밖에 없는 일! 소의 트림이나 방귀로 메탄이 대기 중으로 배출되는 일이 전 세계적으로 일어나고 있다.

메탄가스는 무색무취하다. 방귀에서 냄새가 나는 것은 다른 가스 때문이다. 하지만 메탄은 기후에 부정적 영향을 미친다. 메탄은 이산화탄소보다 20배나 더 높은 온실효과를 유발하는 온실가스이기 때문이다. 대기로 배출되는 온실가스 가운데 메탄이 차지하는 비율은 20퍼센트 정도인데, 그중 동물사육이 가장 큰 몫을 차지한다. 전 세계에서 배출되는 메탄가스의 35퍼센트 이상이 축산업에서 비롯된다.

그러므로 동물성 식품의 대량생산을 멈춰 소의 수를 줄이는 것이 기후에 가장 이로울 테다. 소의 내장에서 메탄을 생산하는 고세균을 억제하는 방법은 그리 효과적이지 않기 때문이다. 2013년, 이런 방법이 최소한 이론적으로는 가능하다는 사실이 규명되었다. 연구자들은 고세균이 소의 내장에서 무엇보다 사탕무에 주로 들어 있는 물질을 화학적으로 변화시켜 에너지를 (그로써 또한 메탄을) 만들어낸다는 걸 발견했다. 사탕무는 동물사료에 종종 사용되는 식품이다. 그런데 사료 제조과정에서 유채씨유를 소량 섞으면 고세균의 성장이 억제되는 것으로 드러났다. 유채씨유가 소의 위장에서 (고세균이 에너지원으로 활용하는) 수소가 방출되는 과정을 방해하기 때문으로 보인다.

소의 내장에서 고세균의 성장을 억제하는 또 다른 가능성도 발견되었다. 하지만 이 두 방법 모두 소의 소화를 방해해서 소들이 식량으로부터 충분한 영양을 취하지 못하도록 하는 것으로 나타났다. 방법들은 있지만, 이런 방법들을 적극 활용해 소가 배출하는 메탄가스를 줄이는 일은 생각보다 쉽지 않다.

온실가스를 내뿜는 알프스 목장

결국 지구온난화를 유발하는 것은 소의 잘못이 아니다. 알프스 목장에 똥을 싼다고 누가 소를 비난할 수 있겠는가? 그럼에도 소들의 배설물 역시 기후문제를 유발하는 것으로 나타났다. 자연 속에서 메탄은 배출될 뿐 아니라 자연스럽게 흡수되어 없어지기도 한다. 가령 숲의 바닥은 메탄을 정화하는 데 탁월하다. 그러나 토양이 얼마나 메탄 필터로 작용하는지는 토양에 어떤 미생물이 서식하고 있는가에 달려 있다.

인스브루크대학의 연구자들은 2018년 소가 풀을 뜯는 알프스 초지의 상황이 어떤지를 살펴보았고, 연구 결과 그곳 토양은 메탄을 별로 정화해주지 못하는 것으로 나타났다. 소들이 식물들을 뜯어 먹다 보니 토양이 달궈져서 메탄을 잘 흡수할 수 없게 되었기 때문이다. 여기에 소똥도 가세한다. 소똥에도 고세균이 포함되어 있기 때문에 고세균이 소 내장뿐 아니라 토양에도 서식하게 된다. 그리하여 결국 소만 메탄을 방출하는 것이 아니라 소들이 사는 알프스 목장 전체가 메탄을 배출하는 중이다.

그렇다고 모든 목장을 다 숲으로 바꿔야 하는 건 아니다. 기후변화는 상당히 복잡하고 여러 가지가 맞물린 현상이다. 지구온난화는 전 지구적으로 대기를 더 건조하게 만든다. 그런데 만약 알프스 목초지가 숲으로 무성해지면 나무는 더 많은 수분을 필요로 하므로 건조화는 더 가속될 것이다. 지구에는 숲도 필요하고 초지도 필요하며, 적절한 곳에 적절한 미생물도 있어야 한다. 그러나 대기 중의 온실가스는 별 필요가 없다. 우리는 소나 고세균에게 책임을 떠넘기지 말고 기후문제를 적극 해결해나가야 할 것이다.

프테로카니움 트릴로붐
자연의 예술적 형상

1900년 프랑스 건축가 르네 비네Rene Binet가 설계한 '기념문Porte Monumentale'을 통과해 파리 만국박람회장에 들어온 사람은 거대한 미생물의 한가운데에 서게 된다. 이 인상적인 건축물은 비네가 독일의 동물학자 에른스트 헤켈Ernst Haeckel의 저서 《자연의 예술적 형상》에서 영감을 얻어 건축한 것이었다. 이 책의 그림자료 31번에는 이른바 방산충(해양성 플랑크톤의 한 무리)들이 등장하는데, 비네는 가운뎃줄 맨 오른쪽에 그려진 '프테로카니움 트릴로붐Pterocanium trilobum'을 건축물의 모델로 삼았다. 프테로카니움 트릴로붐은 같은 무리에 속한 다른 미생물과 마찬가지로 해양에 서식하는 단세포생물로, 외골격은 오팔 성분으로 되어 있다. 이 미생물을 현미경으로 관찰하면, 아름답고 다채로운 모양에 놀라지 않을 수 없다.

에른스트 헤켈이 1899년에서 1904년 사이에 작업해 펴낸 그림들은 더 아름답다. 《자연의 예술적 형상》의 서문에서 헤켈은 이렇게 말한다. "자연의 모태에서는 경이로운 형상이 무궁무진하게 만들어진다. 그 아름다움과 다양성은 인간이 창조한 예술적 형상을 한참 능가한다." 맺음말에서 그는 다시 한번 이렇게 강조한다. "나의 이 책 《자연의 예술적 형상》의 주된 목적은 미학적인 것이다. 나는 좀 더 많은 사람에게 바닷속 깊이 숨겨져 있거나, 너무나 작아서 현미경으로밖에 볼 수 없는 이 아름답고 놀라운 보물들을 소개하고자 했다. 그러다 보면 학문적 목적도 자연스레 이룰 수 있다. 이 책을 통해 이 독특한 자연의 형태들이 얼마나 놀랍게 구성되어 있는지를 살펴볼 수 있기 때문이다."

우선되는 목적이 미학적인 것이라는 말은 부정할 수 없다. 그의 책에 담긴 그림자료를 주욱 넘겨보면 학문적 도표가 아니라, 풍성한 모양과 색깔로 묘사된 자연의 예술이 눈에 들어오기 때문이다. 그러므로 20세기 초 이 책이 예술에 영향을 미친 것도 놀랄 일은 아니다. 르네 비네는 헤켈에게 보낸 편지에 이렇게 적었다. "저는 당신이 조명해 보여준 다양한 미세 동물들의 모습에 담긴 놀라운 질서와 균형 원칙에 주목하고 싶습니다. 자연 연구가들이 놀라운 대상을 발견해 냈으니 예술가들도 이런 대상이 특별히 아름다운 이유가 무엇인지에 천착해야 한다고 생각합니다."

예술과 미생물의 콜라보

비네는 이런 천착의 결과를 《장식예술 스케치Esquisses decoratives》에 담았다. 이 책은 헤켈의 그림에서 그대로 넘겨받은 듯한 스케치로 가득하다. 다만 이 책의 스케치는 해파리, 원생동물(원충류), 해면 같은 생물들을 그린 것이 아니라 램프, 샹들리에, 스위치, 타일 문양 등을 그린 장식예술이다. 다른 예술가들도 자연의 형태를 그들의 작품에 받아들였다.

에른스트 헤켈이 선보인 인상적인 자연의 미학은 당시 막 부상하던 아르누보 양식의 원천이자 영감이 되었다. 그러나 헤켈 스스로는 자연의 미학적 측면을 보여줄 뿐 아니라, 자신의 작업으로 다윈의 진화론도 증명하고자 했다. 1859년 가히 혁명적인 책인 《종의 기원》이 나왔을 때, 헤켈은 한창 방산충을 연구하는 중이었다. 의학을 공부한 그는 미생물 연구를 통해 과학자로 전향했고, 1861년에는 예나대학의 교수가 되어 다윈의 진화론을 강의하기 시작했다. 그는 다윈의 인식을 전파하는 데 열심을 다했다. 《자연의 예술적 형상》에 묘사한 다양한 생물들이 특히나 진화의 의미와 실상을 잘 보여준다고 봤다. 물론 당시 우생학과 '인종 위생' 연구에도 몰두해 오늘날로서는 미심쩍은 행보를 보이기도 했지만 말이다.

방산충의 골격을 모사한 파리의 '기념문'은 유감스럽게도 지금은 더 이상 존재하지 않는다. 하지만 지금도 예나에 가면 헤켈의 생애 자료와 작품을 전시하는 작은 박물관으로 탈바꿈한 헤켈의 생가 Villa Medusa, 그리고 헤켈이 1907년에 건립한 '계통발생 박물관Phyletic museum'에서 예술과 미생물의 콜라보를 구경할 수 있다. 아르누보 양식으로 지어진 계통발생 박물관은 《자연의 예술적 형상》에서 따온 온갖 장식품으로 꾸며져 있다. 수족관에는 실제 해파리가 들어 있으며, 헤켈의 저서에서 영감을 받은 천장 장식도 감탄을 자아낸다. 이곳에서 과학과 예술은 긴밀히 연결된다. 다른 곳에서도 마땅히 더 그렇게 되기를!

⑨

세라티아 마르세센스
공휴일을 만들어낸 기적의 세균

성령강림절 이후 두 번째 목요일을 가톨릭교회에서는 성체축일로 지킨다. 독일어권에서는 이날을 공휴일로 정한 주가 꽤 있는데, 대부분 이날이 어떤 날인지 잘 모른 채 징검다리 휴가를 받아 주말까지 내리 쉬는 사람들이 많다. 성체축일의 의미가 무엇인지 아는 사람이라도, 박테리아 덕분에 이날이 공휴일이 되었다는 사실을 아는 사람은 드물다.

성체축일은 보헤미아의 사제 페터 폰 프라그 덕분에 탄생했다. 그는 1263년 로마로 순례를 떠났는데, 여행 기간 내내 '화체설', 즉 가톨릭 미사 중에 행하는 성체성사에서 빵과 포도주가 예수그리스도의 진짜 몸과 피로 변한다는 교리에 대한 의심으로 괴로워했다. '이게 대체 말이 되는 일이야?'라는 생각이 들었기 때문이다. 당시는 교황 인노켄티우스 3세가 1215년 제4차 라테란 공의회에서 화체설을 가톨릭의 공식 교리로 선포한 뒤 불과 몇십 년밖에 지나지 않은 시점이었다. 그러나…… 이 기이한 현상을 의심했던 사제는 로마로 가는 도중에 들른 이탈리아의 소도시 볼세나에서 자신의 의심을 거두게 된다.

어떻게 그럴 수 있었을까? 볼세나에서 미사를 접전하며 성체성사를 하기 위해 빵을 찢었을 때 빵 속에 핏방울이 맺혀 있는 걸 발견했던 것이다! 정말로 예수그리스도의 피가 여기에 있단 말인가! 교황 우르바누스 4세는 이 '볼세나의 피의 기적'을 진짜 기적으로 인정하고, 1년 뒤 이를 기념해 '성체성혈 대축일'을 지정해 온 교회가 공식적으로 지키도록 했다.

하지만 이와 비슷한 피의 기적은 그전에도, 그 이후에도 심심치 않게 있었다. 이런 기적이 기독교에만 국한되어 나타난 것도 아니었다. 최초로 이런 현상이 기록된 것은 기원전 332년으로, 알렉산더대왕의 군대가 티로스를 포위했을 때 피 흘리는 빵이 등장했다. 물론 당시 사람들은 왜 이런 일이 일어나는지 알지 못했다. 이를 알아낸 것은 그로부터 세월이 아주 많이 흐른 1819년 이탈리아의 약제사 바르톨로메오 비치오Bartolomeo Bizio였다. 그는 부패한 옥수수죽에 피처럼 불그레한 덩어리가 생긴 걸 보고는 그 옥수수죽을 그냥 내버리지 않고 현미경으로 관찰했다. 현미경으로 보자 작은 빨간 알갱이들이 아주 다닥다닥 모여 있는 것이 보였다. 이 세균은 당시 알려진 그 어느 것과도 같지 않았으므로, 비치오는 자신의 물리학 스승 세라피노 세라티Serafino Serrati의 이름과 '축 늘어진'이라는 뜻의 라틴어 마르세세레marcescere라는 단어를 따서 그 세균에 세라티아 마르세센스*Serratia marcescens*라는 이름을 지어주었다. 그 물리학자가 매사 축 늘어져 있는 사람이어서가 아니라 이 붉은 덩어리가 쉽게 흐물흐물해지기 때문에 붙은 이름이다.

오늘날 우리는 세라티아 마르세센스가 토양, 물, 동식물 등 곳곳에서 흔하게 나타나는 세균임을 알고 있다. 이 세균은 근처에 있는 온갖 유기물질을 분해해 살아가는데, 그 과정에서 '프로디지오신prodigiosin'이라는 붉은 색소를 생성한다. 프로디지오신이라는 이름은 '징조'라는 뜻의 라틴어 프로디지움prodigium에서 온 단어다. 이 세균은 조건이 맞는 경우, 빵에서 잘 번식한다. 성체성사에 사용되는 빵처럼 효모를 넣지 않은 빵에서는 특히나 쉽게 번식한다. 따라서 중세의 비위생적인 환경에서 '피 흘리는' 기적의 빵이 여러 번 발견되었던 것도 놀랄 일이 아니다.

성체축일을 선사한 것을 제외하면 이 기적의 박테리아는 별다른 좋은 영향을 미치지는 않았다. 중세에는 '성체를 훔쳐서 학대해 그리스도의 몸을 피 흘리게 했다'며 유대인들을 박해하는 빌미로 쓰이기도 했다.

기적의 세균의 실체

몇백 년 뒤 이런 '핏방울들'이 세균이라는 걸 확인한 학자들은 이를 무해한 세균으로 여겼으며, 붉은 색소로 말미암아 표시가 잘 난다는 점에 착안해 이 세균을 연구 목적으로 활용하면 좋겠다고 생각했다. 그리하여 의도적으로 인간에게 이를 주사해 감염병의 확산경로를 연구하기도 했다. 1950년 9월, 이 기적의 박테리아는 굉장히 비윤리적인 기밀 군사실험에 활용되었다. 미 해군이 샌프란시스코 연안에 이 미생물을 대량으로 푼 것이다. 생물전의 가능성을 실험하기 위한 것으로 만일의 경우 대도시를 얼마나 효율적으로 세균에 오염시킬 수 있을지를 모색하고자 한 실험이었다.

실험 결과는 매우 성공적이었다. 세균이 온 도시를 감염시킬 수 있을 정도로 확산되었기 때문이다. 그런데 이 실험이 끝난 뒤 몇 주에 걸쳐 샌프란시스코 병원에 기이한 요로감염 환자들이 속출했다. 세라티아 마르세센스는 당시 연구자들의 생각대로 무해한 것이 아니라, 병을 유발하는 병원체였던 것이다. 이 기적의 세균은 무엇보다 폐렴, 뇌막염, 요로감염, 상처감염을 일으킨다. 그러니 이 세균 때문에 하루 쉴 수 있다고 기뻐하기에는 좀 겸연쩍다.

오르토폭스바이러스 바리올라
천연두 신과 악마

오르토폭스바이러스*Orthopoxvirus* 속에 속하는 천연두 바이러스 바리올라*variola* 는 20세기에 비로소 발견되었다. 이 바이러스가 일으키는 질병으로 말미암아 인류가 이미 몇천 년째 고통받아오던 참이었다. 천연두는 인류를 괴롭혔던 가장 위험한 전염병 가운데 하나로, 사람들은 오랜 세월 신들이 노해서 그런 역병을 내린다고 생각했다.

천연두를 일으키는 바리올라 바이러스에는 두 종류가 있는데, variola major는 우리말로 대두창 바이러스, variola minor는 소두창 바이러스라고 불린다. 대두창 바이러스는 치사율이 최대 90퍼센트에 육박하며, 다행히 사망을 면한다 해도 평생 마마 자국을 가지고 살아야 한다. 그 외에 뇌 손상, 마비, 난청, 실명 등 후유증이 생기기도 한다.

3000년도 더 전에 살았던 고대 이집트 왕 람세스 5세의 미라에서도 마마 자국이 발견되어, 그가 천연두에 걸려서 사망한 것으로 추측된다. 기원전 2000년 중국과 인도에서도 이 질병이 언급된 기록을 찾아볼 수 있으며, 20세기에만도 세계적으로 3억여 명이 천연두로 사망한 것으로 추정된다.

천연두는 무서운 질병이다. 원인을 알지 못하고, 예방법을 알지 못하는 경우는 특히나 끔찍하다. 인도에서 천연두가 여러 번 창궐하자 힌두교에서는 천연두의 여신 시탈라Shitala를 만들어내기도 했다. 시탈라는 열을 일으키는 악마를 데리고 다니며, 사람들의 행동에 따라 천연두에서 보호해주기도 하고, 천연두를 퍼뜨리기도 한다. 그리하여 인도 사람들은 시탈라 여신이 천연두를 물리쳐주도록 희생제와 의식을 치르고 기도를 올렸다.

전 세계에서 시탈라가 유일한 천연두 여신은 아니다. 중국에서는 두진낭낭痘疹娘娘이라는 천연두 여신이 등장했고, 천연두로 인한 피부 발진을 이 여신이 노하지 않게 하기 위한 '하늘의 꽃'이라는 뜻의 '톈화天花'라고 불렀다. 서아프리카 요루바족에게는 소포나Sopona라는 이름의 천연두 신이 있으며, 일본에도 포창신疱瘡神, 즉 호소가미가 천연두를 일으킨다는 믿음이 있었다. 시탈라와 마찬가지로 호소가미는 천연두를 스스로 일으키는 한편 천연두를 물리쳐주기도 한다.

일본은 735~737년에 천연두로 말미암아 인구의 3분의 1이 사망했다. 오늘날에도 일본에 가면 곳곳에서 행운을 가져다준다는 달마 인형을 파는 걸 볼 수 있다. 달마는 불교의 승려 보디다르마Bodhidharma (보디달마)의 모습을 형상화한 빨간 인형으로, 붉은색은 천연두로 인한 위험을 뜻하는 동시에 한편으로는 천연두 악마를 물리친다는 의미다. 무엇보다 아픈 아이들에게 얼른 다시 건강해지라는 기원을 담아 이런 달마 오뚝이를 선물하곤 한다.

천연두 박멸을 위한 인류의 노력

천연두 신을 상정하는 것은 질병으로 공포에 떠는 사람들이 심리적으로 의지할 방안을 마련해준다는 면에서 중요했다. 그러나 이런 신들이 정말로 전염병을 물리쳐줄 수 있는 건 당연히 아니었다. 천연두 백신을 처음으로 개발한 것은 에드워드 제너Edward Jenner였다. 그는 한 아이에게 천연두의 친척 질병인 소의 천연두, 즉 우두를 접종했다. 우두는 소가 걸리는 질병이지만 사람도 걸릴 수 있는 질병으로, 사람은 걸려도 증상이 심하지 않다. 제너는 우두가 진짜 천연두에 예방 효과를 발휘할 것이라고 보았고, 시행 결과 정말로 효과가 있는 것으로 드러났다.

인공적으로 천연두 바이러스를 집어넣는 '종두법'이라는 접종 방식은 이미 전에도—아마 그보다 1000년도 더 전부터—사용되어왔다. 건강한 사람의 팔다리 피부 몇 군데를 작게 절제하고, 그곳에 천연두에 걸린 사람의 발진에서 채취한 물질을 집어넣는 형식의 종두법을 '인두법'이라 한다. 그러면 약화된 바이러스로 인해 천연두가 심하게 발병하지 않으면서, 신체가 바이러스를 물리친 뒤에는 천연두에 대한 면역이 생긴다. 인두법은 접종 치사율이 2~3퍼센트에 이르렀지만, 진짜 천연두에 걸리면 더 큰 위험을 감수해야 하므로 어쩔 수 없이 인두법을 시행해오던 차였다.

이런 상황에서 제너의 우두법이 더 안전하다고 입증된 것이다. 이후 우두법은 다른 학자들에 의해 계속 개선되었으며, 19세기 초에 들어 여러 나라에서 천연두 예방접종이 의무화되었다. 그렇게 한때 기승을 떨치며 많은 사람을 죽음으로 내몰았던 천연두는 박멸되어 스위스에서는 1972년, 서독에서는 1976년, 동독에서는 1982년, 오스트리아에서는 1981년에 의무적으로 시행하던 천연두 예방접종을 중단했다. 천연두로 인한 마지막 사망자가 발생한 지 3년 정도가 흐른 뒤였다. 마지막 사망자는 영국의 사진가 제인 파커로, 1978년 9월 11일에 사망했다. 그녀는 버밍엄 의과대학에서 사진 작업을 하던 도중에 감염되었다. 그곳 의과대학에서 천연두를 연구하고 있었는데, 안전조치가 잘 이루어지지 않은 탓에 환기 시스템을 통해 천연두 바이러스가 파커의 작업장에 이르렀던 것이다. 1980년 5월 8일 세계보건기구WHO는 천연두 종식을 선포했다. 이로써 천연두는 인류가 최초로 박멸에 성공한 질병이 되었다.

오늘날 천연두 바이러스는 미국과 러시아의 질병통제센터의 연구소에만 남아 있다. 최소한 공식적으로는 그렇다. 다른 지역의 과학 연구소나 군사 실험실에 천연두 바이러스가 남아 있는 곳이 있을지는 모른다. 미국과 러시아가 천연두 바이러스를 완전히 없애기를 꺼리는 것도 그래서다. 사고나 아니면 의도적으로 생물학 무기로 사용되어 다시 한번 천연두 바이러스가 확산된다면, 다시 백신에 기대는 수밖에 없을 것이다. 천연두 신들은 그때도 아마 인류를 끝장내지는 못할 것이다.

⑪

메타노브레비박터 오랄리스
우리의 무해한 친구 고세균

미생물의 세계에는 아직 제대로 알려지지 않은 이상하고 수수께끼 같은 생물이 많다. 수수께끼 같은 걸로 따지자면 고세균이 단연 으뜸이다. 오랜 세월 고세균은 세균(박테리아)으로 여겨졌다. 그러다가 몇 십 년 전에야 비로소 독립적인 생명 형태라는 사실이 알려졌다. 고래와 상어가 생김새와 행태는 비슷해도, 진화적으로 고래는 포유류이고 상어는 어류로 완전히 다른 것처럼 박테리아와 고세균도 마찬가지다. 하지만 박테리아와 고세균의 경우는 그 차이가 훨씬 더 크다. 고세균은 언뜻 굉장히 유사해 보이는 박테리아보다 차라리 어류나 포유류와 더 가까운 듯하다.

처음에 고세균은 무엇보다 아주 극한의 환경에서 발견되었다. 다른 생물들이 진즉에 살기를 포기해버린 그런 환경 말이다. 그러나 그동안 우리는 고세균이 뜨거운 온천, 칠흑같이 깜깜한 심해, 또는 말라버린 염호(소금 호수) 같은 곳뿐 아니라 우리 몸속에도 산다는 걸 알게 되었다. 물론 몸속에 있는 고세균은 세균이나 바이러스만큼은 많지 않다(90장을 보라). 그럼에도 고세균은 인간 몸속에서도 특별한 위치를 차지한다.

미생물의 종류를 막론하고 우리를 병들게 만들 수 있는 것들이 있다는 사실을 우리는 알고 있다. 박테리아와 바이러스가 우리를 질병에 감염시킬 수 있으며, 균류나 조류도 질병을 유발할 수 있다. 원충류와 현미경으로 보아야만 보이는 미세한 동물들도 마찬가지다. 그런데 유독 고세균만이 우리에게 해를 끼치는 데 전혀 관심이 없어 보인다.

가령 메타노브레비박터 오랄리스*Methanobrevibacter oralis*는 주로 우리의 구강 안에 살며, 세균성 잇몸염증인 치주염을 앓는 사람들에게서 특히나 자주 발견된다. 그러므로 고세균인 메타노브레비박터 오랄리스는 이 질환에 모종의 기여를 할 가능성이 있다. 이 고세균의 신진대사가 우리 입안의 무해한 세균의 균형을 깨뜨려서 질병을 유발하는 세균을 더 증식하게 하는지도 모른다.

하지만 이는 아직 추정일 뿐이다. 질병을 유발한다고 확실히 밝혀진 고세균은 아직 하나도 없다. 어째서 그런 것일까? 가능성은 두 가지다. 하나는 정말로 질병을 일으키는 고세균이 없거나, 그런 고세균이 있지만 아직 발견하지 못했거나.

질병을 일으키는 고세균이 발견되지 않은 것과 관련해 몇 가지 가설이 있다. 예를 들어 박테리아는 종종 바이러스의 영향으로 질병을 일으키는 형태로 변화한다. 바이러스는 이 박테리아에서 저 박테리아로 유전정보를 옮겨(69장을 참조하라) 새로운 박테리아를 만들어낼 수 있다. 고세균도 바이러스에 감염될 수 있지만, 이런 바이러스는 박테리아를 공격하는 바이러스와는 전혀 다르다. 그래서 아마도 바이러스가 고세균을 병원성으로 만들지 않는 듯하다. 어째서 그런지는 알려져 있지 않다. 왜 그럴까?

고세균도 병을 유발하는데, 그 메커니즘을 우리가 알지 못하는지도 모른다. 아니면 병을 일으키는 고세균은 정말로 없는지도 모른다. 자연과 생물들 간의 관계에 대해 우리가 알고 있는 지식을 감안하면 이것은 참으로 놀라운 일이다. 하지만 적어도 생물계에서 우리에게 늘 친절한 영역(생물학적인 역) 하나가 있다는 건 반가운 일이 아닐까.

비피도박테리움 비피덤
세균을 먹으면 건강에 좋을까?

세균을 먹는다니? 흠, 별로 매력적으로 들리지는 않는다. 하지만 미생물은 어디에나 있으니, 당연히 우리가 먹는 음식에도 들어 있다. 식품에 따라서는 세균이 의도적으로 첨가되기도 한다. 유명 요거트 회사는 자기네 요거트에 "천연 비피더스 유산균 40억 마리 배양액"을 추가로 넣었다고 홍보한다. 사실 요거트에는 이미 충분한 세균이 포함되어 있다. 우유가 유산균으로 말미암아 걸쭉해지고 시큼해진 것이 바로 요거트니까 말이다. 게다가 광고에 나오는 비피더스 균은 이미 오래전부터, 거의는 태어나면서부터 우리 안에 살고 있다.

유제품에 첨가되곤 하는 비피도박테리움 비피덤*Bifidobacterium bifidum*을 비롯한 비피도박테리아들은 '좋은' 세균에 속한다. 물론 미생물의 입장에서는 좋다 나쁘다 하는 표현이 좀 못마땅할 것이다. 미생물을 도덕적 잣대로 판단할 수는 없는 일 아니겠는가. 그럼에도 비피도박테리움 비피덤은 우리의 위장관에 꼭 있어야 하는 유익한 세균이다.

비피도박테리아(비피도박테리아 속에 속하는 세균은 여러 종이 있다)가 유당을 만나면, 유당은 곧 분해되어 젖산으로 변한다. 젖산은 소화하고 남은 장 내용물과 그로부터 만들어진 대변을 시큼하게 만드는데, 질병을 유발하는 다른 세균들은 이것을 좋아하지 않는다. 이 과정에서 그들이 사멸되기 때문이다. 아직 자신의 면역체계가 발달하지 않은 신생아에게는 이 과정이 특히나 중요하다. 그래서 신생아에게는 모유가 필요하다. 비피도박테리아가 모유를 통해 모체에서 아기에게로 전달되는 것이다. 비피도박테리아의 일부는 출산 시에 모체의 산도에서 직접 아기에게로 옮겨간다. 말하자면, 생명의 시작 시점에 성공적인 박테리아 감염이 일어나는 것이다!

요거트 광고가 말해주지 않는 이야기

그렇다면 뭐 하러 비피더스 요거트를 마셔야 하는 것일까? 광고를 믿는다면, 비피더스 균이 소화를 잘 시켜주고, 장내 세균총을 개선해주기 때문이다. '좋은' 박테리아를 많이 먹을수록, 이들 박테리아가 우리 내부에 더 많이 살게 되고, 건강에 그만큼 더 좋은 것 아니겠는가? 아주 논리적으로 들리는 말이다. 그러나 실상은 요거트 회사의 홍보팀이 그려 보이는 것만큼 단순하지 않다. 체내의 세균이 새로 몸속에 들어오는 신참내기 세균들에 의해 아주 쉽게 대치된다면, 아마도 우리 몸에 정말 안 좋을 것이다. 그도 그럴 것이 세균은 어디에나 있어서 우리 몸속으로 많이 들어오고, 모든 세균이 요거트의 세균처럼 우리 몸에 호의적이지 않기 때문이다. 그러므로 우리는 입속으로 들어오는 모든 박테리아가 우리 장에 장기적으로 거주할 수 있기를 바라서는 안 된다.

2011년에 이루어진 연구에 따르면 요거트를 통해 들어온 미생물 역시 우리 몸에 그리 오래 살지 못한다. 그들은 그저 방문객일 따름이다. 그러나 모든 손님과 마찬가지로 이들 역시 흔적을 남긴다. 연구에 따르면, 요거트를 섭취하는 경우 우리 장내에 장기적으로 서식하며 탄수화물 소화를 담당하는 세균들의 유전자가 더 활성화된다. 왜더 활성화되는지, 요거트에서 온 세균 손님들이 어떻게 이런 일을 가능케 하는지는 아직 분명하지 않다. 하지만 광고가 약속하는 것들이 완전히 터무니없지는 않아 보인다. 물론 이런 연구가 주로 '프로바이오틱' 요거트를 판매하는 식료품 회사를 스폰서로 뒀다는 점이 약간 떨떠름한 뒷맛을 남기지만 말이다.

하지만 살아 있는 유산균을 섭취하는 것이 특정 장 질환의 증상 완화에 도움을 준다는 사실은 독립적인 연구를 통해 확인된 바 있다. 어쨌든 전반적으로 볼 때 요거트 안에 들어 있는 비피더스 균이 우리에게 해롭지 않기에, 이런 식품을 섭취해주는 것은 별문제가 없는 듯하다. 최소한 미생물학의 관점에서는 그렇다. 영양 면에서 보면 좀 다를 수 있다. 요거트를 너무 많이 먹으면 자칫 살이 찔 수 있기 때문이다. 세균이 살을 찌게 만드는 것은 아니지만, 시중의 많은 요구르트에는 상당량의 당이 들어가 있으므로 칼로리에 더 유의할 필요가 있다.

⑬

피에스테리아 피시시다
지옥에서 온 세포

1980년대 말, 기르던 물고기들이 갑작스럽게 죄다 죽어버렸을 때 스티븐 스미스Stephen Smith는 상당히 상심했다. 이 물고기들이 그의 집수족관에서 가족의 사랑을 받던 물고기들은 아니었지만 말이다. 이들은 스미스가 박사논문을 위해 노스캐롤라이나 주립대학의 연구실에서 연구하던 물고기들이었다. 특정 종에게만 죽음이 닥친 것도 아니었다. 그의 연구실 수조에 있던 물고기 전부가 얼마 살지 못하고 죽어버리고 말았으니, 그렇지 않아도 스트레스가 심한 박사과정 생활에 더 암운이 드리웠다…….

마침내 스미스의 연구실 동료였던 식물학자 조앤 버크홀더JoAnn Burkholder가 실험실에서 대량멸종을 일으킨 장본인을 밝혀냈다. 그는 디노플라겔라타Dinoflagellata(와편모충)였다. 디노dino라는 말이 공룡을 연상시키지만, 이름과 달리 이들은 공룡과는 아무 상관이 없다. 디노플라겔라타는 (거의 예외 없이) 작은 단세포생물이다. 디노플라겔라타라는 이름은 멸종된 공룡처럼 '무시무시하다'라는 뜻의 그리스어 deinos에서 온 것이 아니라, '소용돌이(회오리)'라는 뜻의 dini에서 왔다. 이것이 채찍을 뜻하는 라틴어 flagellum과 합쳐져, '소용돌이 채찍'이라는 뜻이 되었다. 이 역시 무시무시하게 들린다. 그리고 정말

로 디노플라겔라타는 티라노사우르스 렉스만큼이나 나름 무시무시
할 수 있다.

디노플라겔라타는 편모충에 속한다. 편모충은 원생동물에 속하는
단세포생물이다(26장 참조). 이들은 채찍 모양의 편모를 물속에서 회오
리 모양으로 빙글빙글 돌리며 움직인다. 조앤 버크홀더가 발견한 디
노플라겔라타에는 피에스테리아 피시시다*Pfiesteria piscicida* 라는 이름이
붙었다. 앞부분은 디노플라겔라타 전문가인 로이스 앤 피스터Lois Ann
Pfiester의 이름에서, 뒷부분은 이 와편모충이 대학 수족관에서 물고기
를 몰살시킨 일에서 따온 이름이다(라틴어로 piscis는 물고기를 뜻하고, caedere
는 '죽이다'라는 뜻이다. 버크홀더는 이 두 단어를 합쳐 '피시시다', 즉 '물고기 킬러'라고
명명한 것이다).

하지만 이 미생물이 실험실 물고기만 겨냥한 것은 아니다. 노스캐
롤라이나 연안에서 일어난 물고기 떼죽음도 피에스테리아 피시시다
때문임이 밝혀졌다. 인간도 이 편모충과 접촉하면 고생을 한다. 알려
진 증상은 몸살, 발진, 설사, 구토, 시각장애, 기억상실에 이르기까지
다양하다. 그리하여 미국의 언론은 이 미생물을 "지옥에서 온 세포
cell from hell"라고 불렀다.

지옥 출신의 세포가 물고기와 인간을 정확히 어떻게 공격하는지
는 아직 분명히 밝혀지지 않았다. 버크홀더는 이 단세포생물이 시간
이 흐르면서 24단계로 변신한다고 주장했다. 그리고 이 단계들 가운
데 여러 단계에서 아주 강력한 독소를 분비한다고 했다. 이 독소가
연구를 힘들게 했는데, 독소를 분리하기가 굉장히 힘들어서 애써 실

험을 해도 보람이 없을 때가 많았다. 2007년에야 비로소 확실히 증명된 사실은, 이 독소가 물속에서 효과를 발휘하는지 그리고 얼마나 오래 발휘하는지는 환경 조건에 크게 좌우된다는 것이다.

하지만 이후 연구에서는 버크홀더가 주장한 복잡한 24단계가 확인되지 않았고, 독소 관련 행동도, 나머지 행동도 보통 편모충류와 비슷한 것으로 나타났다. 그러나 독소가 왜 특정 상황에서만 분비되는지는 수수께끼로 남아 있었다. 그러다 그 뒤에 대규모 물고기 떼가 있을 때 독소를 분비한다는 사실이 밝혀졌다. 물고기들이 배설물이나 다른 신진대사산물을 물속에 배출하면, 이것이 피에스테리아가 독을 분비하도록 자극하는 것이다. 피에스테리아가 독을 분비하면 물고기는 그 독에 의해 마비되고, 피부가 갈라져서 마침내는 커다란 상처가 나고 출혈이 심해져 죽을 수도 있다.

지옥에서 온 세포를 초대한 것은 인간?

디노플라겔라타는 이렇게 스스로 먹이원을 마련하는데, 우리 인간도 그들에게 도움을 준다. 인간이 흘려보낸 생활하수가 강으로부터 연안 바닷물로 밀려들면서 디노플라겔라타의 성장을 자극하기 때문이다. 이것만으로는 충분하지 않다는 듯이 인간은 이 미생물에게 놀라운 서식 공간을 마련해준다. 2019년 라이프니츠 담수 생태 및 내륙 어업 연구소의 마리 테레제 케트너Marie Therese Kettner 연구팀은 피에스테리아가 특히 미세 플라스틱을 좋아한다는 사실을 규명했다. 인간으로 말미암아 다량으로 물에 흘러들어가는 작은 플라스틱 입자는 각종 미생물이 번성할 수 있는 서식환경을 제공한다. 연구 결과 이런 미세 플라스틱이 많은 환경에서는 주변의 보통 물보다 피에스 테리아의 밀도가 50배나 많은 것으로 나타났다. 비슷한 크기의 목재 조각들이 있는 곳보다도 밀도가 3배 높았다.

그러므로 미세 플라스틱은 백해무익하다고 하겠다. 인간에게도 해를 끼치는 미생물이 번성할 수 있다는 점은 우리의 생활 습관을 장기적으로 바꿔나가야 하는 또 하나의 이유다. 삶을 바꾸지 않으면 인류는 곳곳에서 '지옥에서 온 세포'를 기르는 꼴이 될 것이다.

헬리코박터 파일로리
인류의 가장 오랜 동반자

우리는 5만 년도 더 전에 초기 인류가 아프리카에서 나와 전 대륙으로 퍼져나가는 오랜 방랑길을 시작했을 때, 그들이 무슨 생각을 했는지 알지 못한다. 하지만 그들 가운데 일부가 위궤양을 앓았다는 사실은 알고 있다. 인류만 방랑에 나선 것이 아니라 그들의 위에 얹혀사는 나선 모양의 세균(나선상균)인 헬리코박터 파일로리 *Helicobacter pylori* 도 함께 방랑길에 올랐기 때문이다.

헬리코박터 파일로리는 늘 좋은 '세입자'는 아니다. 염증, 위궤양, 만성 위염, 위암을 유발하기 때문이다. 물론 전 지구로 뻗어나가기 시작했을 때 인류는 아직 이런 균이 있다는 사실조차 몰랐다. 반면 오늘날 우리는 헬리코박터 파일로리 균을 잘 알고 있다. 이 세균의 유전암호genetic code(유전자코드)도 완전히 해독해, 변종이 350가지가 넘는다는 것도 알고 있다. 우리의 위에 어떤 종류의 헬리코박터 파일로리가 들어 있을지는 사는 지역에 따라 달라진다. 이 세균은 주로 가족 내에서 옮겨지며, 감염은 대부분 어릴 적에 일어난다. 그리하여 인구 그룹마다 고유한 헬리코박터 균주가 있다. 이 박테리아의 유전적 발달을 추적하면 이 균주의 친척관계를 통해 이런 균주를 가진 위들이 거친 방랑길(이동과정)도 재구성할 수 있다. 오늘날 유럽에 가장 흔한 헬리코박터 파일로리는 중앙아시아와 중동 출신의 박테리아 균주가 합쳐진 형태다. 이것은 인류가 아주 오래전 중앙아시아와 중동에서부터 유럽으로 이주했고, 이들의 헬리코박터 균주 사이에 접촉이 이루어졌음을 의미한다.

위궤양에 걸려 받은 노벨상

이 박테리아는 인류가 지구 곳곳에 뻗어나간 경로를 연구하는 데 좋은 수단이 되어줄 뿐 아니라, 오스트레일리아의 의사 배리 마셜Barry Marshall에게 노벨상을 안겨주기도 했다. 마셜은 상당히 파격적인 방법으로 노벨상을 거머쥐었다. 그는 1983년 존 로빈 워런John Robin Warren과 함께 이 박테리아를 발견했고, 곧 이 세균이 위궤양을 일으키는 원인일 수도 있다는 가설을 세웠다. 하지만 이런 가정은 당시 의학계에서 통용되던 견해에 배치되는 것이었다. 당시는 불량한 식생활로 말미암은 '과산성화'와 스트레스와 같은 심리적 요인을 위궤양의 원인으로 여겼다. 위 속의 박테리아는 어차피 위산에 의해 살아남지 못한다고 믿었다. 가설을 검증하기 위해 마셜은 실험을 해야 했지만, 일반적인 실험용 쥐로 헬리코박터 균을 연구하는 것은 상당히 어려웠다. 그리하여 마셜은 좀 더 협조적인 실험동물을 구했다. 바로 자기 자신 말이다.

마셜은 이미 위궤양에 걸린 환자들이 항생제로 성공적으로 치료되는 것을 봐오던 터였다. 그리하여 이런 시도로 병에 걸려도 살아남을 수 있으리라고 확신했다. 마셜의 연구 논문은 아주 담담한 문장으로 시작한다. "조직학적으로 정상 위점막을 가진 한 자원자가 유문 부분의 캄필로박터를 경구 투여받았다." 실제로 마셜은 자신이 치료하던 한 환자의 위 속 박테리아를 채취해 이를 수프 한 컵에 섞은 '헬리코박터 칵테일'을 들이켰다. 이 실험은 굉장히 성공적이었다. 날마다 구토를 하고 위점막에 염증이 생긴 것을 성공이라고 할 수 있다면 말이다. 며칠 안 가 마셜은 전형적인 위염 증상들을 보였고, 그의 위에서 다량의 헬리코박터 박테리아가 검출되었다. 마셜은 스스로를 항생제로 치료하기 전에 2주 정도 스스로 유발한 질병을 연구했다.

지금은 유명해진 이 자가실험을 통해 마셜은 미생물학의 선구자인 로베르트 코흐Robert Koch의 이름을 딴 '코흐의 가설Koch's postulate'을 충족시켰다. 코흐의 가설은 병원균과 질병 간의 명확한 인과관계를 증명하기 위해 필요한 네 가지 조건을 말한다. 첫째, 질병에 걸린 생물의 몸속에서 발병에 의심이 되는 병원균이 검출되어야 하며, 둘째, 이 병원균은 건강한 생물에게서는 나타나서는 안 된다. 셋째, 그 병원균은 질병에 걸린 동물의 몸에서 분리되어 실험실에서 배양할 수 있어야 한다. 그리고 넷째, 배양된 병원균을 건강한 동물에 투여하면 다시 해당 질병이 발병해야 한다.

그렇게 마셜의 실험으로 헬리코박터 파일로리가 위장에서 살 수 있을 뿐 아니라 질병을 유발한다는 것이 확실해졌다. 이 균은 위산에서 위점막을 보호하는 위벽을 파고들어 그 속에 눌러앉음으로써 위산으로부터 스스로를 보호할 뿐 아니라, 그곳에서 염증 반응과 질병도 유발할 수 있다.

현재 지구인의 절반이 체내에 이 박테리아를 보유하고 있다. 자신의 몸속에도 있는지 검사하고자 한다면, 방사성 요소 용액을 마시면 된다(헐, 방사성 요소라니, 굉장히 위험한 물질처럼 들리지만 첫인상만큼 위험하지는 않다). 위에 헬리코박터가 있으면, 헬리코박터 균이 요소를 분해해 몇몇—여전히 약간의 방사성을 띤—탄소 원자들이 남는다. 그러면 이 원자들이 날숨을 통해 나오게 되는데, 날숨을 채취해 탄소 원자를 측정함으로써 헬리코박터 균이 위 속에 있는지를 검사할 수 있다.

헬리코박터 파일로리에 대해 장기적으로 효과를 발휘하는 백신은 아직 나오지 않았다. 따라서 이 박테리아는 인간의 몸속에서 당분간은 계속 방랑의 동반자로 남을 것으로 보인다.

피토바이러스 시베리쿰
영원한 얼음에서 기나긴 잠을 깬

2009년에 나온 공포 SF영화 〈더 소우 – 해빙 The Thaw〉에서 영화배우 발 킬머는 북극에서 기후변동의 영향을 연구하는 생물학자 데이비드 크루펜 역을 맡았다. 그는 연구 중에 녹아가는 얼음 안에서 얼어붙은 매머드 한 마리를 발견하는데, 그 매머드 안에 마찬가지로 얼어붙어 있던 기생충들이 있었고, 오랜 세월 냉동 상태로 있던 이들이 녹으며 다시금 깨어나 기다렸다는 듯 인간을 감염시킨다. 이후 이런 유의 공포영화에서 예상되는 재앙이 이어진다.

엑스마르세유대학의 마티유 르장드르 Mattieu Legendre 팀이 경험한 것은 영화처럼 드라마틱하지는 않다. 하지만 영화와는 달리 실제로 일어난 일이다. 2014년 르장드르 팀은 시베리아 영구동토층을 30미터 깊이로 파 들어가 채취한 시료를 연구했다. 이 시료는 정말로 지구상에 매머드가 서식했던 시대에 퇴적층에 들어가 3만여 년간 꽁꽁 얼어붙은 채로 있었던 물질이었다. 이 연구에서 르장드르 팀은 매머드 같은 거대 포유류를 발견하지는 않았지만, 대신에 거대 바이러스를 발견했다. 이 거대 바이러스는 길이가 150만 분의 1미터(1.5마이크로미터)로, 바이러스치고는 어마어마하게 큰 수준이다. 세균은 보통 이 정도 크기가 되지만, 대부분의 바이러스는 이보다 거의 100배는 더 작기 때문이다. 이런 거대 바이러스는 이전에도 몇 종류가 알려져 있었으나, 시베리아 동토에서 발견된 것은 그때까지 전혀 알려지지 않았던 바이러스였고, 피토바이러스 시베리쿰Pithovirus sibericum 이라는 이름을 얻었다. '저장 용기'를 뜻하는 그리스어 피토스pithos 에서 유래한 이름으로, 이 바이러스의 모양에 착안해 붙여진 이름이다. 바이러스의 모양이 고대에 제작된 토기 암포라를 연상시키기 때문이다.

알려지지 않았던 거대 바이러스를 발견한 것만 해도 이미 충분히 흥미로운데, 학자들은 이 바이러스를 활성화하는 데에도 성공했다. 르장드르 팀은 해동한 바이러스로 아메바를 감염시켰고, 바이러스는 아메바 안에서 증식할 수 있었다. 아메바에게 질병을 유발할 수 있는 먼 과거의 미생물은 할리우드 영화의 소재가 될 만큼 드라마틱하지는 않다. 하지만 약간의 생각할 거리를 던져준다.

지구온난화를 저지해야 할 또 하나의 이유

바이러스와 박테리아 중에서는 우리가 현재 알고 있는 것보다 아직 모르는 것이 훨씬 많다. 극지방의 얼음과 빙하, 영구동토층에는 아직 발견되지 않은 미생물이 너무나 많을 것이다. 2020년 미국의 연구자들이 티베트 지역 빙하에서 채취한 1만 5000년 된 얼음 시료를 연구하고 그 결과를 발표했는데, 시료 안에서 그때까지 알려지지 않은 바이러스 28종이 검출되었다.

앞으로는 빙하나 동토에 애써 구멍을 뚫고 시료를 채취할 필요도 없어 보인다. 인간이 유발한 지구온난화로 말미암아 빙하와 빙산, 영구동토층이 저절로 녹고 있기 때문이다. 녹을 것이 없는 지역 역시 인간들이 지하자원과 석유를 찾기 위해 지각을 점점 더 깊숙이 파들어가고 있다. 이 과정에서 인간에게 해를 끼칠 수도 있는 바이러스와 세균이 지표면으로 올라올 위험이 얼마나 클지에 대해서는 아직 의견이 분분하다. 하지만 만일의 경우에 대비를 해야 할 것이다. 아직까지도 지구온난화를 저지해야 할 이유가 충분하지 않다고 생각하는 사람이 있는가? 그렇다면 과거 아주아주 오래전의 위험한 바이러스들이 해동되면서 깨어나 다시 영향력을 발휘할 수 있다는 점도 고려해야 하리라.

할로박테리움 살리나룸
보라색 행성 지구

지구는 왕왕 '푸른 행성'이라 불린다. 우주에서 바라보면 바다 때문에 지구가 파랗게 보이기 때문이다. 하지만 이를 제외하면, 지구는 오히려 초록 행성이라고 해야 할 것이다. 초록색은 식물과 조류 그리고 기타 광합성을 하는 생물들이 에너지를 만들어내는 방식에서 비롯된 색깔이다. 이들은 햇빛을 활용해 물을 산소와 수소로 분해하고, 이런 화학반응으로부터 신진대사를 위한 에너지를 얻는다. 이렇듯 광합성을 하기 위해 햇빛을 흡수할 수 있는 천연 색소인 엽록소를 만들어낸다. 하지만 엽록소는 햇빛의 전체 광 스펙트럼을 사용하지는 않는다. 주로 빨간색과 파란색에서 에너지를 얻고 초록색은 반사해버린다. 엽록소뿐 아니라 식물이 초록색을 띠는 이유가 바로 이것이다.

하지만 우리의 초록 내지 푸른 지구는 오래전에는 연보라색이었을 수도 있다. 이 '보라색 지구 가설'은 고세균 연구를 기반으로 한다. 고세균은 지구에서 발달한 가장 오래된 생명 형태다. 오늘날에도 고세균은 극한의 환경에서 서식하며, 지구가 아주 오랜 옛날 얼마나 다른 환경이었을 수 있는지를 보여준다.

1917년 독일의 식물학자 하인리히 클레반Heinrich Klebahn 이 발견한 할로박테리움 살리나룸*Halobacterium salinarum*은 특히 그렇다. 당시 클레반은 염장함으로써 장기간 보존할 수 있게 만든 생선이 때로는 썩어버리는 이유를 알아내고자 했다. 이들 생선 가운데 몇몇에는 겉면에 얇게 붉은 층 같은 것이 생겼는데, 이 층은 미생물인 것으로 드러났다. 당시 클레반은 이를 세균으로 여겼지만, 오늘날에는 고세균임이 밝혀졌다.

홍학이 붉은색을 띠는 이유

할로박테리움 살리나룸은 소금을 좋아한다! 이 고세균은 염분이 많은 곳이면 어디든 산다. 심지어 소금 결정 안에서도 발견되었다. 염분 농도가 15퍼센트 이하로 떨어지면 사멸한다. 이 고세균은 보랏빛 색소를 함유하고 있는데, 염분이 아주 강한 물에서 자라면 붉은 보라색을 띨 수 있다. 홍학이 붉은색을 띠는 것도 이 고세균 때문이다. 소금게가 이 고세균을 먹고, 홍학이 소금게를 잡아먹음으로써, 이 미생물의 색깔이 홍학 안에서 축적되어 홍학의 몸이 붉게 변하는 것이다.

하지만 독일의 생화학자 디터 외스터헬트Dieter Oesterhelt가 1969년에 발견한 사실은 더 흥미롭다. 그는 '박테리오로돕신bacteriorhodopsin'이라는 이름의 보라색 색소가 단지 장식에 불과한 것이 아니라 햇빛 에너지를 활용하도록 하는 역할을 한다는 것을 확인했다. 할로박테리움이 '광영양photottrophie'이라 불리는 일종의 광합성을 한다는 것이다. 보라색 색소 박테리오로돕신은 양성자(양전하를 띠는 수소원자핵)

를 세포 안에서 밖으로 운반할 수 있는 복합적인 분자기계molecular machine 다. 할로박테리움은 빛 에너지를 흡수하면 그 구조를 변화시키며, 이때 양성자 하나가 다른 장소로 옮겨간다. 이를 통해 부분마다 양성자 농도가 달라지는데, 이 차이를 이용해 화학반응이 유도될 수 있다. 이런 반응으로 말미암아 고세균은 생명을 유지한다.

이 고세균은 지구에 최초의 식물이 존재하기 훨씬 이전에 보라색 박테리오로돕신을 통해 햇빛 에너지를 활용할 수 있었다. 태곳적 젊은 지구의 바다에는 이런 미생물이 우글댔을지도 모른다. 만약 그렇다면 바다는 붉은 보랏빛을 띠었을 것이고, 당시 우주에서 지구를 바라볼 수 있었다면, 지구는 보라색 행성이었을 것이다.

할로박테리움 살리나룸은 지구의 먼 과거를 들여다볼 수 있게 해준다. 나아가 우리가 뭔가를 볼 수 있는 건 이 고세균의 조상들 덕분이었던 듯하다. 우리 눈에도 박테리오로돕신과 관계있는 색소가 있기 때문이다. 자줏빛 색소체 로돕신rhodopsin 이다. 로돕신은 자줏빛에 민감하며, 빛의 자극을 전달해 우리가 명암을 구분할 수 있도록 해준다. 이런 로돕신이 태곳적 고세균의 박테리오로돕신에서 유래했다는 증거들이 있다.

지구가 옛날에 정말로 보라색이었는지 확실히 알 수는 없다. 하지만 우리는 외계 행성이 반사하는 빛을 연구할 수 있다. 그런 행성에 고세균과 비슷한 생물이 번성한다면, 그 행성이 보여주는 색깔을 통해 적잖이 그것을 분별할 수 있을 것이다.

⑰

푸사리움 옥시스포룸
바나나를 먹지 못할 날이 가깝다고?

다음번에 마트에 가서 바나나를 사게 된다면, 우리가 지금까지 바나나를 먹을 수 있는 것이 영국의 식물학자 조지프 팩스턴Joseph Paxton 덕분임을 기억하길 바란다. 조지프 팩스턴은 1830년 6대 데번셔 공작인 윌리엄 캐번디시의 성에서 정원사로 일했다. 북잉글랜드에 위치한 캐번디시 가문의 저택은 아주 넓었고, 널찍한 숲과 정원도 딸려 있었다. 팩스턴은 이미 오래전부터 바나나에 매력을 느껴오던 터라 언젠가 주인을 위해 꼭 바나나를 재배해보리라 마음먹었다. 그러던 가운데 이 이국 식물 두 그루가 영국에 들어왔고, 팩스턴은 그중한 그루를 캐번디시를 위해 확보할 수 있었다. 그 이후 약간의 시간이 소요되었지만, 팩스턴은 1835년에 드디어 채츠워스 하우스의 온실에서 첫 바나나를 수확하는 데 성공했다.

이 역사적 일화가 지금도 중요한 이유는 바로 바나나가 번식하는 방식 때문이다. 바나나는 무성번식을 한다. 즉 새로운 바나나 나무가 탄생하기 위해 두 그루의 부모 바나나 나무가 필요하지 않다. 바나나는 수분受粉을 통해 번식하지 않는다. 부모 바나나 나무가 함께 유전자를 혼합해 후손을 만들어내는 것이 아니다. 씨앗을 심는 것이 아니라 휘묻이로 번식한다. 바나나를 잘라내고 나면 그 그루터기에 '생장지'라 불리는 특별한 가지가 자라난다. 이 가지를 다시 땅에 묻어 주면 뿌리를 내려 새로운 바나나 나무가 되는 것이다. 아주 실용적이다. 하지만 문제가 있으니, 그것은 아무리 세대를 거듭해도 새로운 바나나가 옛 바나나와 유전적으로 동일한 바나나라는 사실이다. 후손이라기보다는 클론(복제를 통해 탄생한 생물)이라 할 수 있다. 그렇다 보니 바나나는 환경 변화에 적응하기가 힘들고, 그로 인해 결국 치명적인 결과를 빚고 말았다.

바나나는 이미 한 번 멸종했다

1960년대 초까지 수출되는 바나나는 거의 대부분 그로 미셸Gros Michel 종이었다. 그로 미셸은 굉장히 맛있고, 크고, 껍질이 두꺼워 세계 방방곡곡으로 운반하기도 쉬웠다. 모든 것이 좋았다. 하지만 갑자기 푸사리움 옥시스포룸Fusarium oxysporum이라는 곰팡이 균이 등장하고 말았다. 푸사리움 옥시스포룸은 여러 형태로 존재하는 가운데, 다양한 식물에 병충해를 유발하는 곰팡이 균이다. 이 균이 1890년부터 '푸사리움 옥시스포룸 f. sp. cubense tropical race 1'의 형태로 전 세계의 바나나에 파나마병을 일으키기 시작했다.

푸사리움 옥시스포룸은 맨 처음 파나마에서 등장했다. 이 균은 식물의 뿌리로 파고들어 식물을 속에서부터 고사시켰는데, 살균제도 도통 듣지 않았다. 땅속에 있다가 공기나 농장의 농기구를 통해 다른 곳으로 옮겨지는데, 한번 눌러앉으면 가히 무찌를 수가 없었다.

파나마병은 전 세계로 확산되었고, 그로 미셸 종의 바나나는 유전적으로 모두 동일했으므로, 푸사리움 옥시스포룸에 맨 처음 감염된 바나나부터 시작해 하나같이 이 곰팡이 균에 속수무책으로 당할 수밖에 없었다. 그리하여 1960년부터는 세계 어느 곳에서도 그로 미셸을 경작해서 이윤을 낼 수가 없는 지경에 이르렀다.

하지만 다행히 옮겨갈 수 있는 친척 종이 있었으니 그것이 바로 조지프 팩스턴이 개량한 캐번디시 바나나였다. 캐번디시 바나나는 그로 미셸보다 달지도 않고, 열매도 더 작고, 껍질도 얇았지만, 곰팡이 균에 저항성이 있었다. 그리하여 바나나 농가에서는 이제 캐번디시 종에 주력하게 되었고, 이후로 캐번디시가 세계적으로 생산되었다. 요즘 우리가 먹는 바나나는 모두 조지프 팩스턴의 온실에서 처음 탄생한 바나나의 클론이다.

그러나 푸사리움 옥시스포룸은 이런 변화에 완전히 손 놓고 있지만은 않았다. 1990년대부터 푸사리움 옥시스포룸의 새로운 변이균이 등장해 캐번디시 바나나에도 병충해를 유발하고 있다. 옛날처럼 이 곰팡이 균이 세계적으로 확산되는 가운데 이를 제어하지 못하고 있다. 곤란한 점은 1960년대와는 달리 대안으로 재배할 수 있는 바나나 품종이 없다는 것이다. 기존의 바나나를 유전기술로 개량해 변이균에 저항성을 갖춘 새 품종을 만들고자 하는 노력을 기울이고 있지만, 아직은 이렇다 할 빛을 보지 못했다. 게다가 설사 그런 품종이 나온다 해도 근본적인 문제는 사라지지 않는다. 즉 바나나가 계속 단일경작 시스템으로 재배되고, 또 모든 바나나가 유전적으로 동일한 이상, 새로 등장하는 미생물에게는 이들을 감염시키는 게 식은 죽 먹기일 것이기 때문이다. 균류, 세균, 바이러스는 무자비하다. 전부 동일한 클론 바나나는 그들에게 상당히 쉬운 상대다. 병원체는 환경에 적응할 수 있지만, 바나나는 그럴 수 없기 때문이다. 그러므로 우리는 이 특별한 시합에서 어느 순간 패배할 우려가 있다.

물론 현재 세계 곳곳에서 재배되고 있는 야생 바나나 종도 많다. 하지만 그것들은 주로 현지의 필요를 충당하는 데 그칠 따름이다. 야생 바나나를 재배하는 데는 클론 바나나보다 손이 많이 가기 때문에 세계적인 수요를 충당하기가 힘들다. 캐번디시 바나나가 그로 미셸 바나나와 같은 운명을 겪게 된다면, 바나나는 귀해질 것이고 마트에서 지금처럼 싼 가격에 구입하는 건 힘들어질 전망이다.

⑱

루카
모든 생명의 공통 조상

"그러므로 이 지구에 살았던 모든 생물이 최초로 생명의 숨을 내쉬었던 원시 형태의 그 어떤 생물에서 유래했다고 봐야 할 것이다." 1859년 찰스 다윈은 그의 혁명적인 저서 《종의 기원》에 이렇게 적었다. 다윈의 진화론은 세부적으로는 틀린 점이 많았다. 하지만 당시에는 DNA도 몰랐고 유전학도 없었으며 미생물학도 19세기 들어서야 비로소 연구가 시작되었으니 당연한 일이다. 진화론의 큰 그림, 즉 자연선택을 통한 종의 발달은 오늘날에도 여전히 통용되는 이론이다. 위에서 인용한 문장 역시 다윈의 선견지명을 보여준다. 지구의 모든 생물은 서로 연결되어 있다. 인간과 유인원은 공통 조상에게서 나왔다. 인간, 원숭이, 다른 모든 포유류는 같은 종의 생물로부터 발달해 나왔으며, 과거로 더 거슬러 올라가면 모든 동식물의 조상이 나온다. 그리고 이런 생각을—찰스 다윈처럼—논리적으로 계속 진행해나가면 마지막에는 루카에 다다른다.

　루카LUCA라는 말은 모든 생명의 마지막 공통 조상을 뜻하는 'Last Universal Common Ancestor'의 약자다. 물론 어떤 구체적인 생명체를 지칭하는 것은 아니니 루카라는 생물이 있다고 혼동해서는 안 된다. 루카는 성서에서처럼 어떤 신화적 조상을 뜻하는 것이 아니며,

미생물 이브나 박테리아 아담을 뜻하는 말도 아니다. 시간이 흐르면서 모든 다른 생명이 분화되어 나온 최초의 유기체 개체군을 칭할 따름이다. 루카는 지구에 생겨난 최초의 생명은 아닐 수도 있다. 하지만 당시 존재했던 모든 생명 형태 가운데 루카에서 비롯된 계통만이 대를 거듭해 현재까지 이르렀다. 다른 생명체의 후손들은 어느 순간 흔적도 없이 멸종해버렸다.

루카가 정확히 무엇이었는지 우리는 알지 못한다. 우리의 마지막 공통 조상은 35억여 년 전 젊은 지구에 막 생명이 탄생했을 때 살았을 것이다. 이는 너무 오래전이라 루카에 대한 직접적인 증거는 찾을 수 없다. 하지만 오늘날 존재하는 생물을 연구해, 그로부터 루카의 몇 가지 특징을 유추할 수는 있다. 생명은 크게 세 가지 영역(역)—진핵생물(식물, 균류 그리고 인간을 포함한 동물), 고세균, 박테리아—으로 나누는데, 그중 현재 알려진 지식에 따르면 진핵생물이 가장 늦게 생겨났다. 즉 루카에서 발원한 진화과정에서 우선 박테리아(세균)와 고세균이 먼저 발달했고, 나중에야 고세균으로부터 비로소 진핵생물이 갈라져 나온 것이다.

그러므로 루카가 이미 오늘날 모든 생물의 공통된 특성을 지녔을 거라고 보는 것은 꽤나 설득력 있는 가정이다. 우리가 아는 모든 생명체는 하나 혹은 여러 세포로 이루어진다. 이런 세포구조는 루카로부터 물려받은 것이 틀림없다. 그러므로 루카 역시 단세포생물이었을 것이다. 유전암호와 세포 안에서 단백질 합성을 조절하는 리보솜도 있었을 것이다. 이들은 어느 생물에게나 공통되는 생명의 기본 특성이므로, 우리의 공통 조상도 이런 특성을 지니고 있다고 봐도 무방할 것이다.

루카가 어디에 살았는지, 어떤 삶의 조건하에서 발달했는지는 알 수 없다. 많은 세균과 고세균이 아주 극한의 환경에서도 서식할 수 있다. 그러므로 우리의 마지막 공통 조상도 뜨거운 심해 온천이나 화산 지역 어딘가에 살았을지도 모른다. 하지만 루카에 대한 많은 것은 가설로 남을 수밖에 없다.

우리는 미생물이 서로 유전정보를 교환할 수 있음을 알고 있다(51장 참조). 그러므로 그 옛날에도 여러 종의 단세포생물이 서식하며 계속해서 서로 유전정보를 이리저리 퍼 날랐을지도 모른다. 이어 루카가 다윈이 상상했던 원초적 생명 형태가 아니라 '마지막 공통 무리'가 되었을지도 모른다. 우리는 루카 이전에 무엇이 있었고 루카가 어디에서 발달해 나왔는지 알지 못한다. 바이러스의 역할에 대해서도 알지 못한다. 바이러스는 보통 생물에 들어가지 않으므로 생명의 계통수에도 등장하지 않는다. 하지만 바이러스는 최소한 생물만큼 지구에 오랫동안 존재해왔을 것이다. 생물보다 더 오래전부터 존재해왔는지도 모른다. 바이러스가 루카에게 영향을 미쳤는지, 어떤 영향을 미쳤는지 우리는 알지 못한다.

루카가 무엇이든 간에 우리는 그 후손이다. 지구상의 다양한 생물들이 우리에겐 굉장히 이질적으로 보이고, 많은 세균과 고세균 그리고 다른 생물들이 매우 낯설게 느껴질지도 모른다. 하지만 크게 보면 우리는 모두 한 가족이다.

페니바실루스 제로테르모두란스
천하무적 박테리아

1969년 7월 16일, 아폴로 11호가 미국항공우주국의 새턴 V 로켓에 실려 우주로 발사되었다. 며칠 뒤 전 세계는 닐 암스트롱과 버즈 올드린이 달에 첫발을 디디는 광경을 감동적으로 지켜보았다. 하지만 미생물학의 관점에서 보면 발사 직후 미국항공우주국 카메라에 찍힌 장면이 그에 못지않게 인상적이다.

카메라는 로켓이 공중으로 날아오르던 순간 발사대를 휘감은 배기가스를 포착했다. 엔진으로부터 섭씨 3300도에 이르는 불이 뿜어져 나오고, 너무 환한 빛 때문에 카메라 영상에는 아무것도 보이지 않는다. 로켓이 하늘 높이 올라가고 난 다음에야 비로소 이 강력한 발사가 남긴 것이 눈에 보인다. 바로 발사장치의 잔해가 불타고 있는 장면 말이다. 이 장면이 기록될 수 있었던 것은 해당 카메라가 발사대를 향하지 않고, 열에 엄청나게 강한 석영렌즈를 통해 촬영했기 때문이다.

이전의 새턴 V 로켓은 이웃한 케이프 캐너버럴 공군 기지에서 발사되었던 반면, 아폴로 11호 임무는 케네디우주센터를 활용했다. 미공군 비행장이었던 케네디우주센터는 1950년대부터 로켓 발사장으로 사용되었으며, 언뜻 보기에는 미생물학 연구에 이상적인 장소로 보이지 않는다. 하지만 생물학자 월터 본드Walter Bond 와 마틴 파베로 Martin Favero 는 바로 이곳에서 특별한 발견을 해냈다. 그때까지 몰랐던 박테리아를 발견한 것이다.

어마어마한 새턴 로켓이 뿜어낸 뜨거운 배기가스를 맞은 땅바닥에서 시료를 채취한다는 것은 야무진 생각이다. 하지만 본드와 파베로가 1977년 4월에 발표한 논문에는 "케이프 케네디 근처"에서 수집한 "모래 토양"이라고만 되어 있다. 그들은 흙을 알코올로 씻은 뒤, 굉장히 미세한 필터에 통과시켰다. 그런 다음 그렇게 얻은 시료를 강철판에 칠한 뒤에 굉장히 뜨거운 사우나에 노출시켰다. 그들이 발견한 미생물은 섭씨 125도의 건조한 열에서 139시간을 견뎠고, 150도에서도 2.5시간을 견뎠다. 이전에 어떤 시료도 이렇게 강하게 열처리한 적은 없었다.

현미경으로 관찰한 결과 아직 알려지지 않았던 미생물 하나가 모습을 드러냈다. 두 연구자는 이 미생물에게 바실루스 제로테르모두란스라는 이름을 붙여주었다. 하지만 그 뒤 유전 연구 결과 바실루스 제로테르모두란스가 페니바실루스 속에 속하는 것으로 밝혀졌다. 페니바실루스는 '거의 바실루스 같다'는 뜻이다. 그리하여 이 미생물은 개명되었고 지금은 페니바실루스 제로테르모두란스Paenibacillus xerothermodurans라 불린다. 하지만 바실루스가 페니바실루스로 바뀐 것은 그리 중요하지 않다. 이름에서 흥미로운 부분은 바로 '제로테로모두란스'이기 때문이다. '건조열을 견딘다'는 뜻이다.

우주 밖으로 밀항하는 미생물들

건조열에 강한 페니바실루스가 로켓 발사장에서 발견된 것은 우연이었을 것이다. 이것이 우주비행에 갖는 의미는 전혀 없다. 사실 본드와 파베로가 연구를 수행하던 1977년 당시에는 태양계와 특히 화성에 대한 연구가 한창이었다. 지구와 이웃한 행성인 화성에 탐사선을 착륙시키고자 여러 번 시도했으나 실패한 끝에 1976년 7월 20일 바이킹 1호가 처음으로 화성에 착륙했고, 이어 1976년 9월 4일에는 쌍둥이 바이킹 2호도 화성에 무사히 착륙했다.

이들 바이킹 탐사선은 무엇보다 화성에 외계 미생물이 있는지를 알아내는 임무를 띠었다. 그러다 보니 지구에서 도리어 화성으로 미생물을 반입하지 않도록 하는 데에도 주의를 기울여야 했다. 그리하여 발사 전에 이들 탐사선을 아주 꼼꼼하게 멸균 상태로 만들어야 했는데, 당시에는 종종 건조열을 사용한 멸균 조치를 시행하곤 했다. 그러므로 이런 조치를 견디고 살아남은 박테리아가 있는지도 면밀히 살펴야 했다. 불가피한 경우 다른 살균 방법을 개발해야 하기 때문이다.

오늘날에도 전문가들은 다른 천체를 지구의 미생물로 오염시킬 가능성을 염두에 둔다. 미국항공우주국이나 유럽우주기구 같은 곳에서는 자체 '행성보호관planetary protection officers'을 고용하기도 한다. 와우! 정말 인상적으로 들리는 직업명이다. 이들은 페니바실루스 제로테르모두란스 같은 미생물 때문에 정말 어려운 임무를 수행해야 한다. 이런 미생물들은 살균 노력에 끈질기게 저항하니 말이다.

유럽우주기구는 완벽하게 소독을 끝낸 클린룸에도 여전히 많은 세균이 있음을 발견했다(24장을 참조하라). 많은 박테리아가 건조한 환경에도 잘 살아남는 듯하다. 먹이가 없어도 지장이 없는 듯 보이며, 소독제에도 잘 견디는 것 같다. 미생물이 어떤 조건을 견디고 살아남는지를 아는 것은 생물학에서는 굉장히 매력적인 일이다. 하지만 우주선에서 미생물을 제거하고자 하는 사람들에겐 이런 천하무적 박테리아들이 정말 지긋지긋할 수밖에 없는 노릇이다.

로키아르카에오타
고대 친척의 방문

미생물학의 위대한 선구자 가운데 한 사람은 원래는 수학자이자 물리학자였다. 하지만 《뉴욕타임스》는 그를 "독자들이 아직 들어보지 못한, 20세기의 가장 중요한 생물학자"로 소개했다. 그는 바로 칼 워즈다. 아직 이 이름을 머릿속에 넣지 못했다면, 앞으로는 잊지 말길 바란다. 수학과 물리학을 공부하던 워즈는 미생물학으로 전공을 바꿔 생물들 사이의 친척관계를 정확히 이해하고자 했다. 친척관계라…… 하지만 여기서는 삼촌, 이모, 고모, 사촌 이런 식의 일반적인 의미의 가족계보를 말하는 것이 아니다. 워즈는 생명의 다양성을 어떻게 정리하고 분류할 수 있는지를 알고자 했다. 진화과정에서 종은 어떻게 형성될까? 누가 누구의 후손일까? 어떤 생명 형태가 가장 오래된 형태이고, 생명의 기원은 어디에 있을까?

이러한 굵직한 질문들에 대해 워즈는 미생물의 내부에서 그 답을 찾고자 했다. 그는 1977년에 유전정보의 운반자들을 분석하기 시작했다. 유전정보 운반자라 하면 대부분 DNA를 말하지만, 워즈에겐 RNA가 유망해 보였다. RNA는 무엇보다 유전정보에 기초해 DNA에서 해당 단백질이 합성되게 하는 역할을 담당한다. 단백질은 생명의 구성요소이고, 이런 기능은 생명에 아주 기본적인 것이기 때문에,

태초부터 이런 과정이 존재했을 터다. 그리하여 워즈는 미생물 RNA 의 유사성과 차이성에서 모든 생물이 어떻게 연결되어 있는지를 밝혀낼 수 있기를 희망했다.

현대 생물학이 막 태동하던 시기에 세상은 아직 조망 가능해 보였다. 생물의 분류체계를 정립하고자 하는 분류학taxonomy의 선구자인 스웨덴 생물학자 칼 폰 린네는 생물을 단순하게 '동물'과 '식물'로 분류했다. 미생물의 발견은 모든 것을 좀 더 복잡하게 만들었고(2장 참조), 새로운 범주를 도입해야 했다. 하지만 이후 생물의 세포를 더 자세히 관찰할 수 있게 되면서 생물 분류의 또 다른 방법이 등장했다. 즉 생물을 세포핵이 없는 '원핵생물'과 세포에 세포핵이 있는 '진핵생물'로 분류하게 된 것이다. 인간은 진핵생물에 속하며, 다른 동물, 식물, 균류, 일부 미생물도 진핵생물에 속한다.

하지만 이후 워즈와 그의 동료 조지 폭스George Fox가 이런 분류를 완전히 뒤집어놓았다. 그들은 여러 박테리아의 RNA의 차이성에 주목했고, 그 차이가 예상보다 훨씬 더 클 뿐만 아니라 그냥 넘길 수 없을 정도임을 확인했다.

당시에는 세균 가운데 여러 종류를 '고세균archaebacteria' 또는 '프로토박테리아'라는 말로 한데 묶고 있었다. 그러나 워즈와 폭스는 이들 고세균이 나머지 박테리아와 너무나 달라서, 더 이상 '박테리아(세균)'라는 말을 쓰는 것이 불합리하다는 사실을 확인했다. 이들의 유전정보에는 여타 박테리아에 있는 부분들이 없고, 대신에 다른 어느 곳에서도 발견되지 않는 유전정보가 있었다. 고세균과 일반 세균은 겉보기에는 비슷했지만, 속은 완전히 다르다. 워즈와 폭스는 미생물 RNA의 공통점과 차이점을 분석하고 이로부터 생물의 친척관계와 계통을 재구성했다. 그리하여 생명의 새로운 영역(역)이 탄생했다. 즉 고세균archaea을 진핵생물과 박테리아와 동등한 위치에 놓게 된 것이다. archaea는 '아주 오래된'이라는 그리스어 단어에서 파생된 말이다. 그리하여 고세균은 박테리아가 아닌, 어엿한 독립된 생명체로 자리매김했다. 고세균은 지구 역사상 최초의 생물에 속했던 것으로 보인다. 진핵생물(인간 포함)은 진화과정에서 훨씬 나중에 고세균으로부터 갈라져 나와 발달했다.

인간은 독보적인 존재가 아니다

몇 년 전 그린란드와 스칸디나비아 사이 2킬로미터 이상 깊이의 심해에서 고세균과 진핵생물 사이의 '잃어버린 고리(미싱 링크)'일 수도 있는 한 미생물이 발견되었다. 2010년 그곳 심해의 화산활동 지역 근처에서 토양 시료가 채취되었는데, 그 시료 안에 들어 있는 DNA를 분석한 결과 기존에 알려지지 않았던 생물들이 발견되었고 그중 하나가 미싱 링크로 주목을 끈 것이다. 그 미생물에는 로키아르카에오타 *Lokiarchaeota* 라는 이름이 붙여졌다. 그 유전자의 일부는 기대했던 대로 다른 원핵생물의 유전자와 비슷했는데, 일부는 진핵생물의 유전자, 즉 복잡한 진핵생물의 세포를 구성하는 유전자와 비슷해, 고세균과 진핵생물의 중간자적 존재로 보였다.

지구상에 생명이 어떻게 생겨났는지, 가장 처음에 고세균이 있었는지, 박테리아가 있었는지는 아직 규명되지 않았다. 하지만 최소한 인간을 포함한 진핵생물은 지금까지 생각했던 것보다 고세균과 더 가까운 것처럼 보인다. 앞으로 인간이 고세균과 비슷하다는 점이 더 드러날지도 모르고, 나아가 생물이 다시금 새롭게 분류될지도 모른다. 어쨌거나, 생물학은 여기에서도 다시금 인간이 우리 생각만큼 독보적인 존재가 아님을 보여준다.

21

결핵균

미생물학의 진보에 기여한 헤세 부인의 푸딩

결핵균*Mycobacterium tuberculosis* (미코박테리움 투베르쿨로시스)은 미생물계의 스타다. 이 세균은 인간에게 결핵을 일으키는 원인균이다. 1882년 독일의 의사 로베르트 코흐Robert Koch가 이 세균이 인류에게 치명적인 질환 중에서도 비교적 흔하게 발병하는 결핵을 일으킨다는 것을 증명해냈고, 이 발견은 의학사의 이정표로 자리매김했다. 로베르트 코흐는 공로를 인정받아 1905년 노벨상을 받았다. 아울러 1882년 3월 24일 그의 연구 결과를 발표하는 강연에서 코흐는 결핵균에 얽힌 또 다른 혁명적인 사건을 소개했다.

세균과 다른 미생물을 제대로 연구하려면 보통 통제된 조건에서 미생물을 증식시켜야 하는데, 이를 위해 '영양 배지nutrient broth'라는 것이 필요하다. 미생물도 생물이므로, 자라고 증식하려면 영양이 필요하기 때문이다. 학자들은 처음에 액체로 된 영양 배지를 사용해 세균을 배양했다. 이런 방법은 문제가 있었다. 세균 집단(콜로니)이 액체 속에서 헤엄치다가 서로 다른 종류의 세균과 혼합되는 바람에, 각각의 세균 콜로니를 분리해 분석하는 것이 어려웠기 때문이다. 그리하여 순수배양을 얻기 위해 연구자들은 고체 배지를 사용하는 것으로 옮아갔다. 로베르트 코흐는 젤라틴에 고기 추출액을 혼합한 수프를 유리 접시에 붓고는, 이를 응고시켜 사용했다. 세균은 그 위에서 증식했고, 분석하기가 용이했다.

코흐의 동료 발터 헤세Walther Hesse도 젤라틴을 이용해 연구를 했다. 독일의 의사인 헤세는 공기가 얼마나 많은 미생물을 품고 있는지를 연구하고자 다양한 측정을 했다. 그는 야외, 자신의 집 거실, 학교 교실 등 여러 장소에서 시료를 수집했고, 박테리아, 균류 등 미생물을 사육해 이들이 주변 공중에 돌아다니는 걸 측정하고자 했다. 하지만 여름이 되어 기온이 올라가자 문제가 발생했다. 때로는 기온이 너무 치솟아 젤라틴으로 된 영양 배지가 흐물흐물 녹아버렸기 때문이다. 섭씨 37도가량은 많은 병원균이 최고로 증식하는 온도다. 인체의 온도와 비슷해 그들에게 최상의 생육 조건을 제공하는 것이다. 하지만 이렇게 기온이 치솟으면 젤라틴도 특정 박테리아에 의해 분해되어 배양을 다 망쳤다.

헤세 부인의 푸딩과 페트리의 접시

이 문제를 해결해준 것은 바로 발터의 아내 파니 앙겔리나 헤세 Fanny Angelina Hesse였다. 1850년 6월 22일 뉴욕에서 태어났고, 배를 타고 유럽으로 오는 길에 발터 헤세와 알게 되어 결혼한 앙겔리나는 특별한 학문 훈련을 받지는 않았지만, 실험실 조수로 남편을 도우며 남편의 연구에 필요한 드로잉 작업을 하고 있었다. 음식에도 능해서 푸딩, 젤리, 잼 같은 음식이 고온에서 풀어져 액체로 변해버리지 않게 하려면 어떻게 해야 하는지를 알았다. 이를 위해 그는 젤라틴을 사용하지 않고, 뉴욕에서 네덜란드 출신의 지인에게 배운 재료를 활용했다. 그 지인은 인도네시아에서 살다 왔는데, 푸딩이 고온에서 흐물흐물해지지 않게 하려면 한천을 사용하라고 알려주었던 것이다. 한천은 조류에서 얻을 수 있는 특수한 당 분자들로, 굉장히 강력한 겔화제다. 그리하여 한천을 조금만 넣어줘도 젤을 얻을 수 있는데, 이는 섭씨 95도에서만 액화되는 안정적인 젤이다. 파니 앙겔리나는 남편에게 젤라틴 대신 간편하게 한천을 사용하는 것이 어떠냐고 제안했고, 발터 헤세는 정말로 그렇게 했다. 이 방법은 세균학 연구에 커다란 진보를 가져왔으며, 로베르트 코흐도 발터를 통해 이를 알게 되어 활용했다.

오늘날 한천 배지는 미생물학의 필수 도구로, 모든 실험실에서 세균을 배양하고 연구하는 데 유용하게 활용된다. 한편 배양을 위한 용기로는 페트리 접시를 활용한다. 페트리 접시는 얇은 재질의 테두리와 뚜껑이 있는 유리 접시다. 코흐의 연구실에 근무하던 율리우스 리하르트 페트리Julius Richard Petri가 맨 처음 개발했다. 페트리는 1887년 코흐의 젤라틴 접시를 더 간편하게 만들기 위해 이 접시를 개발했고, 페트리의 이름은 페트리 접시라는 용어로 전 인류가 다 알게끔 남았다. 그에 비해, 미생물학 연구 수단으로서 한천의 중요성을 감안한다면, 파니 헤세의 공로는 기억해주는 이가 별로 없는 현실이 약간 불공평하다고 하겠다. 파니 헤세가 독창적인 방법을 제안하지 않았다면, 미생물 연구는 오랫동안 지지부진함을 면치 못했을 것이다.

22

사카로미세스 칼스베르겐시스
세상에서 가장 사랑받는 곰팡이

시원하고 맛있는 맥주를 앞에 두고 곰팡이 생각을 하는 사람은 별로 없을 것이다. 하지만 홉, 물, 맥아로 수천 년간 인류와 함께해온 음료를 만들 때 곰팡이는 필수 재료다. 이 곰팡이는 바로 맥주의 효모다. 그리고 맥주의 효모는 다름 아닌 단세포 균류다. 효모가 한 가지인 것은 아니다. 효모의 종류만 해도 몇백 가지고, 효모 균주는 수천 가지로 나뉘며, 이들 모두가 맥주 양조에 사용되지는 않는다. 하지만 맥주를 만들어내는 효모들은 한 가지 일을 특히나 잘할 수 있다. 바로 당을 먹고 이산화탄소와 알코올을 배출하는 것이다. 이산화탄소와 알코올을 얼마만큼 만들어낼 수 있는지는 무엇보다 주변 온도, 효모가 사용할 수 있는 산소량, 사용되는 효모 세포에 따라 달라진다. 모든 것이 맞아떨어지면, 이 미생물은 물과 곡물로부터 알코올이 함유된 시원하고 멋진 음료를 만들어낼 수 있다.

이런 것들을 통해 맥주를 만들 수 있음을 알게 된 건 몇천 년 전이었다. 당시에는 효모가 뭔지도 전혀 몰랐지만 다행히 미세한 곰팡이인 효모는 도처에 있었다. 그리하여 다른 재료를 섞어서 그냥 놓아두면, 오래지 않아 야생 효모가 공기 중에서 찾아들어 발효과정이 시작되고 맥주가 만들어졌다. 많은 과일에서도 효모 세포를 발견할 수 있다. 그래서 초기의 맥주 레시피 대부분에는 과일이 기본으로 들어갔다.

하지만 이런 방식으로는 늘 같은 품질의 맛좋은 맥주를 안정적으로 양조하는 것이 쉽지 않았다. 무엇보다 그토록 많은 효모 균주 가운데 어느 것이 혼합액으로 쏙 들어올지 미리 알 수가 없기 때문이다. 어떤 효모는 맛좋은 맥주를 만들어내고, 어떤 효모는 맥주 맛을 망친다. 그래서 얼마 가지 않아 의도적으로 효모를 보존했다가 늘 그것을 활용하는 방법이 도입되었고, 중세에는 이 일을 담당하는 장인이 따로 있을 정도였다. 하지만 이들이 성실하게 일을 한다 해도, 맥주 양조에는 늘 신비롭고 수수께끼 같은 것이 작용했다.

알코올을 만들어내는 미세한 동물

효모 세포를 실제로 눈으로 확인한 사람은 네덜란드의 연구자 안톤 판 레이우엔훅이었다. 세균을 발견한 레이우엔훅은(2장을 참조하라) 1684년에 처음으로 알코올을 만들어내는 '미세한 동물'을 언급했다.

19세기 전반기가 되면서 프랑스의 물리학자 샤를 카니아르 드 라 투르Charles Cagniard de la Tour, 독일 의사 테오도어 슈반Theodor Schwann 등 여러 연구자가 발효과정을 규명해냈고, 오늘날 전 세계가 다 아는 화학자 루이 파스퇴르Louis Pasteur가 당이 알코올로 변하는 과정을 산소량으로 어떻게 조절할 수 있는지를 설명해냈다. 그러나 효모를 정확히 무엇으로 볼 것인지에 대해서는 여전히 논란이 분분했다. 파스퇴르는 효모가 생물이고, 발효가 이 생물의 신진대사 결과라고 보았다. 반면 당시 영향력이 컸던 독일 화학자 유스투스 폰 리비히Justus von Liebig는 그런 견해에 반대했다. 유스투스 폰 리비히는 베이킹파우더와 인공 이유식을 고안하기도 했는데, 효모를 생물로 보는 견해가 너무 거슬린 나머지 1839년 동료인 프리드리히 뵐러Friedrich Wöhler와 더불어 "알코올 발효에 대한 비밀 규명"이라는 제목으로 효모 세포에 대한 관찰을 희화화해 기술했다.

"이런 알갱이를 설탕물에 집어넣으면 (…) 그로부터 미세한 동물들이 발달해 나온다." 이들 동물에겐 모두 "튜브 모양의 주둥이"가 있으며, 그들의 행동은 이렇다. "그들이 알에서 튀어나온 순간부터 이들 동물이 용액으로부터 설탕을 삼키는 게 보인다. 그리고 설탕이 위 속으로 들어가는 걸 아주 똑똑히 볼 수 있다. 설탕은 순식간에 소화되는데, 이런 소화과정은 곧장 배설물을 비워내는 것으로 극명히 확인할 수 있다. 즉, 이들 벌레는 설탕을 먹고, 장으로부터 주정(에틸알코올)을, 비뇨기관에서 탄산을 비워낸다." 리비히와 뵐러는 이어 조롱의 수위를 조금 더 올린다. "그리하여 이 동물의 항문으로부터 끊임없이 특유의 가벼운 액체가 위쪽으로 올라가는 걸 보게 되며, 그들의 엄청나게 큰 생식기로부터 아주 짧은 간격으로 탄산 줄기가 분출된다."

물론 이 모든 것은 반어법이며, 효모가 살아 있는 존재라는 생각을 조롱하기 위한 것이었다. 리비히는 효모의 알코올 발효를 '미세한 동물' 같은 것이 관여하지 않는 단순한 화학반응으로 여겼다. 하지만 후속 연구 결과 이 생각은 틀린 것으로 드러났다. 맥주 속의 효모는 곰팡이로, 사카로미세스 세레비시에라는 이름을 얻었다. '맥주의 설탕 곰팡이'라는 뜻이다.

하지만 이러한 사실을 알고 난 뒤에도 효모의 행동을 미리 예측하는 것은 여전히 어려웠다. 맥주를 양조할 때 효모는 때로는 위로 올라가 맥주 표면의 진한 거품 속에 부유했고, 때로는 아래로 가라앉았다. 조금 더 신경을 써서 의도적으로 '상면발효' 맥주와 '하면발효' 맥주를 만들 수는 있었다. 그러나 이에 커다란 혁신을 가져온 것은 덴마크 식물학자 에밀 크리스티안 한센Emile Christian Hansen 이었다.

한센은 코펜하겐의 칼스버그 양조장 실험실에서 연구하는 가운데 효모 세포를 분리 추출해 배양하는 데 성공했다. 완전히 순수한 효모 균주를 배양해 연구할 수 있었던 것이다. 그리하여 '효모'가 다양한 균주로 구성되며, 한센이 개발한 효모 분리 배양을 통해 순수 배양된 균주만 사용하면 더 맛이 좋은 맥주를 양조할 수 있다는 사실이 확연해졌다. 이 균주 가운데 하나에 사카로미세스 칼스베르겐시스Saccharomyces carlsbergensis (오늘날에는 사카로미세스 파스테리아누스Saccharomyces pasterianus라고도 불린다)라는 이름이 붙여졌다. 바로 오늘날 전 세계인이 즐겨 마시는 필스나 라거와 같은 고품질 하면발효 맥주 양조에 쓰이는 균주다.

세포가 함께 뭉쳐서 이산화탄소와 함께 위쪽으로 올라가는 상면발효 효모와 달리, 하면발효 효모 세포는 무리를 짓지 않고 개별적으로 바닥에 가라앉는다.

한센과 칼스버그는 그들이 처음 배양한 효모 균주를 무료로 전 세계 양조장에 보급할 만큼 마음씨가 좋은 사람들이었다. 이것이 바로 몇천 년간 인류를 즐겁게 해준 곰팡이를 알게 된 과정이다.

㉓

튤립 줄무늬 바이러스
아름다움과 경제위기를 동시에 불러온

미생물이 경제에 많은 영향을 미칠 거라는 것은 쉽게 예상할 수 있는 일이다. 전염병이 창궐해 (가령 페스트나 스페인 독감이 발발했을 때처럼) 세계 도처에서 수십만 혹은 수백만 명이 사망하면 사회와 경제에 상당히 부정적인 영향을 끼친다. 작물이나 가축을 감염시키는 병원균이 확산되었을 때도 마찬가지다. 하지만 아름다운 것을 만드는 바이러스가 있고, 그 바이러스가 경제위기를 불러올 수 있다는 사실은 상당히 놀랍다. 바로 1637년 네덜란드의 튤립 줄무늬 바이러스Tulip Breaking Virus, TBV가 그 주인공이다.

튤립은 아름다운 꽃이다. 하지만 특이하거나 이국적으로 느껴지지는 않는다. 오늘날에는 너무 흔해졌기 때문이다. 마트에만 가도 튤립을 살 수 있으며, 튤립 구근도 화원이나 농원에서 쉽게 구할 수 있다. 튤립의 고향은 북아프리카에서 지중해를 거쳐 중앙아시아에 이르는 지역이다. 중동에서 처음 재배되었을 것이라 추정되며, 16세기에 튀르키예에서 빈으로 들어오면서 비로소 유럽에 알려졌다. 당시 빈의 제국약용식물원 원장이었던 카롤루스 클루시우스Carolus Clusius가 튤립을 재배하기 시작하면서 대중에게 퍼지기 시작했다.

알록달록한 이 식물은 빠르게 인기를 얻었다. 그리하여 많은 사람이 더 예쁘고 새로운 품종을 개발하고자 노력했다. 단색이 아닌, 색깔이 '깨져broken' 여러 색을 띠는 튤립은 특히나 인기를 누렸다. 점박이나 줄무늬를 띤 튤립도 있었다. 어떤 튤립은 알록달록한 테두리를 가지고 있었고, 어떤 튤립은 알록달록한 불꽃이 봉오리를 야금야금 먹어 들어가는 것처럼 보였다.

문제는 구근을 키워 꽃이 나오기 전에는 아무도 어떤 튤립을 보게 될지 장담하지 못한다는 것이었다. 그래서 튤립 구근의 거래는 어느 정도 도박적인 요소가 있었다. 그럼에도 특정 종류의 튤립 가격은 천정부지로 솟았다. 전 시대를 통틀어 가장 비싼 튤립의 이름은 '셈페르 아우구스투스Semper augustus'. 1637년 셈페르 아우구스투스 구근 하나 값이 암스테르담 도시주택 3채 값과 맞먹을 정도로 뛰었다. 셈페르 아우구스투스는 붉은 꽃잎에 흰색 줄무늬가 있는 매우 우아한 튤립이긴 하지만, 정말 터무니없는 가격이 아닐 수 없었다.

튤립을 아름답게 만드는 병

무엇보다 영국 생물학자 도러시 케일리Dorothy Cayley가 1928년에야 발견한 사실을 감안한다면 말이다. 도러시 케일리는 색이 깨지는 원인이 바이러스로 인한 식물병 때문이라는 것을 밝혀냈다. 그때까지 사람들은 환경적인 조건 때문에 색이 깨어진 예쁜 튤립이 생겨나는 줄 알고, 흙이나 온도에 변화를 줘서 새로운 패턴의 튤립을 만들고자 애써왔다. 하지만 케일리의 실험은 식물 수액에 존재하는 바이러스—진딧물에 의해 매개될 수 있는 듯하다—가 그런 튤립을 만들어낸다는 걸 보여주었다.

튤립 줄무늬 바이러스는 튤립 안에서 색을 만들어내는 특정 유전자가 비활성화되도록 한다. 이 일이 정확히 어떻게 진행될지는 예측하기 힘들다. 사육을 통해서도 이 질병을 쉽게 전염시킬 수 없다. 게다가 아무리 그토록 아름다울지라도, 그 튤립은 병든 튤립인 것이다. 병들었기에 번식 능력도 강하지 못했던 아름다운 셈페르 아우구스투스는 오늘날까지 살아남지 못하고 멸종해버리고 말았다.

바이러스에 감염된 튤립은 1637년 네덜란드에 엄청나게 커다란 소용돌이를 몰고 왔다. 몇 년간 '튤립 광풍'이 불어 아름다운 품종의 튤립 구근을 구매해 사육하기 위한 투기가 횡행했는데, 어느 순간 구근 값이 너무 올랐다는 인식이 확산되면서 구매자가 모두 사라져버린 것이다. 그러자 가격 거품이 꺼지며 순식간에 구근 값이 폭락하고 말았다.

이러한 '튤립 히스테리'는 다행히 (종종 묘사되곤 하는 것과는 달리) 온 나라의 경제를 위기로 몰아넣을 만큼은 아니었다. 하지만 튤립 열풍은 과거의 빗나간 투기 광풍을 잘 보여주는 사례 가운데 하나로 문서로도 그 과정이 상세히 남아 있다. 꽃을 병들게 하는 동시에 몹시 아름답게 만드는 바이러스가 촉발한 투기의 끝은 씁쓸했다.

24

니트로소스페라 가르겐시스
외계 생명체와의 진정한 만남을 위하여

우리가 지금까지 발견한 모든 생물은 지구에서 찾은 것이다. 지구를 제외한 우주는 너무나도 크다. 하지만 우주에 사는 생명체와는 한 번도 마주친 적이 없다. 물론 지금까지 지구 밖 생명체를 찾으려는 노력을 많이 기울이지는 않았지만 말이다. 달, 화성, 금성, 몇 개의 소행성과 혜성을 제외하고는 다른 천체를 가까운 거리에서 살펴본 적이 없으며, 이들 천체마저도 외계 생명체가 있는지 두루두루 살피지는 못한 상태다. 하지만 계속 연구가 진행되고 있으니 언젠가는 지구 밖에서 생명체를 만날 수 있지 않을까? 그런 때가 온다면, 지구 밖에서 만나는 생명체가 진짜로 외계 생명체여야 할 것이다. 혹시 부지불식 중에 우리가 지구에서 다른 천체로 유입시킨 생명체라면 낭패가 아닐 수 없다.

그래서 우주기구들은 자신들의 우주선을 가능한 한 무균 상태로 다른 천체에 보내기 위해 엄청난 노력을 기울인다(최소한 생명이 서식할 가능성이 있는 천체로 우주선을 보낼 때는 말이다). 이런 '행성 보호planetary protection' 조처는 무엇보다 다른 행성을 보호하고 그곳에서 생명체를 찾는 앞으로의 임무를 보호하기 위함이다. 물론 원칙적으로는 외계 미생물이 지구를 오염시킬 수도 있을 것이다. 그러나 지구의 미생물이 우주 탐사선이나 다른 곳에 붙어 있다가 다른 천체로 옮아갈 확률이 훨씬 높다. 그러면 외계 생명체를 찾으려는 우리의 노력이 수포로 돌아갈 뿐 아니라, 최악의 경우 다른 천체에 존재하는 외계 미생물들을 멸절시킬지도 모른다.

이런 이유로—아울러 우주선의 민감한 전자 부품들 때문에—우주선은 특수 클린룸으로 만들어진다. 우주선 안에는 먼지 한 톨도 없고, 습도는 굉장히 낮다. 아침 식사를 하고 그곳에 빵 부스러기를 흘려놓을 수도 없다. 보호복을 입은 상태에서만 드나들 수 있으며, 정기적으로 세심한 청소가 이루어진다. 미생물이 번식할 가능성을 완전히 배제해야 하기 때문이다.

클린룸에서도 번식하는 미생물

그럼에도 클린룸에서조차 번식하는 미생물들이 있다. 그동안 유럽 우주기구의 클린룸에서 발견된 세균 균주는 300가지가 넘는다. 미국 항공우주국 역시 같은 문제를 안고 있다. 독일의 미생물학자 크리스티네 모이슬아이힝거Christine Moissl-Eichinger는 미국항공우주국의 클린룸에서 세균뿐 아니라 고세균도 발견했다. 클린룸 개체군 연구에서 고세균은 약간 등한히 된다. 하지만 고세균이야말로 우주나 다른 행성에서 생존할 확률이 가장 큰 생물이다. 고세균은 지구에서도 대부분 아주 극한의 환경에서 서식한다. 끓는 온천이나 소금 호수(염호)에 서식하거나 산소도 없는 깊은 지하에 산다. 커다란 온도 변화, 건조한 환경, 강한 방사능도 견딜 수 있다.

따라서 다른 천체의 오염을 걱정한다면, 고세균도 고려해야 한다. 크리스티네 모이슬아이힝거는 이후의 연구에서 미국항공우주국의 클린룸뿐만 아니라 다른 우주기구의 클린룸에도 고세균이 존재한다는 사실을 보여주었다. 그러나 우선은 고세균의 유전적 흔적만 증명할 수 있었을 뿐, 그 고세균이 정확히 어떤 종인지는 밝혀내지 못했다. 하지만 이들은 니트로소스페라 가르겐시스*Nitrososphaera gargensis*라는 고세균의 친척으로 보인다.

니트로소스페라 가르겐시스는 2008년 시베리아의 온천에서 발견된 고세균으로, 암모니아를 기반으로 신진대사를 하는 '암모니아 산화제'다. 이런 고세균은 얼음 지각 아래 물과 암모니아로 이루어진 대양이 있는 토성의 위성 타이탄에서도 끄떡없이 지낼 수 있을 것이다. 2005년 유럽우주기구는 타이탄에 탐사선 하위헌스를 착륙시켰다. 하지만 외계 미생물을 수색하는 것은 연구 프로그램에 들어 있지 않았다. 그리하여 우리는 타이탄에 생물이 서식하는지, 서식한다면 어떤 생물이 서식하는지 알지 못한다. 혹시나 우리가 그곳에 극한 환경에서도 서식할 수 있는 몇몇 고세균을 이주시켰는지도 모른다.

클린룸에 미생물이 서식한다면 그건 우리 자신의 책임이다. 실제로 클린룸마다 고세균이 발견된 것 또한 크리스티네 모이슬아이힝거의 말마따나 100퍼센트 인간 책임이다. 그녀는 논문에 이렇게 적었다. "클린룸에서 유일하게 적응력 있고 소독이나 세척 가능하지 않은 대상은 바로 인간이다. 인간은 그곳에서 움직이며 공기 소용돌이를 유발한다." 2017년 모이슬아이힝거가 다양한 실험 대상자의 피부에서 직접 채취한 시료를 연구한 결과 그곳에서도 고세균이 많이 나왔다. 그렇다. 우리 몸에는 많은 세균뿐 아니라 고세균도 서식한다. 분석에 따르면 고세균은 특히 건조한 피부에 즐겨 서식한다.

지구의 어떤 장소, 어떤 환경을 막론하고 충분히 자세히 보기만 하면, 도처에서 미생물을 발견할 수 있다. 이러한 사실은 외계의 미생물 수색에 희망을 준다. 외계에서도 자세히 연구하면 미생물을 발견할 수 있을지도 모른다. 외계의 미생물이 우리 지구의 미생물과 서로 접촉하지 않게 조심하는 한 말이다.

외계 생명체와의 진정한 만남을 위하여

25

노스톡 코뮨
별의 콧물 맛이 궁금하다면

코에 콧물이 가득 차면 콧물을 내보내야 한다. 가장 좋은 방법은 손수 건으로 코를 푸는 것이다. 그런 점액을(학문적으로는 '비강 분비물'이라고 부른다. 그리 식욕을 돋우는 단어는 아니다) 온 데다 묻히고 다닐 수는 없는 노릇이니 말이다. 그럼에도 계속해서 주변에 콧물을 흘리고 다니는 이가 있는 듯하다.

비가 많이 내리고 나면 땅에서 갑자기 점액질 덩어리가 눈에 띈다. 이 이상하게 끈적끈적한 덩어리를 독일에서는 '마법의 버터' '마녀의 치즈' 혹은 '악마의 똥'이라 부른다. 프랑스에서는 '달의 침'이라고 부르고, 영국에서는 '별 콧물'이라고 부르며, 이탈리아에서는 '별 가래'라고 부른다(한국에서는 '구슬말'이라 부른다─옮긴이).

한 유명한 학자는 그중 '별 가래'라는 말이 특히나 적절하다고 봤다. 이 사람은 보통 파라셀수스Paracelsus라는 이름으로 잘 알려진, 스위스의 의사이자 연금술사이자 철학자인 테오프라스투스 봄바스투스 폰 호엔하임Theophrastus Bombastus von Hohenheim이다. 파라셀수스는 1530년 그의 저서 《천체현상에 관한 책Liber meteororum》에서─자신이 보기에─바람, 날씨, 계절, 소나기와 같은 현상이 어떻게 생겨나는지를 자세히 설명했다. 그는 이런 현상을 별들의 영향으로 설명했는데, 별들은 다양한 성분으로 구성되어 있고, 그 구성에 따라 서로 다른 기상현상을 유발할 수 있다고 보았다. 번개를 일으키는 번개별, 바람을 일으키는 바람별, 눈을 내리는 눈별 등이 있다는 것이다. 여름과 겨울은 불을 먹고 사는 여름별과 겨울별로 인해 생겨난다고 했다. 파라셀수스는 별들이 먹이를 먹는다면 배설물도 당연히 생길 거라면서 별들의 배설물은 밤에만 보이며, 바로 별똥별(유성)이 그것이라고 했다. 그중에서 땅바닥에 내려앉은 것은 "젤리"처럼 되고, "붉은빛 혹은 노란빛을 띠는 개구리처럼 끈끈한 점액"이 된다고 했다.

별들의 배설물이 하늘에서는 유성으로, 땅에서는 점액 덩어리로 등장한다는 파라셀수스의 독창적인 이론과 앞서 언급한 그의 기상학 이론은 물론 현대에 이르러 학문적 진보 앞에서 버티지 못하고 무너졌다. 하지만 그가 이 끈끈한 덩어리에 붙여준 이름은 남았다. 바로 '노스톡Nostoch'이라는 이름이다. 이 이름은 콧구멍을 뜻하는 저지독일어 단어 '노스터noster' 혹은 영어의 nosthryl(nostril)에서 유래했으리라 추정된다. 이 영단어와 'nasenloch'(표준 독일어로 콧구멍)가 결합해 노스톡이라는 말이 탄생했을 수도 있다.

식물의 조상, 하늘의 채소

노스톡 코뮤Nostoc commune (구슬말)은 별이나 별의 배설물과는 아무 상관이 없다. 이것은 남세균(시아노박테리아)에 속한다. 하지만 혼자 살아가는 세균은 아니다. 노스톡 코뮤은 (많은 노스톡 종과 마찬가지로) 세포들이 모여 기다란 가닥을 형성하며, 이런 가닥 여러 개가 모여 상춧

잎 크기의 콜로니를 형성하고 점액질 막으로 둘러싸인다. 건조한 환경에서는 굉장히 얇은 층으로 오그라들어, 땅바닥 어딘가에 있더라도 별로 눈길을 끌지 못한다. 하지만 비가 오면, 멀더와 스컬리가 좋아할 만한 점액질 덩어리로 불어난다.

노스톡은 코감기가 든 별과는 아무 상관이 없다. 하지만 천문학과는 상관이 있다. 무슨 상관이 있냐고? 음, 노스톡 박테리아의 조상은 25억 년 전 햇빛을 에너지원으로 활용하는 최초의 생물이었다. 이들은 광합성을 발견했고, '빛을 먹고', 콧물이 아니라 산소를 만들어냈다. 그 옛날 지구 대기에는 산소가 없었고, 산소를 필요로 하는 생물도 없었다. 지구에 미생물이 주로 서식했던 당시 대부분의 생물에게 산소는 굉장히 유독했다. 그리하여 산소가 만들어지면서 역사상 가장 대규모의 멸종이 일어났고, 소수의 생물만이 이 재앙을 딛고 살아남았다.

그러나 살아남은 생물들은 산소를 이용할 수 있게 되었으며, 오늘날 거의 모든 생물이 이들의 후예다. 인간을 포함해 오늘날 대부분의 생물은 산소 없이는 살지 못한다. 노스톡은 식물의 조상으로 여겨지며, 오늘날에도 식물, 균류 또는 이끼와 함께 공생한다. 이것은 무엇보다 이 박테리아들이 공기 중의 질소를 흡수하고, 이것이 공생 생물들에게 거름 역할을 할 수 있기 때문이다.

노스톡은 서구에서는 콧물이니 가래니 하면서 식욕을 떨어뜨리는 이름이 붙었지만, 중국에서는 '하늘의 채소' 혹은 '천상의 불멸자들의 채소'라는 뜻을 가진 이름으로 불린다(대만에서는 '비 온 뒤 돋는 버섯'이라는 뜻의 이름으로 불리며, 한국에서는 '돌옷' '도롭나물'이라고 불리기도 한다──옮긴이). 노스톡 코뮨은 식용이 가능하며 아시아에서는 즐겨 먹는 식품이다. '별 콧물'을 맛보고 싶은 사람은 아시아 식품점을 들르거나, 비온 뒤 땅바닥을 잘 살펴보길 바란다.

역사를 만들기 위해 몸집이 클 필요는 없다

26

유글레나 그라실리스
우주 온실에 필요한 벌레

유글레나 그라실리스*Euglena gracilis*는 연두벌레의 학명이다. 이 단세포 생물은 너비가 10마이크로미터 정도로 실로 날씬하다고 말할 수 있지만, 사실은 눈 같은 게 달린 벌레가 아니다. 유글레나 그라실리스는 '원생생물'에 속한다. 원생생물이라는 말은 17세기 현미경을 활용할 수 있게 되면서 발견한 미세한 생물들을 식물, 동물, 균류와 구별하기 위해 도입한 이름이다. 처음에 연구자들은 다른 범주에 넣을 수 없는 모든 생물을 원생생물이라는 카테고리로 분류했는데, 비로소 나중에서야 이들 원생생물이 사실은 서로 별 관계가 없다는 사실을 알았다. 그리하여 원생생물이라는 말은 오늘날에는 비공식적으로 다양한 단세포생물을 총칭하는 단어로 쓰이고 있다. 조류, 점균류, 아메바, 무엇보다 연두벌레가 원생생물에 속한다. 안톤 판 레이우엔훅은 최초로 현미경으로 물방울 안에서 연두벌레를 관찰했다.

한편 19세기 초반 독일의 미생물학자 크리스티안 고트프리트 에렌베르크Christian Gottfried Ehrenberg는 유글레나 그라실리스에게서 특이한 것을 관찰했다. 현미경으로 보는데, 이 미생물이 잘 알려진 대로 길쭉하게 보일 뿐 아니라 안에 뭔가 어두운 점이 있는 걸 발견한 것이다. 그는 이것이 원시적인 형태의 눈 같은 것은 아닐까 생각했다. 이 추측은 맞아떨어지지는 않았다. 연구 결과 이 '안점'은 정말로 보이는 눈이 아니고, 그저 어두운 색소가 모인 점으로 드러난 것이다. 하지만 이 점은 광수용체가 위치한 부분 바로 옆에 있다. 유글레나는 광수용체로 자신이 받는 빛의 세기를 감지할 수 있는데, 여기서 이 '안점'이 일종의 양산 역할을 하는 것으로 나타났다. 옆에서 들어오는 빛을 차단해 연두벌레가 아주 원시적으로나마 빛이 들어오는 방향을 지각하게끔 하는 것이다.

연두벌레는 이 기관을 '주광성phototaxis'에 활용한다. 즉 어두우면 빛을 향해 헤엄치고, 밝으면 반대 방향으로 감으로써 광합성을 통해 빛을 에너지로 바꾸기 위한 최적의 위치를 찾는다. 주로 서식하는 웅덩이, 연못, 수로가 너무 어두운 경우에는 중력을 이용해서 방향을 잡는데, 이를 '주중성gravitaxis'이라고 한다. 유글레나는 어느 쪽이 위쪽인지를 (그리고 위쪽으로 올라가면 빛을 더 많이 받을 수 있음을) 안다. 중력의 방향을 어떻게 정확히 감지하는지는 알려져 있지 않다. 하지만 연두벌레를 무중력 상태에 노출시키면 방향감각을 잃고 목적 없이 아무 데로나 헤엄쳐 가는 것으로 나타났다. 이는 독일항공우주센터DLR를 비롯한 우주기구들의 연구 결과로, 우주기구들이 이를 연구한 것은 이 날씬한 연두벌레와 관련해 깜찍한 계획을 품고 있었기 때문이다.

깜찍한 우주 자급자족 계획

2018년 12월 3일, 1미터 정도 크기의 위성에 실려 작은 물탱크가 우주로 날아갔다. 독일항공우주센터는 이 프로젝트를 Eu:CROPIS

로 명명했다. 'Euglena and Combined Regenerative Organic-Food Production in Space'의 약자다. 복잡하게 들리지만, 이 프로젝트는 우주에 미니 온실을 만들어 소변으로 식물을 키워보려는 야심 찬 계획을 표방한다. 우선 박테리아가 소변을 분해해 질산염을 만들면 이를 비료로 활용할 수 있다. 하지만 그 과정에서 암모니아가 생성되는데, 암모니아는 식물에게 해롭다. 그래서 우주센터 측은 박테리아 말고도 다량의 유글레나 그라실리스를 우주에 실어 보냈다. 유글레나가 암모니아를 흡수함으로써 시스템을 해독하는 한편, 광합성을 통해 세균과 식물이 필요로 하는 산소도 만들어내기 때문이다.

연구자들은 이런 우주 온실에서 박테리아와 유글레나의 공생을 활용해 토마토를 재배하고자 했다. 그로써 앞으로 우주에서 장기 임무를 수행할 때 식량을 지구에서 공수하는 대신 인간 승무원의 생물학적 배설물을 이용해 우주에서 직접 식량을 키워 자급자족할 수 있을지를 규명하려는 것이었다. 즉 연두벌레가 인간이 우주를 정복하는 데 도움을 줄 수 있을지를 알아보고자 했던 것이다. 하지만 소프트웨어 오류로 인해 그 실험은 '안전모드'에 들어갔고, 그때부터 지구와의 모든 커뮤니케이션이 끊겼다. 결국 임무가 끝날 때까지 온실과 연락이 되지 않았다.

인간 외에 미생물이 참가하는 우주 실험은 앞으로 또 있을 것이다. 무슨 계획을 세우든 우리는 미생물에 의지할 수밖에 없다. 여기 지구에서뿐 아니라 저 바깥 우주에서도 말이다.

마그네토스피릴룸 그리피스발덴세
지구 깊숙한 곳에서 일어나는 일

마그네토스피릴룸 그리피스발덴세 *Magnetospirillum gryphiswaldense* 는 나선형으로 감긴 모양의 세균으로 길이가 2~3마이크로미터에 불과하다. 이 세균을 특별하게 만드는 것은 이 세균보다 10배 이상 작은 세포내 기관이다. 이 기관은 이렇게 작은데도, 독특한 패턴을 만들어내 우리로 하여금 지구의 과거와 미래를 더 잘 이해하게 도와준다.

마그네토스피릴룸 그리피스발덴세의 세포에는 철이 산호나 황과 결합해 만들어진 미세한 나노입자가 들어 있다. 이런 결정들 덕분에 이 박테리아는 자기장을 감지할 수 있으며, 자신의 유익을 위해 이 능력을 활용한다. 이 미생물은 특히 산소 농도가 낮은 물속 환경을 선호한다. 물속에서 작은 편모를 이용해 노 저어가며 자신이 원하는 방향으로 이동하는데, 여기서 올바른 방향을 감지하는 데 활용되는 것이 바로 앞서 말한 나노 크기의 소기관들이다. '마그네토솜 magnetosome'이라 불리는 이 나노입자들은 세균 안에서 지방과 단백질 막으로 보호되어 있으며, 일종의 자기 GPS 기능을 한다.

지구는—대략—커다란 막대자석처럼 상상할 수 있다. 한쪽 끝에는 자북극이 있고, 다른 쪽 끝에는 자남극이 있다. 그 중간에 자기장선이 N극에서 S극으로 이어진다. 그런데 이 박테리아는 정확히 이런 자기장선에 방향을 맞출 수 있다. 따라서 자기장은 마그네토스피릴리움 그리피스발덴세가 길에서 벗어나지 않게 하는 가드레일처럼 작용하는 셈이다. 하지만 이 세균은 단순히 N극에서 S극 쪽으로 헤엄치는 데는 관심이 없다. 그들의 관심은 물속에서 바닥 바로 위에 있는 수층에 이르고자 하는 것이다. 바로 그곳에서 모든 유기물질(가령 식물과 죽은 동물)이 분해되기 때문이다. 유기물질이 분해되려면 산소가 필요하며, 분해과정에서 양분을 방출한다. 그러다 보니 영양분이 풍부하고 산소가 적은 환경을 선호하는 마그네토스피릴리움 그리피스발덴세 같은 박테리아가 서식하기에 최적의 환경이 조성된다. 문제는 이 세균이 어떻게 이런 수층으로 내려갈 길을 찾을까 하는 것이다.

여기서 바로 지구자기장의 또 다른 특성이 도움을 준다. 지구자기장의 방향은 N극에서 S극 방향으로 뻗어 있기는 하지만, 약간 기울어져 있으며 그 기울기는 지구상의 지점에 따라 달라진다. N극에서 S극으로 구체를 따라 진행되는 선은 굽어 있다. 그리하여 적도, 즉 중간 부분에서만 자기장의 방향이 수평면과 평행하고, 그 밖의 모든 곳에서는 수평으로부터 경사가 져서, 북반구에서는 약간 아래쪽으로 기울어지고, 남반구에서는 약간 위쪽으로 기울어진다(지구자기장의 방향을 편각과 복각으로 표시하는데, 복각이 수평면과 지침이 놓여 있는 면 사이의 각도다. 이 각도는 자기북극과 자기남극에서는 90도를 이룬다—옮긴이). 따라서 이제 북반구에 사는 박테리아가 자기장의 방향을 따라 북쪽으로 올라가면, 세균은 자동적으로 약간 아래쪽으로 헤엄치게 된다. 그리고 남반구에 사는 세균은 자신이 원하는 곳으로 가기 위해 약간 남쪽 방향으로 가야 한다.

외핵의 흐름과 지구자기장의 역전, 그리고 생물의 진화

지구자기장을 운동 방향의 기준으로 삼는 능력을 '주자성 magnetotaxis'이라고 한다(여기서 taxis는 택시와는 상관이 없고, '방향'을 뜻하는 그리스어 단어에서 유래한 말이다). 이런 능력을 가진 세균은 생존에 유익을 누린다. 마그네토스피릴리움 그리피스발덴세 말고도 다른 주자성 세균들이 있다. 한편 인간 역시 이들로부터 유익을 얻는다. 정확히 말하면 주자성 세균의 죽음으로부터 유익을 얻는다. 도대체 어떤 유익을 얻는 것일까? 그 유익은 주자성 세균들이 죽은 다음 자기장을 감지하는 작은 결정들이 땅에 퇴적되는 데서 비롯한다. 살아 있는 박테리아가 지구자기장의 방향을 따라 움직이는 것처럼, 땅에 퇴적된 결정들도 그런 방향을 취한 상태로 멈춰 있다. 모든 박테리아는 몇십 개의 마그네토솜을 지니고 있어, 퇴적층에서 화석 사슬이 형성될 수 있는데, 이를 바탕으로 수백만 년이 흐른 뒤에도 이들 박테리아가 살았을 때 지구의 자기장이 어떤 방향을 띠었는지를 알 수 있다.

이런 정보가 중요한 것은 지구의 자기장이 바뀌기 때문이다. 그러므로 우리는 무엇보다 세균 덕분에 지구자기장의 변화를 알 수 있는 것이다. 지구의 자북극과 자남극의 방향은 평균 25만 년 주기로 변화한다. 그리하여 자북극이 남극이 되고 자남극이 북극이 된다. 하지만 이런 일은 저절로 일어나지는 않는다. 몇백 몇천 년이 흐르면서 자기장이 점점 약해진 뒤 자기 역전이 일어나며, 그 뒤 서서히 자기장이 다시 세진다. 왜 그렇게 되는지는 아직 수수께끼다. 이것은 지구 깊은 곳 외핵에 있는 액체 금속의 흐름과 관련이 있다. 이 흐름을 통해서 지구에 자기장이 생겨나기 때문이다. 거기서 정확히 무엇이 자기 역전을 유발하는지는 알려져 있지 않다. 자기 역전이 일어날 수 있음을 아는 것만도 중요하다.

자기장은 우주방사선을 차폐해주는 중요한 보호막이다. 그리하여 자기 역전이 일어나는 시기에는 평소보다 우주방사선이 지구에 더 많이 도달하고, 이는 지구상의 생물에게 치명적일 수도 있다. 하지만 그 결과가 그리 드라마틱하지는 않은 듯하다. 오래된 퇴적층의 자기장 흔적을 통해 이제까지 지구에 '자기 역전'이 여러 번 일어났음이 지질학적으로 확인되었지만, 25만 년에 한 번씩 전 지구적인 대량멸종이 일어났다는 증거는 없기 때문이다. 우주방사선이 세져서 돌연변이가 증가해 진화가 더 가속되고 생명의 다양성이 폭발했던 것일까? 이 역시 확실히 뭐라고 말할 수 없다. 하지만 우리가 어느 순간에 지구 깊숙한 곳에서 일어나는 일과 그것이 지구자기장과 생명체에 어떤 영향을 미치는지 이해하게 된다면, 이런 인식에 주자성 세균이 기여한 바를 잊지 말아야 할 것이다.

㉘

락토코쿠스 파지 936
치즈의 맛을 결정짓는 바이러스

치즈 위의 바이러스라! 별로 입맛을 돋우는 상상은 못 된다. 하지만
좋은 치즈를 만들려면 여러 미생물의 뒷받침이 필요하다. 우선 우유
를 응고시켜 버터밀크나 미숙성 치즈로 만들어야 한다. 우유를 응고
시키는 것은 '젖산'의 작용인데, 바로 락토코쿠스 락티스_Lactococcus lactis_
와 같은 박테리아가 신진대사 중에 방출하는 산물이 젖산이다. 우유
1밀리미터당 이런 박테리아 200~300만 개가 첨가되는데, 물론 병들
지 않고 쌩쌩한 박테리아들이라야만 일을 제대로 해낼 수 있다.

하지만 다른 모든 생물과 마찬가지로 젖산 박테리아 역시 바이러
스에 감염될 수 있다. 바이러스 단 하나가 박테리아를 죄다 파괴해
서, 최악의 경우 치즈가 전혀 만들어지지 않을 수도 있다. 바이러스
감염으로 말미암아 박테리아의 성장이 제한되기만 해도 치즈 맛에
부정적인 영향이 간다.

이렇듯 치즈 생산에 문제가 되는 바이러스 가운데 하나가 바로 락
토코쿠스 파지 936_Lactococcus phage 936_이다. 캐나다 라발대학교의 준
비에브 루소_Geneviève Rousseau_와 실뱅 모이노_Sylvain Moineau_는 2009년
이 바이러스를 자세히 연구했다. 9년 넘는 시간 동안 이 바이러스를
찾기 위해 치즈 공장에서 시료를 채취했고, 시료에서 이 바이러스

를 많이 발견했다. 그런데 게놈 분석 결과, 아무리 조심하고 위생 조치를 시행해도 락토코쿠스 파지 936이 참으로 고질적으로 생존하는 것으로 나타났다. 바이러스 균주 두 가지가 발견되었고, 이 둘은 언뜻 서로 달라 보였지만, 유전물질은 완전히 동일한 것으로 드러났다. 두 번째 균주는 첫 번째 균주가 발견되고 14개월 후에 발견되었음에도 말이다. 따라서 바이러스는 그곳에서 1년 넘게 생존할 수 있는 것이 틀림없었다.

2018년 독일 킬대학 연구팀은 바이러스들이 변화와 적응에 능하다는 것을 보여주었다. 킬대학의 연구팀도 락토코쿠스 파지 936을 연구하고, 이 바이러스가 수평적 유전자 전달horizontal gene transfer(수평적 유전자 이동)을 통해 유전정보를 척척 교환한다는 것을 확인했다(51장 참조). 유전자 전달을 통해 바이러스가 유산균을 얼마나 잘 감염시킬 수 있을지를 조절하는 유전자도 변화되었다.

유제품 회사는 특별한 서식 공간이다. 그곳에서는 계속해서 다량의 박테리아가 자란다. 이런 환경에서 바이러스는 쉽게 확산되며, 돌연변이를 통해 변화에 빠르게 적응한다. 대부분의 경우 바이러스가 적응하는 것이 세균이 바이러스에 적응하는 것보다 더 빠르다. 그래서 박테리아가 바이러스에 감염되기가 쉽고, 치즈 생산에 지장이 초래된다.

하지만 한편으로 바이러스들은 유제품과 기타 식품의 안전성을 높여주는 기능을 할 수도 있다. 식품에 세균이 둥지를 트는 것이 늘 환영할 만한 일은 아니기 때문이다. 가령 캄필로박터 *Campylobacter* 균은 건강에 해롭다. 이 균은 동물의 장 속에 살고, 대변을 통해 확산된다. 그러다 보니 자칫 도축 뒤에 육류에도 이 균이 들어갈 수 있고, 그 상태에서 우리가 충분히 가열하지 않고 육류를 섭취하면 배탈이나 밤새 고생을 하기도 한다. 그런데 젖산 박테리아에는 관심이 없으면서 대신 캄필로박터 균을 감염시키는 바이러스도 있다! 그러므로 적절한 바이러스를 의도적으로 투입하면 건강에 해로운 균이 증식하는 것을 세심하게 막을 수도 있을 것이다.

이미 미국에서는 식품을 취급하면서 이런 '바이러스 칵테일'을 사용하고 있다. 다른 지역에서는 아직 (사용) 허가가 나오지 않은 상황이다. 다만, 한 가지는 분명하다. 음식에 관한 한, 이런저런 바이러스를 상대하지 않을 수 없다는 것 말이다.

황색망사점균
놀랍도록 영리한 점액질

숲 바닥을 기어 다니며 걸리는 것은 닥치는 대로 먹는 노란색의 끈적끈적한 '블롭blob'을 아시나요? 블롭은 장애물도 극복하고 새로운 사실을 학습할 수도 있습니다! 오, 이 무슨 SF에 나오는 외계 생물체에 대한 묘사인가 싶을 것이다. 하지만 블롭(황색망사점균의 애칭이라고 한다—옮긴이)은 지구상에 사는 어엿한 생물이다. 점균류인 황색망사점균Physarum polycephalum 은 단세포생물이며, 어느 정도 '미생물'이라 말할 수 있다. 그러니까······ 정확히 말하면, 크기가 엄청나게 클지라도 말이다. 1987년 실험실에서 크기가 거의 6제곱미터에 달하는 황색망사점균이 사육되었다. 이 황색망사점균은 지금까지 존재했던 세계 최대의 단세포생물이라는 기록을 보유하고 있다. 이름이 암시하는 것과는 달리, 점균(점액곰팡이)은 점액질이긴 하지만, 엄밀히 말하면 곰팡이는 아니다. 때로는 동물처럼, 때로는 식물처럼 행동하지만 동물도 식물도 아니다.

황색망사점균과 같은 점균류(점액곰팡이)는 크기가 불과 몇 마이크로미터에 불과한 작은 포자로 일생을 시작한다. 그 뒤 조건이 맞을 때까지 몇 년간을 포자 상태로 있을 수 있다. 그러다가 조건이 맞으면 포자로부터 원생생물이 생겨나고 이제 바닥을 기어 다니며 세균과 다른 미생물들을 먹고 살아간다. 서로 맞는 두 원생생물이 만나면 서로 합쳐져 이른바 변형체plasmodium를 형성할 수 있다. 그러면 점액 곰팡이는 세포막이 들어 있는 점액질 덩어리가 된다. 여전히 단세포지만, 안에 세포핵을 다수 포함한다. 다양한 미생물을 먹고 살지만, 균류나 다른 유기물질도 먹는다. 상황이 적절하면 크기가 매우 빠르게 커져서 네트워크와 같은 구조로 바닥을 가로질러 이동하는데, 이 단계에서는 빛과 다양한 화학물질도 감지할 수 있다. 빛이 밝으면 방해를 받기에 빛을 피해서 이동하며, 먹이를 감지하고, 먹이를 향해 나아간다.

점액곰팡이의 미로 찾기

점액곰팡이가 신경세포를 전혀 가지고 있지 않다는 걸 생각하면, 이렇게 목적지향적인 움직임은 정말 놀랍게 느껴진다. 가령 점액곰팡이를 먹이원이 두 개인 페트리 접시에 넣으면, 점액곰팡이는 빠르게 지름길을 찾아 먹이원을 연결한다. 일본의 연구자들이 황색망사점균을 미로 속에 집어넣고 미로의 입구와 출구에 먹이를 배치했더니, 이 점액곰팡이는 처음에는 미로 전체를 채웠지만, 먹이를 발견하자마자 나머지 통로들에서 물러나 입구와 출구 사이의 지름길로만 몸을 연결했다. 한층 더 인상적인 실험에서는 점액곰팡이를 우선 마음대로 자라도록 해준 뒤, 빛과 먹이원을 이용해 도쿄의 지리를 대략적으로 재구성했다. 주요 거주지역에는 먹이를 배치하고, 산이나 호수, 바다에는 빛을 배치했다. 그러자 점액곰팡이는 빛을 피하고, 먹이원 사이의 최단 거리를 찾으려 하는 가운데, 도쿄의 전철 네트워크와 놀랄 만치 비슷한 네트워크를 만들어냈다.

점액곰팡이는 자신이 배운 것을 다른 점액곰팡이에 전달할 수도 있는 것으로 나타났다. 프랑스 툴루즈대학교의 다비드 부젤David Vogel과 오드레 뒤쉬투르Audrey Dussutour는 황색망사점균에게 먹이원에 이르기 위해 소금 다리를 건너는 연습을 시켰다. 황색망사점균은 보통 소금이 있는 곳으로 이동하기를 꺼리기에, 아주 천천히 조심스럽게 소금 위를 지나갔다. 하지만 이 다리를 통해 다른 쪽 끝에 위치한 먹이까지 이르는 것을 몇 번 반복한 다음에는, 분명히 익숙해진 듯 소금 다리가 존재하지 않는 것같이 소금 바리케이드를 건넜다. 더 놀라운 것은 이 점액곰팡이가 아직 소금에 익숙하지 않은 다른 점액곰팡이를 만나 합쳐진 뒤, 그 지식을 공유했다는 것이다. 그것은 아직 소금 위를 기어가는 것이 좋은지 어떤지를 알지 못하는 점액곰팡이가 기대보다 빠르게 소금 다리를 건너는 것으로 알 수 있었다.

점액곰팡이들이 어떻게 해서 이 모든 것을 하는지는 아직 밝혀지지 않았다. 하지만 학습하고, 학습한 지식을 전수하는 능력은 진화과정에서 신경세포나 뇌세포가 처음 등장하기 전에 이미 발달했는지도 모른다. 숲속의 점액 블롭으로부터 아직 더 배울 게 많을 것 같다.

㉚

할로코쿠스 살리포디나에
돌 속 깊숙이 숨겨둔 지구 생명 최후의 보루

아타카마 사막은 지구상에서 가장 건조한 사막이다. 이 사막은 페루 남쪽에서 칠레 북쪽까지 남아메리카 서부에 뻗어 있다. 이곳은 한편으로는 높은 안데스산맥에 막히고, 다른 한편으로는 태평양의 차가운 훔볼트해류(페루해류)로 인해 저기압대가 형성되지 않아 극도로 건조한 기후를 보인다. 이런 기후 덕택에 이 사막은 천문학 연구에 더할 나위 없이 이상적인 장소다. 구름이 우주로의 시야를 방해하지 않기 때문이다. 하지만 이곳에 초대형 망원경을 구비한 천문대만 많은 것은 아니다. 이 척박한 지역을 서식지로 삼은 미생물도 있다.

물 없이는 어떤 생명체도 존재할 수 없기에, 우선은 이렇게 지구에서 가장 건조한 사막에도 생명체가 산다는 사실 자체가 굉장히 놀랍다. 게다가 여기에 고독한 세균 하나가 있고 저만큼 떨어져서 고립된 고세균 하나가 있는 식으로 드문드문 있는 것이 아니라, 다양한 종류의 미생물 공동체가 존재하는 것으로 밝혀졌다. 아타카마 사막에서 발견된 미생물 가운데 하나는 할로코쿠스 살리포디나에 *Halococcus salifodina* 인데, 그 이름이 벌써 이 미생물이 살아가는 방식을 발설해준다. '살리포디나에salifodinae'는 이 고세균의 존재가 처음 발견된 장소와 연관 있는 이름이다. 이 고세균은 오스트리아 소금salz

광산에서 처음 발견되었던 것이다. 할로코쿠스 살리포디나에의 아타카마 사막 서식지에도 염분이 많았다. 이 고세균은 아타카마 사막의 바위 속에서, 이른바 증발암 속에서 발견되었다. 증발암은 지속되는 건조한 기후에 해수나 담수가 증발하면서 그 안에 들어 있던 광물이 세월이 흐르면서 침전하고 퇴적해 만들어진 돌이다. 침전된 광물은 무엇보다 소금이라 증발암은 염분 함량이 높으므로 공기 중의 수분을 흡수할 수도 있다. 이 암석은 약간 투명하지만, 태양에서 오는 유해한 자외선을 차단해준다. 그 밖에도 구멍이 나 있어(다공성이라), 살아가는 데 필요한 모든 것─물, 빛, 영양분─을 얻을 수 있다.

최후까지 생존할 암석 속 생물들

할로코쿠스 살리포디나에처럼 암내재성endolithic 생활방식을 선택한 생물들은 놀랍게도 아주 많다. 박테리아와 고세균 외에 조류와 균류(곰팡이)도 바위 안에 살곤 한다. 아타카마뿐만 아니라 지구의 아주 다양한 암석 안에 이런 생물들이 산다. 그리고 모든 생물이 그렇듯이 그들 역시 서식지에 영향을 미친다. 그들은 암석의 풍화작용에 기여한다. 미생물은 햇빛이 스며들 수 있는 암석의 최상층에만 사는 게 아니다. 많은 미생물은 빛을 필요로 하지 않으며, 대신 암석의 화학물질에서 신진대사에 필요한 에너지를 얻는다. 몇 킬로미터 깊이의 암석에서 채취한 시료에서도 박테리아와 고세균이 발견된다. 이 '심부 생물권'에 사는 생물들은 빛을 필요로 하지 않으며, 심부의 점점 상승하는 온도에도 개의치 않는다. 10킬로미터 넘게 들어가야 지장을 받는 듯한데, 정말 그런지도 확실하지 않다.

지구의 암석 내부에 사는 생물은 여전히 연구가 어렵다. 하지만 우리는 암석 내부에 생물들이 살고 있고, 그 수는 지표면에 사는 생물보다 더 많을 것임을 알고 있다. 이런 생물들은 게다가 저항력도 더 강하다. 암석 안의 미생물들은 환경에 최적으로 적응하고, 그곳에서 거의 아무것에도 방해를 받지 않는다. 지구 소행성이 충돌해도 암석 안까지는 영향을 미치지 못할 것이다. 지표면의 모든 생물이 싸그리 멸종되더라도, 심부 생활권은 유지되어 시간이 흐르면서 나머지 지구에 생물이 다시 서식할 수 있게 하는 역할을 할 것이다.

지구의 암석 내부 같은 극한의 환경에서도 생물이 서식한다는 걸 생각하면, 다른 천체의 지하에도 생물이 없으리라는 법이 없다. 지금까지 외계 생명체를 찾으려 하면서 우리는 주로 표면에만 국한해 살펴보았으며, 지구처럼 생명이 서식하기에 좋은 조건을 지닌 곳은 발견하지 못했다. 하지만 화성이나 금성의 표면 아래로 깊숙이 파 들어가면 어떤 생물이 서식하고 있을지 누가 알겠는가.

31

알리비브리오 피셰리
박테리아들의 대화

박테리아는 서로 대화를 한다. 와우! 음파를 발생시킬 수 있는 기관도 없는 단세포생물이 대화를 한다고? 흠, 하지만 그들이 나누는 대화는 인간들이 나누는 대화만큼 흥미롭지는 않을 듯하다. 하지만 섣부른 결론을 내릴 수는 없는 일! 그들이 무슨 이야기를 하는지 한번 '귀 기울여보자'.

하와이짧은꼬리오징어*Euprymna scolopes*로 한번 시작해보자. 이 오징어는 몸길이가 30밀리미터밖에 안되지만, 밤에 멋지게 빛을 발한다. 어둠 속에서 작은 새우들을 사냥하려면 발광 능력은 꼭 필요하다. 달빛, 별빛이 비쳐드는 수면 아래서 어두운 윤곽을 드리우며 이동하다가는 자칫 포식 동물의 눈에 띄어 잡아먹히기 십상일 것이기 때문이다. 그리하여 이 짧은꼬리오징어는 자신의 몸을 숨기기 위해 빛을 발하기 시작한다. 하지만 빛은 오징어 자체에서 나오는 것이 아니라 알리비브리오 피셰리*Aliivibrio fischeri* 종의 박테리아가 만들어낸다. 이 박테리아 세포에서 특정 화학반응이 일어나 빛의 형태로 에너지가 방출되는 것이다. 그런데 이 박테리아들이 어떻게 오징어 속으로 들어가는 것일까? 왜 그곳에 살며 램프로 일하는 것일까?

두 번째 질문은 대답하기 쉽다. 박테리아가 오징어 안에서 살아가면 안전하고 적절한 영양소를 얻을 수 있기 때문이다. 첫 질문에 대한 답은 훨씬 복잡하며 박테리아들의 대화가 여기에 작용한다. 여느 많은 박테리아처럼, 알리비브리오 피셰리도 보통은 바닷물에서 혼자 사는 것을 좋아한다. 따라서 짧은꼬리오징어는 어떻게 해서든 이 박테리아들을 자신의 몸속에 거주시켜 발광기관으로 만들어야 한다. 그뿐만 아니라 아무 박테리아나 들여보내지 않고, 진짜로 빛을 만들어낼 수 있는 적절한 박테리아들만 몸속에 들어오도록 유의해야 한다. 물속에는 당연히 병균도 많이 돌아다니기에 이들을 몸으로 들여보내지 않도록 조심해야 한다.

그리하여 짧은꼬리오징어는 출생 직후 자신의 발광기관 쪽으로 물이 흐르게 한다. 흐르는 물은 오징어의 특별한 '섬모(솜털)'를 만나는데, 이 섬모가 결정적인 역할을 한다. 물의 흐름을 조절하는 한편 박테리아의 세포벽에 있는 화학물질에 반응하는 수용체를 가지고 있어 아무 미생물이나 오징어 몸 안으로 들여보내지 않고 알리비브리오 피셰리만 들여보내는 것이다. 그렇게 목표 지점에 도달한 알리비브리오 피셰리는 숙주에 유익하도록 빛을 발해야 한다.

하지만 박테리아 하나가 외로이 빛을 발해봤자 오징어에겐 별 도움이 되지 않으므로, 되도록 다수의 박테리아가 함께 모여 빛을 발해야 한다. 하지만 각각의 세균이 빛을 발하기에 좋을 정도로 충분한 수의 동료가 주변에 있다는 걸 어떻게 알까? 의사소통을 통해 그것을 안다. 물론 세균들은 인간들처럼 음파를 통해 의사소통을 하는 것이 아니라 화학적인 방식으로 의사소통을 한다. 이들 박테리아는 '자가유도물질autoinducers˚, 즉 자신이 있음을 알리는 특정 분자들을 방출하는 동시에 주변 물속에 있는 자가유도물질의 농도를 측정할 수 있다. 그리하여 이 물질의 농도가 특정 문턱값을 넘어서면 빛을 발하기 시작한다.

이런 현상을 '정족수 감지quorum sensing'라 부른다. 정족수 감지 현상은 1970년 알리비브리오 피셰리 연구를 통해 처음 밝혀졌다. 그 이래로 이런 신호 분자를 통해 서로 의사소통을 하는 미생물이 더 많이 알려졌다. 미생물들은 적절한 순간에 커다란 콜로니로 뭉치기 위해, 적절한 때에 숙주를 질병에 감염시키기 위해, 혹은 적시에 적을 방어하기 위한 화학물질을 만들어내기 위해 의사소통을 한다. 인간과 달리 박테리아에게 스몰토크 같은 건 중요하지 않다. 이들의 대화는 굉장히 효율적이고 목적지향적이다.

32

파이토프토라 인페스탄스
미국 대통령과 아일랜드 독립을 만든 가짜 곰팡이

존 F. 케네디와 조 바이든의 공통점은 무엇일까? 너무 막연한 질문이라고? 인정한다. 물론 두 사람 모두 미국 대통령직에 올랐으며, 둘다 민주당 소속이다. 그 밖에 다른 공통점도 많을 것이다. 하지만 여기서 원하는 답은 이것이다. 두 사람은 미생물 덕분에 미국 대통령이되었다는 것!

이 미생물의 이름은 바로 파이토프토라 인페스탄스 *Phytophthora infestans* 다. 오랫동안 사람들은 파이토프토라 인페스탄스가 진균(곰팡이)이라고 생각했지만 사실 이것은 곰팡이가 아니고 식물도 동물도아닌, 조류와 친척인 미생물이다. 파이토프토라 인페스탄스는 그의진화적 배경과는 관계없이 식물을 공격하는 병원균이다. 무엇보다감자의 땅속 구근이 썩어 들어가게 만든다. 이 병균은 원래 멕시코출신인데, 1840년경 유럽으로 유입되었다. 그 이후 몇 년간 유럽 여러 지역의 감자 농사가 크게 흉년이 들었는데, 그중 아일랜드가 가장직격탄을 맞았다.

당시 아일랜드는 영국의 지배를 받고 있었고, 토지도 대부분 영국인이 차지했다. 아일랜드인들은 값비싼 소작료를 내야 했고, 농산물은 대부분 영국 지주들의 손으로 넘어갔다. 그런 상황에서 아일랜드인들은 감자 농사를 지어 감자를 주식으로 끼니를 이어갔다. 그런데 1845년부터 파이토프토라 인페스탄스로 인해 감자 농사에 흉년이 들었고, 아일랜드에 심한 기근이 찾아온 것이다. 대기근으로 말미암아 아일랜드 전체 인구의 10퍼센트 이상인 100만여 명이 아사했고 200만 명 정도가 기근을 피해 미국을 비롯한 신대륙으로 이민을 떠났다.

당시 아일랜드를 떠나 이민길에 오른 사람들 가운데 존 F. 케네디와 조 바이든의 직계 선조도 있었다. 그러므로 파이토프토라 인페스탄스가 없었다면, 이 두 사람은 미국에서 태어나지 않았을 것이고 미국 대통령으로 선출될 수 없었을 것이다. 오늘날 아일랜드계 미국인은 4000만 명에 육박한다. 500만 명 정도인 아일랜드 인구보다 훨씬 많다.

오늘날 아일랜드가 어엿한 독립 국가가 된 것도 간접적으로는 파이토프토라 인페스탄스 덕분이다. 이미 경색되어 있었던 영국과 아일랜드의 관계는 기근 때문에 더 악화되었고, 1849년까지 이어졌던 기근 도중에도 아일랜드의 곡물을 비롯한 식량들은 계속해서 영국으로 넘어갔다. 그러자 영국 정부에 대한 저항이 커졌고, 이미 해외로 이주한 아일랜드인들도 나서서 저항운동을 지지하고 도왔다. 그런 가운데 19세기 후반에도 흉작을 겪게 되자 독립을 원하는 목소리는 점점 거세졌으며, 결국 1921년 아일랜드는 (북아일랜드를 제외하고) 독립해 공화국이 되었다.

물론 역사의 전개를 파이토프토라 인페스탄스의 영향으로만 돌리는 건 너무 단순한 시각일 것이다. 역사는 결코 단순한 인과관계로 설명할 수 없으며, 여러 다양한 요소가 복잡하게 상호작용한다. 하지만 조 바이든, 존 F. 케네디 그리고 아일랜드 독립의 역사는 미생물이 우리 문명에 커다란 영향을 미칠 수 있음을 보여준다. 우리는 운명이 우리 손에만 달려 있다고 자신해서는 안 될 것이다. 눈에 보이지 않는 미생물은 우리보다 수적으로 우세하며, 언제든 우리 운명을 좌지우지할 수 있다.

33

할로페락스 메디테라나이
바이러스 절단을 둘러싼 분쟁

1993년 스페인 알리칸테대학에서 현대 생물학에 결정적인 영향을 미친 중대한 발견이 이루어졌다. 처음에는 그리 중요한 발견처럼 보이지 않았다. 그도 그럴 것이 스페인의 미생물학자 프란시스코 모히카Francisco Mojica는 처음에는 이 일을 실수로 여겼기 때문이다. 모히카는 박사과정을 밟는 동안 자신의 대학에서 멀지 않은 산타 폴라의 소금 석호에 사는 미생물을 연구했다. 할로페락스 메디테라나이 *Haloferax mediterranei* 종에 속한 고세균으로, 염분 농도가 높은 곳에서 서식하는 데 지장이 없는 미생물이었다. 그들의 DNA를 연구하던 모히카는 그때 예상치 못한 상황에 봉착했다. 생물의 유전정보가 담긴 복잡한 구조는 '핵염기'로 구성된다. 쌍을 지어 그 유명한 이중나선 구조를 이루는 분자들을 핵염기라고 부른다. 아데닌, 구아닌, 시토신, 티민 이렇게 네 가지 핵염기를 흔히 A, G, C, T로 표기한다. 핵염기 서열은 어떤 아미노산이 단백질을 구성할지를 결정하며,—단순히 말해—그런 식으로 '유전암호'를 이룬다.

모히카는 이 고세균 DNA의 한 부분을 해독했을 때, 설명할 수 없는 영역을 발견했다. 처음에 그는 핵염기 서열을 보이게 만들기 위해 적용한 자신의 방법이 잘못되었다고 생각했다. 그도 그럴 것이 정상

적인 DNA로 보이는 것 사이에 계속해서 30여 개의 철자가 같은 순
서로 반복되는 부분이 나타나는 것이었다. 그러나 DNA 안에서 나
타나는 이 반복되는 패턴은 연구상의 오류가 아니라 진짜로 그런 것
이었고, 모히카는 이러한 부분이 고세균에게 어떤 역할을 하는지 알
아내고자 했다.

　그러나 쉽사리 알아내지는 못했다. 2005년까지 모히카와 제3의
연구팀은 이렇듯 정상적인 패턴 사이에서 바이러스에서 나타나는
DNA 조각들이 발견된다는 연구 결과를 내놓았다. 이후 연구를 통
해 이런 현상은 '크리스퍼CRISPR'라는 이름으로 불리게 되었다. 이
것은 '주기적으로 간격을 띠고 분포하는 짧은 회문구조 반복서열
Clustered Regulary Interspaced Short Palindromic Repeats'이라는 복잡한 개념을
지칭하는 약자다.

　여기에 매력적인 추측이 등장했다. 그 이상한 시퀀스들이 고세
균을 위한 일종의 면역체계일지도 모른다는 것이다. 할로페락스 메
디테라나이가 바이러스의 공격을 받으면, 이 고세균은 그 바이러스
의 DNA 일부를 자신의 게놈에 받아들이고, 이를 반복되는 패턴으
로 표시한다. 그렇게 하여 고세균은 예전 공격자들 모두의 '아카이
브'(데이터 보관소)를 가지게 되고, 다음번 공격에 대비하게 되는 것이
다. 하지만 이런 DNA 데이터로 뭔가를 할 수 있으려면 적절한 방어
체계도 필요하다. 이를 담당하는 것이 바로 '캐스9Cas9'이라는 이름
의 DNA 가닥을 절단할 수 있는 효소다. 고세균이 바이러스의 공격
을 받으면, 크리스퍼 아카이브에서 먼저 작은 정보 패키지가 만들어

지고, 이것이 캐스9의 작업을 돕는 몇 쌍의 다른 핵염기와 결합한다. 그러고는 드디어 캐스9 효소와 결합해 아카이브의 크리스퍼 조각에 맞는 바이러스 DNA 조각을 찾아 나선다. 이런 바이러스 조각을 찾아내면 그 조각을 절단해, 공격하는 바이러스를 무마시킨다.

이것은 그 자체로도 굉장히 인상적인 능력이지만, 이후 연구자들은 더 나아가 이런 미생물의 면역 방어를 다른 목적에 활용하는 방법도 알아냈다. 캐스9 효소로 바이러스를 절단하게 하는 것뿐만 아니라 DNA의 특정 영역을 절단하게 하는 것도 원칙적으로 어렵지 않기 때문이다. 이를 위해서는 캐스9 효소에 적절한 크리스퍼를 제공하기만 하면 된다. DNA의 핵염기 서열을 알면, 이런 크리스퍼-캐스9 유전자 가위를 이용해 미리 정한 부분을 절단할 수 있다. 달리 말해, 크리스퍼-캐스9 방법이 DNA와 DNA에 저장된 유전정보를 원하는 대로 수정할 수 있게 해주는 것이다.

대략적인 이론은 이렇지만 물론 실제로는 굉장히 복잡한 일이다. 하지만 2011년 프랑스의 미생물학자 에마뉘엘 샤르팡티에Emmanuelle Charpentier와 미국 생화학자 제니퍼 다우드나Jennifer Doudna는 크리스퍼-캐스9을 사용해 박테리아들의 DNA를 의도적으로 변화시키는 데 성공했고, 2020년 그 공로를 인정받아 노벨상을 받았다. 이런 연구는 이렇게 끝날 수도 있지만, 생물학의 커다란 혁명의 출발점이 될 수도 있다. 하지만 크리스퍼-캐스9은 과학에서 가장 주목받는 새로운 도구일 뿐 아니라 과학적 발견 배후에 얽힌 상황이 얼마나 복잡한지를 또한 인상적으로 보여준다.

누가 먼저 발견했는가

프란시스코 모히카는 크리스퍼 서열의 최초 발견자가 아니었다. 이 서열은 1987년에 이미 일본 대학의 박사과정생 이시노 요시즈미 石野 良純가 이미 발견했고, 1991년에 네덜란드 연구자들이 다시 한 번 발견한 바 있었다. 그러나 아무도 서로의 연구에 대해서 알지 못했다. 그래서 누가 정말로 최초의 발견자였는지를 놓고 논란이 있을 수 있다. 그러나 스페인의 모히카나 네덜란드 연구자들과 달리 일본에서는 DNA가 이상하게 반복되는 것을 발견한 뒤 이에 주목해 계속 연구하지는 않았다. 이후 2012년 6월, 샤르팡티에와 다우드나가 새로운 크리스퍼-캐스9 방법을 학술논문으로 작성해 발표했다. 하지만 그해 4월에 이미 리투아니아의 연구팀이 비슷한 결과를 전문지에 제출한 바 있었다. 이 논문은 우선 반려되어 9월에야 공식적으로 게재가 이루어졌다. 한편 미국의 신경과학자 펑 장Feng Zhang은 불과 몇 달 차이로 크리스퍼-캐스9을 박테리아뿐만 아니라 다른 생물의 세포에도 응용할 수 있음을 보여주었다. 이로써 이 방법이 얼마나 혁명적인 잠재력을 펼칠 수 있는지를 드러내 보인 것이다.

연구활동에서 간발의 차이로 발표가 빨라지기도 하고 늦어지기도 하는 것은 흔한 일이다. 커다란 발견이 개개인의 고립된 연구를 통해 이루어지던 시대는 지났다. 오늘날에는 세계 방방곡곡에서 같은 주제로 공동 연구가 이루어진다. 새로운 연구 주제를 자신만 알고 '간직하는' 사람은 없다. 그래서 서로 다른 연구팀이 짧은 간격을 두고 거의 동시에 비슷한 결과에 도달하는 것은 흔한 일이고, 대부분은 별

다른 문제가 되지 않는다. 하지만 크리스퍼-캐스9 같은 혁명적인 연구의 경우에는 상황이 좀 다르다. 그저 학문적인 명성을 얻는 것만이 아닌, 경제적인 이익과도 직결되기 때문이다. 이 방법과 관련한 산업적인 응용 가능성은 다 조망할 수 없을 정도다. 유전자 조작이라는 실용적인 방법으로 신약을 개발할 수도 있고, 튼튼하고 열매를 많이 맺는 식물을 키울 수도 있다. 미생물을 변화시켜 바이오 연료를 생산할 수도 있으며, 유전질환을 치료하기 위한 표적 유전자 치료법을 고안할 수도 있다. 가능성은 무궁무진하다. 그러므로 크리스퍼-캐스9의 사용권을 포함한 특허권을 둘러싸고 각 연구팀 간에 특허 분쟁이 일어난 것도 놀랄 일이 아니다. 이 고세균이 자신들의 면역체계를 둘러싸고 인간들이 하는 짓거리를 보고 혀를 내두를지도 모르겠다.

호모 사피엔스 메디테라네우스

34

완만성 꿀벌 마비 바이러스
꿀벌 멸종과 인류 멸망의 상관관계

"벌이 지구상에서 사라지면, 인류도 4년 내로 사라진다. 벌이 없으면 식물도 없고, 동물도 살지 못하며, 사람도 더 이상 살지 못한다." 알베르트 아인슈타인이 이런 말을 했다고들 한다. 아인슈타인은 역사상 가장 비중 있는 과학자 가운데 한 사람이었으며, 그가 했다고 전해지는 말은 꽤 많다. 하지만 그런 말들 가운데 꽤나 많은 것이 그렇듯, 이 문장 역시 아인슈타인이 한 말이 아니다. 그럼에도 아인슈타인이 한 말이라며 인용되는 것은 아인슈타인의 천재성과 어두운 세계 멸망 예언이 어우러져 굉장히 인상적으로 다가오기 때문일 것이다. 무엇보다 꿀벌들이 지금 여러모로 어려운 문제와 싸워야 하는 건 분명하다.

꿀벌이라고 하면 일반적으로 '양봉꿀벌'이라 부르는 아피스 멜리페라*Apis mellifera* 종의 곤충을 말한다. 우리가 아피스 멜리페라가 생산한 꿀을 주로 먹기 때문이다. 하지만 이 꿀벌 말고도 꿀을 만드는 벌은 지구상에 2만 종 이상이 있다. 모든 생물과 마찬가지로 꿀벌도 병원균과 싸워야 한다. 수십 종의 미생물과 기생충이 꿀벌을 감염시킬 수 있는 것으로 알려져 있으며, 그중에는 꿀벌을 주로 공략하는 바이러스도 몇몇 있다. 이들 가운데 하나가 바로 완만성 꿀벌 마비 바이러스Slow bee paralysis virus, SBPV다. 1974년 영국에서 발견된 바이러스로, 호박벌과 땅벌레도 감염시킬 수 있다. 으스스하게 들리는 이름에서 알 수 있듯이 이 바이러스에 마비되면 앞다리에 마비가 오고, 결국은 죽음에 이른다.

꿀벌에게 단일지배지는 거대한 사막

완만성 꿀벌 마비 바이러스는 꿀벌 폐사를 일으키는 여러 원인 가운데 하나다. 꿀벌이 멸종 위기에 있다고들 하지만 사실 걱정할 정도의 세계적인 꿀벌 감소는 없다. 꿀벌 군락 붕괴가 일어나곤 하지만, 지속적이거나 전 지구적인 현상은 아니다. 다만 꿀벌들이 집단으로 폐사하는 '벌집붕괴증후군Colony Collapse Disorder, CCD'(벌집군집붕괴현상)이 지역적으로 발발하고 있다. 원인은 대부분 바로아 응애(바로아 진드기)가 옮기는 완만성 꿀벌 마비 바이러스와 같은 바이러스 때문이다. 바로아 진드기는 전 세계에 퍼져 있으며, 벌집 또는 벌 자체에 기생한다. 이 진드기가 꿀벌 유충을 감염시키고 흡혈을 하기에, 그런 유충에서 자라난 꿀벌은 그 자체로 약하다. 하지만 이런 진드기 자체보다는 진드기가 옮기는 완만성 꿀벌 마비 바이러스와 같은 바이러스가 미치는 폐해가 훨씬 크다. 그러므로 온전한 꿀벌 군집이 붕괴하는 데에는 바로아 진드기의 책임이 있지만 그것은 다소 간접적이다. 즉 바로아 진드기는 바이러스를 퍼뜨린 책임이 있는 것이다.

벌집붕괴증후군은 보통 계절적으로 발생하며, 바이러스와 다른 질병 외에 농사에 살충제를 사용하는 것 역시 벌집 붕괴를 일으키는 원인 가운데 하나로 보인다. 한편으로는 꿀벌이 경제적으로 중요한 곤충이므로, 꿀을 필요로 하는 인간이 있는 한 꿀벌이 완전히 멸종할 일은 없어 보인다. 양봉 농가가 계속 새로운 봉군을 정성껏 사육할 것이기 때문이다. 하지만 다른 한편, 우리의 농사환경이 질병 확산을 부추긴다는 건 우려스럽다. 꿀벌의 시각에서 보면 단일재배는 양분이 없는 거대한 사막과 마찬가지다. 그래서 단순히 아무 데나 벌통을 가져다 놓는 것만으로는 충분하지 않다. 기업적으로 꿀을 생산하기 위해서는 벌통을 적절한 꽃이 피는 곳으로 옮겨줘야 하는데, 인간들이 여행을 하면서 병원균을 확산시키는 것처럼, 벌통을 데리고 여기저기 옮겨 다니는 것 역시 자칫 그런 역할을 할 수 있다.

사실 정말로 멸종 위기에 처한 벌은 바로 야생벌이다. 야생벌에 속한 종 대부분이 개체 수가 대폭 감소했거나 멸종이 우려되는 상황이다. 경제적인 의미는 크지 않을지 몰라도, 야생벌은 생태계에 중요한 역할을 한다. 식물을 수분시킬뿐더러 꿀벌처럼 민감하지 않기 때문이다. 하지만—아인슈타인이 했다고 알려진 말처럼—벌이 사라진다 해도 그것이 인류의 종말을 의미하지는 않을 것이다. 많은 식물이 바람에 의해서도 수분이 되며, 그런 식물 가운데 우리의 중요한 먹거리가 되는 곡물도 몇몇 있기 때문이다. 새, 딱정벌레, 나비, 심지어 박쥐의 도움으로 수분하는 식물도 있다. 그렇다고 우리가 더 이상 벌들에게 신경을 쓰지 않아도 된다는 말은 아니다. 벌이 사라지면 정말로 생물 다양성에 큰 타격이 올 것이다. 다만, 벌들을 보호하기 위해 아인슈타인이 했다고 알려진 말을 들먹일 필요는 없을 것 같다.

35

바실루스 페르미안스
은하를 뛰어넘을 불멸의 가능성

지금까지 공식적인 최장수 기록을 세운 사람은 1997년 8월 4일 122세의 나이로 세상을 떠난 프랑스의 잔 칼망 할머니다. 정말 오래 살았다. 하지만 2000년 미국 연구진이 소금 결정 안에서 발견한 바실루스 페르미안스_Bacillus permians_가 살아온 2억 5000만 년이라는 세월이 비하면 122년은 정말 눈 깜짝할 사이다. 이는 정말 놀라운 발견이었다. 이 소금 결정은 미국 뉴멕시코주 남쪽에 있는 2억 5000만 년 된 암석층에서 나왔다. 결정 안에는 소금물이 아주 조금 들어 있었고, 그 안에 세균 바실루스 페르미안스가 있었다. 아니, 정확히 말하면 이 세균의 포자가 있었다.

미생물 중에는 포자를 만들어 오래오래 살아남는 것들이 있다. 포자는 식물의 씨앗과 비슷하다고 볼 수 있다. 식물 자체는 오래전에 죽었지만, 씨앗은 종종 놀라운 시간을 견디고 살아남아 적절한 조건을 만나면 다시금 싹을 틔우고 새로운 식물로 자라나지 않는가. 이와 마찬가지로 박테리아의 포자도 수분을 아주 적게 포함하고 있어 열, 추위, 건조함에도 극도로 저항력을 발휘하며, 다른 척박한 환경 조건도 견디고 놀랄 만한 세월 동안 살아남을 수 있다. 그러다가 조건이 다시 좋아지면, 포자에서 새로운 박테리아가 생겨나는 것이다.

하지만 포자들이 2억 5000만 년이라는 세월을 견디고 그 뒤 다시
금 살아 있는 박테리아를 배출할 수 있다는 사실은 전문가들에게조
차 너무나 놀라운 것이었다. 믿기지 않는 일이라 빠르게 이런 발견에
대한 의심의 목소리가 대두되었다. 왜냐하면 땅속 수백 미터 깊이의
암석층 한가운데 숨겨진 결정의 내부는 언뜻 보기에는 박테리아나
박테리아 포자에게 상당히 안전한 장소 같아 보이지만, 자세히 살펴
보면 사실 이런저런 위험에 상당히 노출된 장소이기 때문이다. 암석
에서 나오는 자연방사선도 그중 하나다. 이런 방사선은 자체로는 그
렇게 세지 않을지 모르지만, 그래도 2억 5000만 년간의 노출은 상당
히 길다. 방사선이 DNA의 구조를 파괴하거나 미생물의 유전물질을
변화시키기에 충분하고도 남는 시간이다.

　그런데도 포자들이 그렇게 오랜 세월을 손상 없이 살아남을 수 있
었다는 것은 정말 특별한 일이다. 불멸에 가까워 보이는 미생물이 발
견된 지 몇 달 되지 않았을 때, 텔아비브대학의 단 그라우르Dan Graur
와 탈 품코Tal Pupko가 공개한 결과는 더 놀라웠다. 그들은 바실루스
페르미안스의 DNA를 염분 농도가 높은 환경을 선호하는 다른 박테
리아의 DNA와 비교했다. 주로 사해에 서식하는 비르기바실루스 마
리스모르투이Virgibacillus marismortui가 바실루스 페르미안스와 비슷할
것으로 예상했다. 그런데 연구 결과, 두 박테리아의 DNA는 비슷할
뿐 아니라 거의 동일한 것으로 나타났다. 참으로 이상했다. 이런 결
과는 소금 결정 안에서 발견된 바실루스 페르미안스의 높은 연대와
부합하지 않는다. 모든 생물은 세월이 흐르면서 DNA의 우연한 변

화를 겪게 되기 때문이다. 돌연변이가 생물계에 다양한 종이 생겨나도록 한다. 바로 진화의 동인인 것이다. 이런 변화를 잣대로 이들 종이 서로 언제 갈라져 나왔는지 연대 측정도 할 수 있다. 그런데 염분을 좋아하는 이 두 박테리아의 유전자가 거의 동일하다는 것은 두 박테리아가 서로 갈라져 나온 지 얼마 되지 않았다는 뜻이다. 두 박테리아 가운데 하나가 소금 결정 안에 2억 5000만 년 동안 갇혀 있었다는 주장과 사뭇 모순되는 결과였다.

바실루스 페르미안스의 발견자들은 연구의 오염을 제거하기 위해 기구와 시료를 멸균하느라 애썼다. 하지만 이 박테리아의 포자들은 생각보다 오래되지 않은 듯하다. 박테리아가 결정이 생성되고 나서 오랜 시간 동안 그 안에서 살아남는 건 불가능한 일은 아니지만, 연구에 오염이 있었을 가능성이 있다. 미생물의 생존 능력은 여전히 완전히 이해되지 않았다. 우리는 미생물이 무척 강인하며 극한의 환경에서도 서식할 수 있다는 걸 알고 있다. 그들의 포자가 오랜 세월 동안 견딜 수 있음도 알고 있다. 하지만 얼마나 오래 살아남을 수 있는지는 알지 못한다. 유감스러운 일이다. 이 질문에 대한 답이 어떻게 나오는지에 따라 환상적인 발견 가능성을 점칠 수 있기 때문이다. 세균이 정말로 외부의 영향에서 보호된 채 암석 깊은 곳에서 수천만 년을 생존할 수 있다면, 소행성 안에 둥지를 틀고 소행성이 옮겨가는 대로 이 별에서 저 별로 날아가는 일도 문제가 없을 것이다. 심지어 은하 간 공간을 뛰어넘을 수 있을지도 모른다.

㉟

나노아케움 이퀴탄스
남의 몸에 올라탄 원시 난쟁이

나노아케움 이퀴탄스*Nanoarchaeum equitans*는 '말 타는 원시 난쟁이'라는 뜻이다. 실제로 이 고세균은 상당히 작다. 게다가 정말로 다른 고세균을 타고 다닌다. 즉 이그니코쿠스 호스피탈리스*Ignicoccus hospitalis* 위에 실려 다닌다. 고세균의 생소한 세계와 극한의 생활환경에서 특이한 것으로 관심을 끌기는 쉽지 않다. 하지만 나노아케움 이퀴탄스는 멋지게 주목을 끌고 있다.

이그니코쿠스 호스피탈리스는 독일 연구자들이 아이슬란드 콜베인세이 능선에서 채취한 시료에서 발견한 고세균이다. 500킬로미터 길이의 이 산맥은 아이슬란드 북쪽 해저에 위치한다. 지질활동이 활발한 이 지역에는 이른바 블랙스모커black smoker도 몇 군데 있다. 블랙스모커는 심해 바닥에서 뜨거운 물이 솟아나 바닷물과 반응해 열수가 검게 분출하는 현상을 말한다. 그곳에서 솟아나는 물은 90도 정도로 뜨거운 물인데, 연구자들은 그곳에서 토양 시료를 채취했다. 그런 곳에도 생물이 존재한다는 건 이젠 별로 놀라운 일도 아니다. 생물이 살기에 부적합하다고 여겨지는 장소들이 강인한 미생물들에게는 이상적인 서식지가 될 수 있다는 건 익히 알려진 사실이다. 따라서 그곳에서 미지의 고세균 종을 발견할 수 있으리라는 건 거의 예상한 바였다. 하지만 여기서 발견한 이그니코쿠스 호스피탈리스를 연구하는 가운데 드러난 사실은 훨씬 더 놀라운 것이었다.

착취 또는 윈윈 파트너

연구자들은 전자현미경을 도구로 이 고세균의 겉면에 작고 동그란 것이 붙어 있음을 발견했다. 자세히 살펴보니 붙어 있는 것 자체가 새로운 고세균 종으로 판명되었다. 이 고세균은 크기가 400나노미터에 불과해 대부분의 고세균과 박테리아보다 훨씬 작았다. 연구자들은 이 고세균에게 '나노아케움'이라는 이름을 지어주었다. 그런데 곤란한 점이 있었다. 당시 모든 고세균은 세 부류로 분류되고 있었는데, 새로 발견한 이 '난쟁이'는 어떤 서랍에도 다 맞지 않는 것이었다. DNA를 조사한 결과, 보통 고세균이 박테리아나 동물, 식물과 다른 만큼, 이 난쟁이 고세균은 다른 고세균과 상당히 다른 것으로 드러났다. 나노아케움 이퀴탄스 때문에 고세균의 부류에 새로운 '서랍'을 만들어야 할 것처럼 보였다.

나노아케움 이퀴탄스는 70~110도의 온도에서만 생존할 수 있으며, 유황이 있는 환경이라야 하고 산소는 없어야 한다. 하지만—해저에서 뿜어 나오는 열수 지역처럼—이런 조건을 갖췄다 해도, 나노아케움 이퀴탄스에겐 아직 부족하다. 그는 혼자서는 살 수 없기 때문이다. 파트너가 꼭 있어야 한다. 이 고세균의 DNA를 연구한 결과, DNA가—몸집만큼이나—작은 것으로 드러났다. 인간의 유전정보는 30억여 쌍의 염기로 구성되어 있다. 어떤 생물은 그보다 더 많고,

어떤 생물은 더 적다. 하지만 나노아케움 이퀴탄스만큼 적은 경우는 아직 관찰되지 않았다. 나노아케움 이퀴탄스는 염기가 49만 1000쌍에 불과해 제대로 된 삶을 살아가기엔 역부족으로 보였다.

하지만 그럼에도 그는 제대로 된 삶을 살아간다. 그 비결은 생존에 필요한 물질을 스스로 만들어내는 대신 이그니코쿠스 호스피탈리스의 생물학적 연장을 같이 쓰는 것이다. 이렇듯 필요한 것들을 가져다 쓰면서 나노아케움 이퀴탄스는 이그니코쿠스 호스피탈리스의 신진대사에 영향을 미친다. 이것이 기생관계인지, 공생관계인지, 따라서 작은 쪽이 더 커다란 쪽을 착취하는 것인지, 둘이 서로 윈윈하는 것인지는 아직 모른다.

더 큰 고세균 파트너에 올라탄 '원시 난쟁이'는 생존을 위한 독창적인 전략을 찾아낸 셈이다. 그는 척박한 환경에서 살아가는 데 필요한 에너지를 얻기 위해 고군분투할 필요가 없다. 이미 존재하는 신진대사에 빌붙으면 된다. 지금까지 또 다른 나노아케움 종은 아직 발견되지 않았다. 하지만 세상은 넓고 이 작은 생명체가 거할 만한 공간은 많으니 이들이 아웃소싱 적응 전략으로 또 어느 있을 법하지 않은 곳을 정복했을지 누가 안단 말인가.

37

비브리오 팍실리퍼
다이너마이트와 노벨상을 만든 미생물

시간이 지나면서 박테리아와 바이러스 그리고 다른 미생물에 대한 연구로 많은 노벨상이 수여되었다. 이 권위 있는 상이 존재하게 된 데에 미생물도 간접적으로 기여했다는 점을 생각하면 마땅한 일이다. 노벨상의 창시자는 스웨덴의 알프레드 노벨Alfred Bernhard Nobel이었다. 하지만 매년 연구자들에게 거액의 상금을 희사할 만큼 노벨을 부자로 만든 것은 미생물이었다는 사실을 아는가? 그리고 그 미생물을 가장 처음 관찰한 것은 덴마크의 동물학자 오토 프리드리히 뮐러Otto Friedrich Müller였다.

오토 프리드리히 뮐러는 1782년에 이미 〈작은 막대들로 이루어져 있고, 막대들의 위치에 따라 다양한 형상을 이룰 수 있는 특이한 바닷속 생물에 관하여〉라는 제목의 논문에서 이런 기이한 '막대 동물'에 대해 상세히 기술했다. 이것이 하나의 생물인지 아니면 여러 생물이 모인 콜로니인지를 자문하고는, 완전히 확신하지는 못하지만 하나의 생물일 확률을 더 높게 보았다. 하지만 이로써 그는 이중의 오류를 범했다. 우선 그가 당시 비브리오 팍실리퍼Vibrio paxillifer (지금은 바실라리아 파시리페라Bacillaria paxillifera라고 불린다)라고 명명한 생물은 동물이 아니고 조류다. 그리고 비브리오 팍실리퍼는 계속해서 분열할 수 있고, 그렇게 생겨난 복제 개체가 서로 연결되어 막대 모양의 콜로니를 형성한다. 뮐러는 당시 자신이 무엇을 발견했는지 알지 못했지만, 비브리오 팍실리퍼는 '규조류'를 정의하게 하는 토대가 되었다.

18세기 이래 규조류에 대해 집중적인 연구가 이루어졌다. 무엇보다 이들이 미학적으로 아름다운 모습을 제공하기 때문이다. 이 단세포생물은 이산화규소로 이루어진 골격으로 싸여 있는데, 종에 따라 굉장히 다른 그러나 늘 인상적인 모양을 이룬다. 스스로를 보호하기 위해 그렇게 하지만, 어느 순간에는 이들 역시 죽게 된다. 하지만 골격은 그들이 살던 바다나 호수로 가라앉아 그곳에서 세월이 흐르면서 두꺼운 퇴적층을 형성한다. 그런 다음 지질학적 과정을 거쳐 물이 없어지고 나면, 죽은 규조류 층이 남는다. 북부 독일의 뤼네부르거 하이데에서도 그런 일이 일어났다. 12만여 년 전 당시 빙하기 한가운데에서 온난기를 거치면서 이곳의 물은 규조류가 매우 풍부해졌다. 그러다가 다시 빙기가 돌아와 물이 없어졌으며, 다음 온난기가 시작되자 두꺼운 규조류 퇴적층이 남았다. 이 퇴적층은 1836년 농부들이 샘을 파면서 비로소 발견되었다. 처음에 사람들은 이 특이한 흰색 물질을 어디에 써먹어야 할지 알지 못했다. 그러다가 빠르게 이 지하자원을 유익하게 활용할 방안을 생각해냈다.

"죽음의 상인, 사망하다"

규조류의 유해가 퇴적되어 만들어진 흙을 '규조토'라고 하는데 규조토는 굉장히 다공성이다. 넓은 표면으로 물과 다른 물질들을 흡수할 수 있어서 필터 재료로 활용된다. 동물들의 수분을 앗아서 죽게 만드는 살충제로도 활용될 수 있다. 상처 치료나 맥주 양조에도 굉장한 도움을 제공한다. 하지만 규조토의 가장 최초의, 가장 멋진 쓰임새를 찾아낸 것은 알프레드 노벨이었다.

알프레드 노벨은 1850년 막 니트로글리세린을 만들어낸 이탈리아 화학자 아스카니오 소브레로Ascanio Sobrero를 알게 되었다. 하지만 새로운 강력한 폭발물질인 니트로글리세린은 굉장히 위험했다. 불안정해서 조그마한 충격에도 폭발로 이어져 잦은 사고가 빚어졌다. 그럼에도 노벨은 이 물질에 매료되어 이 폭발물을 개선하는 방법을 모색했는데, 그 과정에서 몸소 니트로글리세린이 얼마나 위험한지를 뼈아프게 경험했다. 1864년 그의 연구실에서 폭발 사고가 일어나 남동생 에밀을 포함해 다섯 명이 목숨을 잃었던 것이다.

노벨은 1867년에야 돌파구를 찾아냈다. 액체 니트로글리세린이 담긴 용기를 운반할 때는 되도록 푹신한 충전물로 겉을 세심히 감싸줘야 한다는 것을 알아냈고, 쿠션감을 주기 위해 규조토가 활용되었다. 하지만 이런 조처도 폭발을 완전히 막아주지는 못했다. 이후 알프레드 노벨은 어느 날 우연히 니트로글리세린과 규조토를 혼합하니 걸쭉한 반죽이 되는 걸 보고, 액체 니트로글리세린을 규조토와 섞어 흡수시켜 안정화하면 되겠다는 아이디어를 얻었다. 그리하여 폭발물과 규조토의 최적의 혼합 비율을 알아내기 위해 실험을 거듭했고, 그 결과 다이너마이트가 탄생했다. 다이너마이트 발명과 관련해 세간에 오르내리는 이야기에 따르면 그러하다. 하지만 노벨이 실제로 어떻게 자신의 아이디어에 이르렀는지는 확실하지 않다.

규조토를 섞은 폭발물은 훨씬 안전하고 다루기가 쉬웠다. 노벨은 이 발명품에 특허를 받아 전 세계에 유통해 부자가 되었다. 노벨은 1896년에 사망했는데, 1888년에 알프레드의 형이 사망했을 때 신문 기자들이 오인해서 알프레드 노벨이 사망한 줄 알고 부고를 내보냈고, 알프레드 노벨은 그 부고를 읽게 되었다. 기사 제목은 "죽음의 상인, 사망하다"라고 되어 있었다. 노벨은 이 신문 기사를 보고 충격을 받았다. 그러고는 자신의 발명품이 전쟁에서 살상 무기로 활용되고(사실 그의 다이너마이트는 전쟁에 투입되지 않았다), 자신은 이를 판매해 부자가 된 사람으로 역사에 남는 상황에 강한 거부감을 느꼈다. 그리하여 자신의 사후 재산을 관리해 매년 그의 이름을 딴 상을 수여해줄 재단을 설립했고, 물리학·화학·생리학·의학·문학 분야에서 "인류에 커다란 유익을 안겨준" 사람들에게 노벨상을 수여하도록 했다. 아울러 "국가 간의 형제애와 상비군의 폐지나 축소에 최선의 노력을 기울인" 사람에게는 특별히 노벨 평화상을 주도록 했다.

세월이 흘러 노벨상은 학술 분야 최고의 상으로 자리매김했다. 이 모든 것은 오직 아주아주 오랜 세월 전에 많은 미세한 조류가 살고 죽었던 덕분이다.

38

말리그날리탈롭테레오시스
마술로는 홍역을 물리칠 수 없다

애니메이션 영화 〈아더왕 이야기〉에서 마법사 멀린은 나중에 영국의 왕이 될 젊은 아더를 구하기 위해 마녀 밈과 마법의 결투를 벌인다. 마녀와 마법사 간의 싸움은 서로 상대를 공격하고 방어하기 위해 변신하면서 이루어진다. 밈은 멀린을 물기 위해 악어가 된다. 하지만 멀린은 적절한 시점에 갑옷과 같은 단단한 껍데기를 가진 거북으로 변신한다. 그런 다음 밈이 여우가 되어 추격하자, 멀린은 토끼가 된다. 싸움은 계속되고, 어느 순간 염소 멀린은 갑자기 불을 뿜는 거대한 용 앞에 선 자신을 발견한다. 밈은 승리를 확신하며 자신을 승자로 선포하지만 노마법사의 마지막 트릭은 예상하지 못한 상태다. 마법사 멀린은 아주 미세한 미생물로 변해, 마녀에게 '말리그날리탈롭테레오시스Malignalitaloptereosis'라는 병을 일으킨다. 증상은 피부에 반점이 생기고, 고열과 오한이 나고, 콧물이 심하게 나는 것이다. 그리하여 이제 밈은 침대를 사수해야 하는 형편이 되고, 멀린이 승자가 된다.

말리그날리탈롭테레오시스는 시나리오작가 빌 피트가 지어낸 질병으로 현실세계에는 존재하지 않는 병이다. 하지만 그럼에도 이탈리아 의사 안토니오 페르시아칸테Antonio Perciaccante 팀은 이 병균의 본질을 탐구했다. 증상 면에서 이것은 홍역처럼 피부 발진을 일으키는 질병을 연상시킨다. 이는 터무니없지 않다. 홍역은 실제로 기도 염증, 발열, 발진 증상을 보이기 때문이다. 굉장히 전염되기 쉬우며, 심한 경우 사망할 수도 있다. 홍역은 무해한 '소아질환'이 전혀 아니다. 홍역을 소아질환이라 생각하는 것은 홍역이 전염력이 너무나 높아서 보통은 어릴 적에 이미 홍역에 걸리기 때문이다.

1956년에서 1960년 사이에 미국에서 홍역에 걸린 사람이 50만 명이 넘었고, 홍역으로 한 해 평균 450명이 사망했다. 이것은 20세기 초보다는 훨씬 개선된 수치로, 20세기 초에는 홍역으로 인한 사망률이 20세기 중반보다 20배를 웃돌았다. 1950년대에는 심각한 합병증으로 거의 5만 명이 병원에 입원해서 치료를 받아야 했다. 따라서 월트 디즈니 스튜디오가 1960년대 〈아더왕 이야기〉를 제작하기 시작했을 때, 홍역은 여전히 아주 중요하고 심각한 질병이었다. 물론 미생물로 변신한 마법사가 일으키는 것이 아니라, '홍역 모빌리바이러스Measles morbillivirus'라는 학명의 바이러스가 일으키는 질병이다.

1954년 미국의 의사 토머스 피블스Thomas Peebles 와 존 엔더스John Enders 가 홍역에 걸린 아이의 혈액에서 최초로 홍역 바이러스를 분리했고, 엔더스가 이를 수년간 연구한 끝에 1963년 최초로 홍역 백신을 개발했다. 그리고 그해 12월 〈아더왕 이야기〉가 미국 영화관에서 개봉되었다. 페르시아칸테와 코랄리에 따르면 당시 사회에는 홍역이 위험하다는 인식이 널리 퍼져 있어서, 마법사 멀린의 바이러스 책략은 너무나 그럴듯해 보였다.

이것은 물론 추측일 따름이고, 정말 진지한 차원의 연구는 아니다. 하지만 이 이야기에 그럴듯한 배경이 있다. 이 영화는 1938년 T. H. 화이트가 쓴《아더왕의 검 The Sword in the Stone》을 원작으로 했는데, 여기서 마녀는 훨씬 더 좋지 않은 종말을 맞는다. 며칠 침대에 누워 앓는 대신 합병증으로 죽어버리는 것이다.

오늘날에도 홍역으로 말미암아 죽는 사람들이 끊이지 않는다. 세계보건기구에 따르면 2019년에만 홍역으로 사망한 사람이 전 세계에 20만 명이 넘는다. 열악한 의료 서비스 탓이기도 하고, 예방접종을 하지 않은 탓이기도 하다. 독일, 오스트리아, 스위스에서는 늘 국지적으로 홍역이 유행한다. 대부분 아직 예방접종을 받지 않은 아이들을 통해서 발생한다. 홍역은 사실 근절할 수 있는 질병인데 말이다. 홍역 바이러스는 사람 사이에서만 전염되므로, 인구의 다수가 백신 접종을 하면 간단히 사라질 것이다. 마녀 밈이 영리했다면, 적절한 면역 마술로 말리그날리탈롭테레오시스를 물리쳤을 텐데 말이다. 우리는 같은 실수를 저지르지 말아야 할 것이다. 만화영화와는 달리 실제 세계에서는 마술로 홍역을 물리칠 수 없다. 백신 접종을 해야만 한다.

㉟

헤모필루스 인플루엔자
독감 무임승차자

매년 전체 인구의 15퍼센트가량이 독감에 걸린다. 독감은 일반 감기와는 다르다. 일반 감기는 다양한 바이러스가 일으키며(93장 참조), 대부분 증상이 가볍다. 반면 독감은 증상이 심해질 수 있고 간혹 사망에 이를 수도 있다.

학자들은 독감의 원인을 밝히고자 했으므로, 독일의 세균학자 리하르트 파이퍼Richard Pfeiffer가 헤모필루스 인플루엔자Haemophilus influenzae라는 세균을 발견했을 때 정말 기뻤을 것이다. 리하르트 파이퍼는 1889년부터 계속해서 독감에 걸린 사람들의 목에서 채취한 검체에서 이 세균을 검출할 수 있었다. 하지만 1892년에서야 비로소 세균을 분리 배양하는 데 성공했다.

파이퍼는 이 세균이 독감을 유발한다고 확신했고, 1933년까지 헤모필루스 인플루엔자가 독감을 일으킨다고 여겨졌다. 하지만 그 뒤 헤모필루스 인플루엔자는 독감 유발자가 아니라 무임승차자라는 사실이 밝혀졌다. 독감은 알고 보니 헤모필루스 인플루엔자나 다른 세균이 일으키는 것이 아니라 바이러스가 일으키는 것이었다. 파이퍼가 발견한 세균은 독감으로 면역계가 약해진 틈을 이용해 감염을 일으키는 이른바 '기회주의적 병원체'다.

하지만 독감에 걸리지 않은 상태에서도 이 세균으로 인해 질병이 유발될 수 있다. 무엇보다 b형 헤모필루스 인플루엔자 균이 감염을 일으킨다. 비말을 통해 감염된 경우 며칠 잠복기를 거쳐 인후, 중이, 부비동 등에 염증이 생긴다. 열이 나고, 최악의 경우 기관지염, 폐렴 혹은 뇌수막염에 걸린다. b형 인플루엔자 감염은 5세 미만의 아이에 겐 위험하다. 백신이 나오기 전에는 유럽에서는 10만 명 중 40명이, 미국에서는 심지어 10만 명 중 평균 88명이 이 질병에 걸렸다.

다행히 미국의 미생물학자 해티 알렉산더Hattie Alexander가 1940년 대에 헤모필루스 인플루엔자를 상세히 연구해 백신을 개발했고, 이 로 말미암아 사망률이 25퍼센트 미만으로 대폭 감소했다. 백신을 더 개선해 1990년대에 아이들에게 표준 예방접종의 일환으로 접종하기 시작한 뒤 이 질병은 오늘날 거의 사라졌다. 하지만 의료체계가 열악 해 아이들이 접종을 받지 않는 지역에서는 여전히 헤모필루스 인플 루엔자로 말미암은 희생자가 발생하고 있다. 세계보건기구의 추정에 따르면, 전 세계적으로 연간 40만여 명이 이 질환으로 사망한다.

휴먼 게놈 프로젝트의 주인공

리하르트 파이퍼가 이 세균을 발견한 지 거의 100년이 지난 뒤, 이 박테리아는 다시 한번 뉴스 헤드라인을 장식했다. 그 사정은 다 음과 같았다. '휴먼 게놈 프로젝트'는 다국적 연구 프로젝트로서 인 간 게놈을 완전히 해독하겠다는 목표로 1990년에 출범했다. 인간 DNA에서 발견할 수 있는 모든 유전자를 기술하고자 했고, 이를 위해 DNA가 유전자를 암호화하는 30억여 개의 염기쌍, 즉 구체적인 화학적 '철자'의 정확한 순서를 정해야 했다. 정말 방대하고 어려운 과제였다. 그리하여 연구자들은 연습을 위해 인간처럼 그리 복잡하지 않은 유기체를 활용했다. 처음에는 게놈을 해독할 수 있는 것이 바이러스 정도뿐이었다. 하지만 그 후 미국의 생화학자 크레이그 벤터Craig Venter 팀이 새롭고 더 효과적인 DNA 분석 방법을 활용했고, 1995년 그 방법으로 최초로 진짜 생물의 게놈을 완전히 해독해내는 데 성공했다. 이 생물이 바로 헤모필루스 인플루엔자였다. 이 일은 게놈 연구의 이정표가 되었다. 이 박테리아의 게놈을 완벽하게 분석하기 위해서는 어쨌든 180만 개의 염기쌍을 읽어내야 했던 것이다. 물론 이런 성과 이후에도 휴먼 게놈 프로젝트는 여전히 먼 길을 가야 했고, 결국 2003년에 이르러 성공적으로 완료되었다.

우리는 리하르트 파이퍼의 발견과 해티 알렉산더의 연구 덕분에 b형 헤모필루스 인플루엔자 감염을 꽤 성공적으로 제어하고 있다. 정기적 백신 접종을 통해 바이러스로 인한 독감도 어느 정도 막을 수 있다. 물론 아직 독감 백신을 맞는 사람들이 그리 많지 않지만 말이다. 게다가 독감 말고 단순한 감기와는 아마도 계속 싸워나가야 할 것이다.

에밀리아니아 헉슬레이
조류가 역사를 만든다

역사를 만들기 위해 몸집이 클 필요는 없다. 하지만 5000분의 1밀리미터(5마이크로미터)밖에 되지 않는 작은 생물체가 역사를 만드는 일은 쉽지 않을 것이다. 하지만 헉슬레이는 문제없이 지구 전체에 영향을 미칠 수 있었다. 에밀리아니아 헉슬레이 *Emiliania huxleyi* 는 해조류다. 해조류라 해서 김이나 다시마를 연상하면 안 된다. 여름휴가 때 수영의 재미를 망치는 그 미끈미끈한 해조류를 생각해서도 안 된다. 에밀리아니아 헉슬레이는 단세포 미세조류다. 그럼에도 놀라운 일을 해낼 수 있다.

헉슬레이는 물에서 탄소를 흡수해 생명을 유지한다. 자신의 몸속에서 탄소로 아주 미세한 석회질 조각을 만들어내며, 이 미세한 비늘(조각)은 외부로 운반되어 갑옷처럼 미세조류를 두른다. 이후 미세조류가 죽은 지 오랜 뒤에도 이런 조각은 여전히 남는다. 남은 석회 조각은 해저 바닥으로 가라앉아 세월이 흐르면서 석회석으로 이루어진 두터운 층을 이룬다. 오늘날 뤼겐섬의 유명한 백악절벽이나 영국 남부의 도버 백악절벽을 방문하는 사람은 에밀리아니아 헉슬레이와 여타 석회조류들의 잔해에 경탄할 것이다.

에밀리아니아 헉슬레이가 지구의 운명에 굉장히 중요한 것은 적절한 환경에서 무지막지하게 잘 번식하는 능력 덕분이다. 이 조류는 정말 어디서나 살 수 있다. 적도에서 극지방까지 지구의 온 바다에 산다. 1도의 수온에서도 30도의 수온에서도 개의치 않고 살아남을 수 있고, 해표면에서도 해저 200미터의 깊은 바다에서도 산다. 조건이 맞으면 다른 어떤 조류보다 빠르게 번식해 수백 제곱킬로미터의 바다를 덮는다. 모든 것이 잘 맞아떨어지면 최대 10만 제곱킬로미터로 불어날 수 있는데, 이런 조류 꽃은 우주에서도 보일 정도다. 그들이 입은 갑옷의 석회판이 태양 빛을 반사해 위성에서도 보이는 것이다.

석회를 형성하고, 죽은 뒤 어마어마한 퇴적암층을 형성할 수 있는 능력으로 말미암아 이 미세조류는 지구의 역사에 엄청난 영향을 미쳤다. 그리하여 오늘날에도 이들은 지구의 과거를 더 자세하게 연구하는 데 도움을 준다. 석회에는 주변의 미량 원소들이 함께 들어가 있어서, 조류가 쌓여 만들어진 오래된 암석층을 연구하면 당시 환경조건, 수질, 기후가 어땠는지를 알 수 있기 때문이다.

에밀리아니아 헉슬레이는 지구의 이산화탄소 순환에도 중요한 역할을 한다. '생물학적 탄소 펌프'로서 광합성 과정에서 온실가스인 이산화탄소를 다량 흡수하기 때문이다. 이런 이산화탄소는 이들 조류가 사멸한 뒤 해저 바닥에 가라앉게 되어 대기로부터 장기적으로 제거된다. 이들이 우리가 대기로 날려 보낸 오염을 제거하는 것이다.

그러나 좀 더 자세히 살펴보면, 미세조류 자체도 기후친화적이지만은 않다. 석회 껍질을 형성하기 위해 만들어내는 탄산칼슘이 바닷물을 산성으로 만들고, 해양이 산성화되면 이산화탄소 배출이 증대되기 때

문이다. 거꾸로 우리 인간도 미세조류의 삶을 쉽게 만들어주지는 않는
다. 인간들이 이산화탄소를 너무 많이 배출하는 것 역시 해양 산성화
를 부추기는데, 그러면 에밀리아니아 헉슬레이가 석회 골격을 만들어
내는 데 지장을 준다. 그렇게 우리는 미세조류들이 대양에서 지속적으
로 이산화탄소를 제거하는 능력을 경감시키고, 모두의 상황을 어렵게
만들고 있다. 독일 식물학회가 2009년 에밀리아니아 헉슬레이를 '올
해의 조류'로 선정한 것은 절대적으로 정당한 일이다. 하지만 지구의
모습을 형성하는 데 크게 기여해왔으나 이제 곤경에 봉착한 이 미생
물에게는 유감스럽게도 그리 큰 위로가 되지는 못한다.

41

HCoV-B814
예견되었던 코로나 팬데믹

HCoV-B814는 코로나 바이러스의 명칭이다. 이것은 2019년 12월 이후 전 세계를 팬데믹으로 몰아넣은 코로나 바이러스는 아니다. 코로나 바이러스는 아주 여러 가지가 있고, 이들 바이러스 대부분 인간의 삶에 약간의 지장은 초래했지만, 그리 큰 주목을 끌지는 못했다. 코로나 바이러스 이야기는 1965년 영국 남서부에서 시작된다. 그곳에서 1946년부터 CCU Common Cold Unit 가 코감기를 연구했다.

의학적으로 정확히는 '비염'이라 불리는 이 증상은 신경 쓰이는 코점막 염증으로 대부분의 경우 시간이 조금 지나면 저절로 사라진다. 그럼에도 연구자들은 이 질환이 어떻게 발병하는 것인지 정확한 원인을 알고자 했다. 그리하여 코감기에 걸린 자원 참가자의 비강 분비물을 채취해 바이러스, 박테리아, 그 밖에 어떤 미생물이 코감기를 일으키는지를 조사했고, 대부분은 실제로 확인할 수 있었다. 하지만 3분의 1가량에 해당하는 사례에서는 기존에 알려진 병원체를 확인할 수가 없었다.

한 경우(전형적인 감기 증상을 보이는 소년)에서는 검체에 'B814'라고 이름 붙여진 바이러스가 포함되어 있었다. 이 바이러스에 감염된 사람은 코감기에 걸렸다. 하지만 이미 알려진 다른 '감기 바이러스'와 달리 B814는 비누처럼 지방을 용해하는 액체로 무해하게 만들 수 있었다. 이는 이 바이러스의 외피가 지방으로 되어 있다는 의미였다. 지방으로 된 물질은 물에는 용해되지 않지만 비누 용액에는 용해되기 때문이다. 하지만 이 바이러스가 정확히 어떻게 생겼는지는 알지 못하는 상태였다. 몇 년 뒤 스코틀랜드의 바이러스학자 준 알메이다 June Almeida가 그 의문을 풀었다.

준 알메이다는 전자현미경으로 바이러스를 관찰하기 위해 완전히 새로운 방법을 개발했다. 아이디어는 단순했다. 적절한 항체를 이용해 바이러스를 공격해서 바이러스가 뭉쳐 덩어리지게 만드는 것이었다. 바이러스 덩어리가 클수록 더 쉽게 관찰할 수 있을 것이었다. 물론 실제로 일어나는 화학반응을 이해해서 새로운 방법을 투입하는 것은 쉽지 않은 일이었다. 하지만 알메이다는 결국 성공했다. 우선 이 바이러스들이 실제로 외피로 둘려 있다는 것, 두 번째로 지금까지 알려지지 않은 과family에 속한 바이러스임을 확인했다. 이후 CCU는 이와 비슷한 외피를 가진 바이러스들을 더 발견했다. 바이러스 표면에 특이한 돌출부들이 있었는데, 비쭉비쭉 나온 그 모양이 꼭 태양의 가장 바깥 대기층인 코로나를 연상시켰다. 1968년 알메이다 팀은 연구 결과를 공개하며, 이런 새로운 바이러스 과를 태양의 코로나를 본떠 코로나 바이러스라고 부르자고 제안했다.

HCoV-B814는 인간도 감염될 수 있는 코로나 바이러스 가운데 최초로 알려진 바이러스였다. 하지만 후속 연구는 이 바이러스로 진행할 수 없었다. 원래 채취한 검체가 없어져서 더 이상 다른 코로나 바이러스와 비교할 수가 없었기 때문이다. 시간이 흐르면서 총 7종의 '인간 코로나 바이러스Human COronaVirus, HCov'가 발견되었다. 별로 특별할 게 없는 명칭을 가진 HCoV-229E, HCoV-HKU1, HCoV-NL63, HCoV-OC43, MERS CoV, SARS-CoV 및 SARS-CoV-2가 그것이다. 이들 모두 인간에게서 호흡기 질환을 유발한다. 하지만 2002년까지 주로 감기에 국한되었고, 드문 경우에만 폐렴과 같은 중증 질환으로 발전했다.

무해한 바이러스에서 세계적 재앙으로

2002년 11월 중국 남부에서 발생한 팬데믹이 확산되었다. 2003년 초에 확인된 새로운 코로나 바이러스가 촉발한 전염병이었다. 이 바이러스는 사스SARS-CoV, 즉 '중증급성호흡기증후군 코로나 바이러스'라는 이름을 얻었다. 이 새로운 바이러스로 인한 질병은 단순 감기보다 훨씬 증상이 심했다. 그리하여 2003년 7월까지 774명이 중증급성호흡기증후군으로 사망했다. 이후 2012년 중동에서 치사율이 꽤 높은 또 하나의 코로나 바이러스가 등장했다. 바로 '중동호흡기증후군 코로나 바이러스MERS-CoV(메르스)'였다 이로 인해 2020년 1월까지 거의 2500명이 숨졌다. 사스와 메르스는 여전히 환자와 사망자를 내고 있지만, 2019년 12월 코로나19 바이러스SARS CoV-2가 대유행하는 바람에 관심 밖으로 밀려났다. 2020년 9월에 이미 이 새로운 코로나 바이러스로 인한 사망자 수가 100만 명을 넘어섰다. 무해한 '감기 바이러스'가 세계적 재앙으로 변모한 것이다.

코로나 바이러스 과에는 50여 종의 코로나 바이러스가 들어 있다. 7종의 인간 코로나 바이러스 외에도 다른 생물을 감염시키는 수십 가지의 코로나 바이러스가 있다. 사스와 코로나19 바이러스를 포함한 대부분의 인간 코로나 바이러스는 박쥐에게서 발생한다고 여겨진다. 박쥐의 면역계는 이런 바이러스에 끄떡도 없는 것으로 보인다. 박쥐에게서 다른 동물로 바이러스가 옮겨지고, 돌연변이가 일어나 위험한 변종이 되어 인간을 감염시킬 수 있는 것이다. 생태계 파괴가 심해지면서 이런 과정도 더 가속화되고 있다. 생태계 파괴로 인해 야생동물들이 그동안 서식하던 환경에서 내쫓겨 자꾸만 인간과 접촉하게 되기 때문이다.

코로나19 팬데믹이 발발하기 전에도 이미 늦든 빠르든 굉장히 전염력이 강하고 위험한 코로나 바이러스가 등장하리라고 점쳐지던 바였다. 코로나19 바이러스는 아마도 우리를 괴롭히는 마지막 바이러스가 아닐 것이다. 코로나 바이러스 과에 속한 바이러스들이 코감기 정도에나 그칠 것으로 보던 시대는 끝났다.

42

티오마르가리타 나미비엔시스
세상에서 가장 큰 세균

세균은 아주 미세하다. 시력이 아주 좋아도 세균을 볼 수 없고 안경을 써도 소용없다. 박테리아를 발견하고 연구하려면 최소한 현미경이 있어야 한다. 그래서 현미경이 발명된 뒤인 17세기에야 비로소 안톤 판 레이우엔훅이 처음으로 세균을 발견했다(2장을 보라). 전형적인 박테리아는 1마이크로미터 정도의 크기다. 100만분의 1미터로, 우리 머리카락 직경보다 60배 정도 작다. 이런 점에서 독일의 미생물학자 하이데 슐츠포크트Heide Schulz-Vogt가 1999년 자신의 발견에 대해 다음과 같이 말한 것도 놀랄 일이 아니다. "내가 그 이야기를 하자 동료들은 처음에 내 말을 믿지 않았다. 그 박테리아들은 아주 거대했기 때문이다." 여기서 '거대하다'는 말은 정말 적절한 표현이다. 슐츠포크트가 찾아낸 박테리아는 최대 0.75밀리미터 크기였던 것이다. 이 문장의 마침표만 한 크기다. 마침표와 마찬가지로, 이 박테리아도 현미경 없이 육안으로 관찰할 수 있다.

보통 크기의 세균 입장에서 보면 이 박테리아는 정말 놀랄 만큼 거대해 보일 것이다. 평균 신장 정도의 인간 앞에 신장이 1킬로미터가 넘는 거인이 나타난 격이라고나 할까! 하지만 미생물의 세계에서는 어마어마한 크기인데도 불구하고 이 거대 세균을 찾는 일은 쉽지

않았다. 이들은 남서아프리카의 나미비아 해안의 해저에서 채취한
시료에 숨어 있었다. 당시 막스 플랑크 미생물학 연구소의 박사과정
생이었던 하이데 슐츠포크트는 이 시료를 분석해 놀라울 정도로 클
뿐 아니라 빛나는 흰색 진주처럼 보이는 미생물을 발견했다. 그러고
는 이 미생물에게 티오마르가리타 나미비엔시스*Thiomargarita namibiensis*
라는 이름을 붙였다. 무슨 칵테일 이름처럼 들리지만 '나미비아 유황
진주'라는 뜻이다. 유황은 크다는 것 외에 이 박테리아를 아주 특별
하게 만드는 또 하나의 요인이다.

박테리아가 작은 이유는 무엇보다 그들이 먹이를 능동적으로 섭
취하지 않기 때문이다. 그들은 보통 주변 환경으로부터 그들에게로
스며드는 양분을 활용한다. 그러므로 박테리아가 너무 크면 더 이상
충분한 양분을 공급받지 못하고 굶어 죽을 위험이 있다.

하지만 아프리카 바다의 유황 진주는 몸집이 커도 양분을 충분히
취할 수 있는 트릭을 개발했다. 이 박테리아의 내부 거의 전체는 커
다란 '액포vacuole', 즉 질산염으로 채워질 수 있는 일종의 방으로 되
어 있다. 이 박테리아가 사는 곳—해저 퇴적물—에는 공기가 없는
데, 대신에 이 박테리아는 호흡하기 위해 질산염을 활용한다. 그리고
이를 위한 에너지원으로 유황을 사용한다. 바닷물 속의 유황 농도가
언제나 높은 것은 아니므로, 이 박테리아는 질산염 호흡이 끊기지 않
도록 질산염을 많이 비축하고 있어야 하는데, 몸집이 큰 덕분에 너끈
히 그렇게 할 수 있는 것이다.

티오마르가리타 나미비엔시스가 질산염을 충분히 비축하고 있는

한, 이들은 굉장히 불편한 조건하에서도 문제없이 생존할 수 있다. 그뿐만 아니라 이들 유황 진주는 주변 환경도 만들어간다. 이들은 유황 외에 인phosphorus도 에너지원으로 활용하고, 인 화합물을 해수로 방출하기도 한다. 그러면 다시금 특정 광물의 형성이 촉진되며, 이런 광물로부터 나중에 '인회토'가 생겨난다. 인회토는 해저 바닥에서 종종 발견되는 암석으로, 인회토가 많이 형성될수록 바닷물 속의 인산염이 적어진다. 따라서 거대 박테리아 덕분에 생성되는 돌이 바다의 영양염류가 과잉되지 않도록 해주는 역할을 할 수 있는 것이다.

육안으로 볼 수 있는 거대 세균이 있다는 사실을 처음에 믿기 힘들어했던 슐츠포크트의 동료들은 나중에는 이 세균의 존재를 확신하게 되었다. 거대 박테리아의 발견으로 언론의 주목을 받는 바람에 박사과정을 마치는 데 약간 스트레스가 더해지긴 했지만, 하이데 슐츠포크트는 그래도 기분이 좋았을 것이다. 그녀는 "박테리아가 생태계에 중요한 일을 할 수 있음을 아는 건 좋은 일이라는 생각이 들었어요"라고 말했다. 당연히 맞는 말이다.

43

담배 모자이크 바이러스
바이러스는 생물일까?

담배 연기는 건강에 좋지 않다. 하지만 담배는 간접적인 방식으로 의학에 극적인 혁명을 가져왔다. 바이러스의 존재를 밝혀내는 데 결정적인 역할을 했던 것이다.

19세기 말 네덜란드에서는 담배(식물)에 주로 생기는 이상한 질병 때문에 걱정이 많았다. 이 질병에 걸린 식물은 잎이 변색되고 성장이 지연되며 열과 건조함에 취약해졌다. 이 질병은 당시 무엇보다 담배 산업에 커다란 피해를 야기했으므로, 학자들은 어쩔 수 없이 이 이상한 질병을 연구하기 시작했다. 최초로 이 질병을 연구한 학자 가운데 하나가 바로 1877년부터 네덜란드 바헤닝언 소재 농업 학교의 교장을 맡았던 독일의 화학자 아돌프 마이어Adolf Meyer 다. 아돌프 마이어는 그곳 농부들에게서 이 질병에 대한 이야기를 듣고는 상세히 연구한 뒤 1885년에 그것이 전염성 질병임을 확인했다. 병든 식물의 즙을 짜서 건강한 담뱃잎에 뿌리면, 건강했던 잎에서도 똑같은 증상이 나타났기 때문이다. 마이어는 이런 질병을 일으키는 세균이 있다고 보고 그 세균을 찾고자 식물즙을 걸렀으나 성과를 보지는 못했다. 하지만 아직 알려지지 않은 세균이 이런 '담배 모자이크 병'—병든 잎이 모자이크 모양으로 점이 생기면서 변색되다 보니 이런 병명이 붙었다—을 일으킨다고 결론을 내렸다.

이어 러시아 상트페테르부르크대학의 박사과정생 드미트리 이바노프스키Dmitri Ivanovsky가 1887년 이런 전염성 현상을 자세히 연구했다. 그동안에 프랑스의 세균학자 샤를 샹베르랑Charles Chamberland이 도자기로 된 세균여과기를 발명했기 때문에 가능한 일이었다. 샹베르랑의 세균여과기는 여과공이 아주 미세해 당시 알려진 모든 세균을 거를 수 있었다. 이바노프스키는 병든 식물의 즙을 세균여과기에 걸러보았다. 하지만 걸러서 세균이 더는 남지 않은 상태인데도 질병이 여전히 전염되는 것이 아닌가. 이런 결과 앞에서 이바노프스키는 이 질병이 박테리아가 방출한 독으로 말미암아 발생하는 것이라는 추측을 내놓았다.

하지만 그 뒤 네덜란드의 미생물학자 마르티누스 빌럼 베이예링크Martinus Willem Beijerinck가 연구의 바통을 이어받았다. 베이예링크는 예전에 네덜란드 바헤닝언에서 마이어의 동료였고, 그곳에서 이미 담배 모자이크 병에 관심을 가졌던 터였다. 베이예링크는 1898년부터 이와 관련해 독자적으로 연구를 하기 시작했고 우선 이바노프스키와 이 질병을 일으키는 병원체를 기존의 알려진 여과 기술로는 분리해낼 수 없음을 확인했다. 하지만 '세균이 분비하는 독'에 대한 가설도 그리 신빙성이 없다고 보았다. 병든 잎의 즙을 짜내 다른 잎에 감염을 시키고, 다시 새롭게 감염된 잎의 즙으로 다른 잎을 감염시키는 실험을 반복했는데도 어느 순간 전염력이 약해지거나 증상이 완화되지 않았던 것이다. 그러므로 그는 담배 모자이크 병을 일으키는 원인물질이 무엇이든 간에 그것은 증식할 수 있는 것이라는 결론을 내렸다. 그러고는 이런 원인물질을 액성 전염물질contagium vivum fluidum이라 불렀다. 하지만 그는 논문 제목(《담배 모자이크 병의 원인으로서의 액성 전염물질contagium vivum fluidum》)에만 이런 어려운 표현을 사용했고, 논문 내용에서는 액성 전염물질이라는 표현 대신 '바이러스virus'라는 표현을 썼다. 이로써 그는 바이러스학의 초석을 놓았던 것이다. 하지만 바이러스라는 말은 베이예링크가 지어낸 용어가 아니다. '바이러스'는 고대 로마에서 이미 여러 불쾌한 것을 묘사하는 데 사용되던 말로, 라틴어로 '독'이라는 뜻이다.

생명이란 무엇인지 묻는 존재

독일 연구자 프리드리히 뢰플러Friedrich Loeffler와 파울 프로슈Paul Frosch는 비슷한 실험을 한 끝에 구제역도 그런 '바이러스'가 일으키는 질병임을 확인했다. 이어 몇십 년간 점점 더 많은 질병이 바이러스가 원인이 되어 발생한다는 연구 결과가 나왔다. 하지만 바이러스가 정확히 무엇인지는 여전히 알 수가 없었다. 양질의 현미경으로 봐도 아무것도 보이지 않았다. 그러다 전자현미경이 발명되면서야 비로소 상황이 달라졌다. 1939년 담배 모자이크 바이러스Tabakomosaikvirus의 첫 번째 사진이 나왔고, 우리는 드디어 바이러스가 어떻게 생겼는지 알게 되었다. 하지만 바이러스가 무엇인지는 여전히 알지 못한다. 미국의 화학자 웬들 메러디스 스탠리Wendell Meredith Stanley는 바이러스가 단백질로 이루어져 있음을 증명했다. 그 뒤 바이러스가 데옥시리보핵산DNA 또는 리보핵산RNA 형태의 유전정보를 가지고 있음도 밝혀졌다.

세포를 감염시킬 때 바이러스는 굉장히 실용적으로 세포가 자신을 위해 일하게 만든다. 우선은 그의 유전정보를 숙주세포로 잠입시킨 다음, 숙주세포로 하여금 바이러스를 어마어마한 양으로 복제하게 만든다. 그러고는 어느 순간에 감염된 세포에서 튀어나와 왕왕 다른 세포로 옮겨가 번식을 계속한다.

이렇게 말하니—썩 호감 가는 생물은 아니지만—바이러스가 마치 생물인 것처럼 들린다. 번식하는 일 역시도 실제 생물이 하는 일 아닌가. 물론 바이러스는 스스로 재생산하지 못하고, 다른 살아 있는 세포를 감염시킴으로써 증식하지만 말이다. 그러나 세포 밖에서 바이러스는 생명이 없는 사물과 마찬가지로 죽는다. 그러다 보니 바이러스는 각각 자신의 '유전정보'를 가지고 있고, 번식할 수 있음에도 일반적으로 생물로 간주되지 않는다. 한편 생물학은 오늘날까지 '생명'이 무엇인지 합의된 정의에 이르지 못했다. 그런 점에서 바이러스가 어느 날 생물에 속하게 될 가능성도 다분하다.

담배 모자이크 바이러스의 발견은 우리에게 완전히 새로운 미생물학의 세계를 열어주었다. 바이러스가 살아 있는 생물이든 아니든 간에, 우리는 여전히 바이러스가 생명에 미치는 영향이 얼마나 대단한지를 알아내고자 노력하는 중이다.

44

할로코쿠스 하멜리넨시스

35억 년의 시간을 간직한 살아 있는 돌

지구상의 생명이 어떻게 시작되었는지 우리는 알지 못한다. 하지만 최초의 생명이 무슨 일을 했는지는 알고 있다. 바로 돌을 만들었다! 1908년 독일의 지질학자 에른스트 칼코프스키Ernst Kalkowsky는 하르츠산맥에서 연구하는 가운데 굉장히 다양한 얇은 층으로 구성된 암석을 발견했다. 그리고 그것을 '스트로마톨라이트stromatolite'라 칭했다. 그리스어로 '겹겹이 쌓인 돌'이라는 뜻이다. 칼코프스키는 이것이 생물에서 비롯된 퇴적층이라고 생각했다. 오늘날 우리는 그가 옳았음을 안다. 스트로마톨라이트는 세계 곳곳에서 발견되었으며, 정말로 생물이 만들어낸 산물이다.

지금까지 알려진 가장 오래된 스트로마톨라이트는 35억 년이 넘은 것으로 지구상에 생명이 막 생겨났던 시대에서 비롯된 것이다. '남세균(시아노박테리아)'도 이런 최초의 생물에 속했다. 이 박테리아는 (몇몇 예외적인 경우를 제외하고는) 광합성을 할 수 있다. 이번 장에서 다루는 남세균은 혼자 있기를 굉장히 싫어한다. 그래서 함께 모여 '생물막'을 형성하는데, 이 막은 몇 밀리미터 두께에 이를 수 있으며, 박테리아 자체와 이 세균들이 분비하는 점액으로 이루어진다. 이런 생물막은 물이 있는 곳이면 어디에나 있다. 이들 세균의 신진대사가 물에서 이산화탄소를 흡수해 주변을 알칼리성으로 만든다. 즉 물의 þH 수치가 올라간다. 그러면 물에 녹아 있던 탄소가 석회로 침전되어 시간이 흐르면서 박테리아들이 석회층으로 덮이게 된다. 그러면 박테리아는 죽는다. 하지만 그동안 번식했으므로, 다음 세대 박테리아들이 석회층 위에서 계속해서 살아가게 된다. 세월이 흐르면서 이런 전체 구조가 불어나 상부에는 박테리아들이 살고, 하부에는 석회층이 형성된다. 그러다가 결국 박테리아들이 완전히 사멸하고 나면 암석이 남는데, 이것이 바로 칼코프스키가 스트로마톨라이트라고 칭한 암석이다.

생명의 탄생 한가운데에서

스트로마톨라이트는 지금까지 알려진 가장 오래된 화석이다. 생물이 존재했음을 보여주는 최초의 구체적 흔적이며, 지구상의 생명이 만들어낸 최초의 알아볼 수 있는 구조들이다. 그러므로 스트로마톨라이트는 중요한 연구 대상이다.

1954년에 스트로마톨라이트 연구는 놀라운 방향 전환을 맞이했다. 당시 오스트레일리아의 지질학자 필립 플레이포드Phillip Playford는 석유 시추 후보지를 찾아 호주 서부를 여행하고 있었다. 그러던 중 샤크만灣에서 스트로마톨라이트처럼 보이는 암석을 발견했는데, 나중에 동료들이 확인해본 결과 정말로 그것이 스트로마톨라이트인 것으로 밝혀졌다. 그런데 놀라운 점은 칼코프스키의 표본과 달리 이 '돌'은 아직 살아 있었다는 것이다. 박테리아들은 그 외딴곳에서 35억 년 전에 했던 일을 여전히 하고 있었다. 즉 암석을 만들고 있었던 것이다. 그렇게 샤크만에서 최초로 살아 있는 스트로마톨라이트가 발견되었고, 그 이후에 버뮤다나 멕시코 등 다른 곳에서도 살아 있는 것들이 발견되었다.

그럼에도 '살아 있는 돌'은 옛날과 달리, 오늘날에는 매우 드물다. 분포와 종 다양성 면에서 스트로마톨라이트는 12억 5000만 년 전쯤에 정점에 달했고 이후 내리막길을 걸었다. 진화 때문이었다. 지구에 이미 더 복잡한 생물이 출현해 생물막을 먹어 치워버린 것이다. 그래서 현대의 스트로마톨라이트는 먹힐 염려가 없는 곳에서 주로 발견된다. 염분 농도가 아주 높은 물속 같은 데서 말이다. 그런 곳에서라면 방해받지 않고 불어날 수 있다. 샤크만의 스트로마톨라이트는 이제 그들을 위해 특별히 마련된 보호구역인 '하멜린풀 해양자연보호구역'에서 그렇게 하고 있다. 1센티미터만 커지려 해도 거의 30년이 걸리며, 1미터가 자라는 데는 3000여 년이 걸린다. 그런데 그들 가운데 일부는 두께가 3미터가 넘는다.

오늘날 여전히 돌을 만드는 미생물들은 수십억 년 전에 생명이 어떻게 생겨났는지를 이해하는 데 도움을 준다. 그래서 연구자들은 계속 이곳을 방문해 연구한다. 그곳에서 살아 있는 박테리아를 연구하고, 돌을 만드는 미생물 개체군이 시아노박테리아에만 제한되지 않음을 거듭 확인하고 있다. 2002년 뉴사우스웨일스대학의 팰리시아 고 Falicia Goh 팀은 전혀 알려지지 않았던 종을 발견하기도 했다. 박테리아가 아니라, 지구상의 첫 생명이었을지도 모르는 태곳적 생명 형태인 고세균에 속하는 종이었다(20장 참조). 새로 발견된 종은 할로아르카에아*Haloarchaea*에 속하는 종으로, 상당히 높은 함량의 염분이 있는 환경에서 서식한다. 발견된 장소가 하멜린풀Hamelin Pool이라서, 이들은 할로코쿠스 하멜리넨시스*Halococcus hamelinensis* 라는 이름을 얻었다.

사크만은 굉장히 외딴 지역으로 오늘날에도 쉽게 접근하기가 힘들다. 하지만 그곳에 가면 35억 년 전의 과거를 들여다볼 수 있다.

45

클렙시엘라 뉴모니아
미생물에게도 염색이 필요하다

생물학자들은 자신들이 연구하는 박테리아에 열심히 색을 입힌다. 실험시설에 더 잘 어울리게 하기 위해서나 원래 박테리아의 색깔이 마음에 들지 않아서가 아니다. 조금만 염색을 하면 굉장히 많은 것을 배울 수 있기 때문이다. 가령 클렙시엘라 뉴모니아*Klebsiella pneumoniae* (폐렴막대균, 폐렴간균)는 길이가 1~2마이크로미터에 불과한 미세한 막대 모양의 세균으로, 인간 장 속에 사는 정상적인 미생물총에 속한다. 하지만 이 세균이 장 밖으로 나오거나, 면역계가 약할 경우 호흡기나 비뇨기에 감염을 일으킬 수 있다. 그런데 미생물학에서 흔히 하는 방식으로 클렙시엘라 뉴모니아를 염색하려 하면 잘되지 않는다. 이 박테리아는 착색이 되지 않아서 '그람 음성균'이라고 일컬어지는 박테리아이기 때문이다. 클렙시엘라만 그람 음성을 보이는 것은 아니다. 다른 많은 박테리아도 마찬가지다. 반면 쉽게 염색이 되는 다른 많은 박테리아도 있고, 이들을 '그람 양성균'이라 부른다. 이런 특성은 기이하게 보여서, 생물학은 박테리아가 얼마나 쉽게 염색이 되는지를 기술하는 독자적인 분류체계까지 개발했다. 실제로 이러한 방식으로 세균의 기본 구조에 대해 많은 것을 알아낼 수 있다.

더 아름답게 더 간단하게

최초로 세균의 염색과 관련한 발견을 한 것은 덴마크의 세균학자 한스 크리스티안 그람Hans Christian Gram 이었다. 그는 1884년부터 베를린 시립병원에 근무하며, 그곳에서 폐렴을 일으키는 다양한 병원체를 연구했다. 특히 박테리아를 착색시켜 현미경으로 더 관찰하기 쉽게 만드는 데 관심이 있었다. 그 과정에서 우연히 오늘날 그람 염색이라 불리는 세균 염색법을 고안하게 되었다.

그람 염색은 이렇게 진행된다. 우선 박테리아를 염기성 용액인 크리스털바이올렛으로 처리한다. 그러면 세균은 놀랍게도 보라색으로 물이 든다. 그런 다음 아이오딘-아이오딘화칼륨 용액을 첨가한다. 이 단계는 그람 연구 중에 우연히 일어난 일이었다. 잘못해서 시료가 이 용액에 닿았던 것이다. 그러면 이제 크리스털바이올렛과 아이오딘 혼합 용액이 서로 반응해 검푸른 색의 불용성 색소가 만들어져서 박테리아를 착색시킨다. 그람은 그 뒤 에탄올(일상에서는 보통 알코올이라 부른다)로 이런 색깔을 탈색하고자 했다. 그런데 놀랍게도 클렙시엘라 뉴모니아 같은 여러 박테리아는 탈색이 아주 잘된 반면, 스트렙토코쿠스 뉴모니아Streptococcus pneumoniae 와 같은 다른 폐렴균은 탈색이 되지 않았다. 거의 모든 박테리아는 이 두 부류 가운데 하나에 든다. 세척에 의해 탈색되거나, 아니면 착색을 유지하거나.

그 이유는 박테리아를 외부 세계와 분리하는 구조가 세균에 따라 다르기 때문이다. 이런 구조를 '세포질막'이라고 한다. 한 세포가 기능하고 성장하려면, 외부에서 양분을 안으로 들여와야 한다. 그러면서 다른 한편으로는 안에 있는 노폐물을 밖으로 내보낼 수 있어야 한다. 바로 이런 과정을 조절하는 것이 세포질막이다. 세포질막은 이 일을 상당히 잘한다. 하지만 쉽게 고장이 날 수도 있다. 한 세포에는 아주 많은 물질이 용해되어 있고, 액체의 압력은 굉장히 높아서 해수면 평균 기압의 두 배 정도에 달할 수 있다. 따라서 자동차 타이어와 비슷한 압력이 세포 속을 지배할 수 있는 것이다! 어떤 박테리아들은 심지어 이보다 훨씬 더 높은 압력을 견딘다. 이렇듯 압력을 견디기 위해 세포질막은 굉장히 튼튼한 세포벽, 즉 여러 분자로 구성된 아주 튼튼한 층에 둘려 있다. 바로 이 부분에서 그람 양성균과 그람 음성균이 차이가 난다. 그람 양성균의 세포벽은 두터워서 색이 잘 스며들고 세척하기가 어렵다. 반면 그람 음성균의 세포벽은 훨씬 더 얇고 쉽게 탈색된다. 대신에 또 하나의 외막에 둘려 있어서, 이것이 특정 화학물질이 침투하지 못하도록 막아준다.

이것은 굉장히 중요한 관찰이었다. 병을 일으키는 세균을 항생제로 사멸시키고자 할 때도 이런 관찰이 상당히 유용하다. 어떤 항생제가 그람 양성균은 죽일 수 있지만, 그람 음성균은 추가적인 외막으로 말미암아 그렇게 할 수 없기 때문이다. 따라서 해당 세균이 그람 음성인지, 양성인지를 아는 것은 중요하다. 바로 그래서 박테리아 연구가 종종 박테리아들을 그람 염색법으로 착색해보는 데서 시작되는 것이다. 약간의 착색은 미생물학에서도 모든 것을 더 아름답고 더 간단하게 만들어준다.

잉어 헤르페스 바이러스
잉어를 잡는 가장 위험한 방법

잉어에 의도적으로 헤르페스를 감염시킨다고? 뭔가 좋지 않게 들리지만, 이 질문은 2020년 호주에서 굉장히 진지하게 논의된 바 있다. 호주 정부는 '국가 잉어 방제 계획'을 수립했다. 과학의 주도하에 국가가 당면한 잉어 문제에 대한 해결책을 찾으려는 프로그램이었다. 유럽에서는 크리스마스와 섣달그믐에 잉어 요리를 주로 해 먹는다. 정원의 연못과 수족관에서는 화려한 비단잉어도 종종 눈에 띈다. 그렇게 잉어가 인기 있다 보니, 사람들은 원래 잉어 서식지가 아닌 지역에까지도 잉어를 유입시켰고, 그런 지역에서 잉어가 급격히 증식해 지역 생태계를 위협하게 되었다. 무엇보다 호주에서는 잉어가 정말 골칫거리로 떠올랐다. 뭔가 대책이 필요한 것도 사실이지만, 방법상의 문제가 논란이 되고 있다.

호주 정부는 '잉어 헤르페스 바이러스Koi-Herpesvirus'를 물에 살포해 잉어를 말살시키려는 계획을 세웠다. 이 바이러스의 공식 명칭은 시프리니드 헤르페스 바이러스Cyprinid herpesvirus다. 1990년대 후반 독일, 이스라엘, 미국을 비롯한 여러 국가에서 일어난 잉어의 대량 폐사를 연구하는 가운데 발견된 바이러스로 헤르페스 바이러스 그룹에 속하며, 인간이 감염될 수 있는 단순 포진 바이러스Herpessimplex-Virus와도 먼 친척관계다. 인간이 헤르페스 바이러스에 감염되면 가장 흔하게는 전형적인 '열꽃'이 핀다. 생식기 부위가 헤르페스에 감염되면 좀 더 불쾌한 증상들이 나타나며, 드물게 증상이 심각하게 진행되어 사망에 이를 수도 있다. 잉어는 잉어 헤르페스 바이러스로 말미암아 더 심한 고통을 겪는다. 개체군에 감염이 일어나면, 보통 개체 수의 80~100퍼센트가 죽는다.

잉어 양식업에는 이렇듯 불쾌한 일이 호주의 국가 잉어 방제 계획에게는 좋은 기회로 보였다. 이런 공격적인 바이러스가 골칫덩어리 잉어들을 신속하게 처리하는 데 가장 이상적이라 생각한 것이다. 하지만 과학계에서는 이 방법에 우려를 표명했다. 잉어 개체 수를 조절하는 건 필요한 일이지만, 바이러스를 투입하는 방법은 문제가 있다는 것이었다. 게다가 컴퓨터 시뮬레이션은 잉어들이 이 바이러스로 말미암은 타격을 비교적 빨리 회복할 것이라는 예상을 내놓았다. 개체군에서 몇 퍼센트만 바이러스에 면역이 되어도, 잉어 개체 수가 다시금 빠르게 증가하는 데 무리가 없다. 잉어 암컷 한 마리가 1년에 1000만 개 이상의 알을 낳을 수 있으니, 개체 수가 다시 불어나는 것은 식은 죽 먹기다. 따라서 잉어 헤르페스 바이러스를 투입해 개체 수 절감을 하지도 못할 거면서 오히려 어려운 문제만 일으킬 거라는 지적이다. 그도 그럴 것이 죽은 잉어들은 어떻게 처리할 것인가? 수백만 톤의 잉어 사체들이 호주의 강을 썩게 만들고, 이로써 살아 있는 잉어들보다 생태계에 더 큰 해를 초래할 것이 불 보듯 뻔하다. 게다가 인간들도 피해를 본다. 강은 식수 공급에 중요한 부분을 담당하는데, 죽은 물고기들이 대거 발생하면 식수가 오염될 수밖에 없기 때문이다.

의도적으로 잉어에게 치명적인 바이러스를 살포하기 전에 이것저것 따져봐야 하는 것은 당연한 일이다. 또한 이 바이러스가 현재로서는 사람에게 직접적인 위험이 안되는 것처럼 보여도, 계속 그러리라는 보장은 없다. 바이러스가 돌연변이를 일으켜 숙주를 바꾸곤 하는 일은 다반사다. 독감이나 코로나19 팬데믹도 그런 '신종 바이러스'로 말미암았다. 어떤 바이러스가 숙주를 물고기에서 인간으로 바꾸는 것은 생물학적 차이로 인해 극히 드물게 일어나지만, 아예 불가능한 일은 아니다. 포유류가 어류 바이러스에 감염된 사례들도 알려져 있다. 가령 물고기 폐기물을 먹은 돼지들에게서 그런 사례가 있었다.

인공적으로 바이러스를 살포하는 것보다 비용이 많이 들고, 시간도 많이 걸리긴 하지만 잉어 문제를 해결하는 다른 방법들도 있다. 잉어가 불편을 느끼고 개체 수가 줄어들도록 생태계를 원래 상태로 되돌리는 방법이 이상적일 것이다. 우리 인간은 이미 우리 자신에게 작용하는 바이러스를 상대하는 데에도 질려버렸다. 그러므로 팬데믹을 일으킬지도 모르는 새로운 원천을 만드는 위험은 한사코 피해야 할 것이다.

㊼

피로코쿠스 푸리오수스
질주하는 불공이 이끈 발전

이탈리아의 해변에서 독일의 두 미생물학자는 무엇을 할까? 레겐스부르크대학의 게르하르트 피알라Gerhard Fiala 와 카를 슈테터Karl Stetter 는 휴가를 보내는 다른 많은 사람처럼 해변의 모래를 파헤쳤다. 그냥 노느라 그런 것은 아니었다. 그들은 연구의 일환으로 그곳에서 미지의 미생물을 찾고자 했다. 두 미생물학자는 1980년대 초, 이탈리아의 작은 섬 불카노의 해변에서 시료를 채취했다. 이 섬은 이름이 암시하듯이 활화산섬이라 시료는 굉장히 뜨거웠고, 시료가 나온 바다 층의 온도는 섭씨 90~100도였다. 생물이 살기에 적절한 온도는 아니라는 생각이 들 것이다. 하지만 피알라와 슈테터는 시료 안에서 놀라운 속성을 가진 미지의 미생물을 발견했다.

실험실에서 살펴보니 그 미생물은 미세한 단세포생물인 고세균이었는데, 길이는 1마이크로미터 정도였고, 산딸기 같은 모양에 많은 가느다란 부속기관이 달려 있었다. 두 연구자가 새로 발견한 생물이 어떤 조건에서 최적으로 생존하는지를 규명하고자 했을 때, 일은 한층 더 흥미로워졌다. 이 고세균은 온도가 70도에 달하자 불어나기 시작했고, 100도 정도에 이르자 재생산이 정점에 달해 37분 만에 수가 두 배로 불어났다. 103도에서도 활발한 번식이 이루어졌고, 온도가 이보다 더 오르자 비로소 재생산이 억제되었다. 고온의 환경을 좋아하는 것과 번식 속도가 빠른 특성에 걸맞은 이름을 지어주기 위해 학자들은 이 고세균을 '질주하는 불공'이라는 뜻의 피로코쿠스 푸리오수스*Pyrococus furiosus* 라 부르기로 했다.

PCR, 생물학의 가장 중요한 도구

100도의 온도에서 가장 잘 생존한다고 알려진 미생물이 피로코쿠스 푸리오수스가 처음은 아니었지만, 이 고세균은 빠른 성장 덕분에 곧 가장 많이 연구된 미생물 가운데 하나가 되었다. 반 시간 남짓만 기다리면 견본 수가 두 배로 늘어난다니, 그야말로 연구하는 데 많은 시간을 절약할 수 있는 기회가 아닌가.

질주하는 불공은 다른 면에서도 연구의 속도를 높이는 역할을 했다. 이 고세균을 연구하면서 학자들은 이 고세균의 DNA 중합효소를 자세히 관찰했다. DNA 중합효소는 개개의 분자를 사슬로 연결하는 효소다. 아주 특별한 사슬인 데옥시리보핵산DNA으로 말이다. DNA는 모든 생물과 많은 바이러스 안에 있는 유전정보 담당자다. 이 정보는 계속해서 복제되어야 하는데, DNA 중합효소가 그 일을 아주 탁월하게 수행한다. DNA 중합효소는 말하자면 유전정보의 복사기다. 이런 특성은 이 효소를 매우 흥미로운 연구 대상으로 만든다. 실험실에서 제대로 된 연구를 하려면 DNA 가닥 하나로는 부족하기 때문이다. 이렇다 할 분석을 하려면 여러 가닥이 필요하다.

중합효소를 활용해 가닥을 늘리는 방법이 1983년 미국 생화학자

캐리 멀리스Kary Mullis에 의해 개발되었다. 이름하여 '중합효소 연쇄반응polymerase chain reaction, PCR'이라는 방법으로 중합효소를 활용해 특정한 DNA 조각을 복제하는 기술이다. 그러면 짧은 시간 안에 몇 십억 건의 DNA 복제가 이루어질 수 있다. 하지만 이것이 가능하려면 시료를 가열했다가 다시 식혀주는 일을 계속 반복해야 한다. 하지만 멀리스가 원래 사용했던 중합효소는 고온을 견딜 수가 없었다. 그래서 효소를 계속 바꿔줘야 했고, 이로 인해 연구가 상당히 지연되었다. 그 뒤 거의 끓는 물에서도 생존할 수 있으며, 이에 걸맞게 열에 잘 견디는 DNA 중합효소를 가진 박테리아가 발견되어 중합효소 연쇄반응법(PCR법)은 더 빨라지고 자동화될 수 있었다. 하지만 자꾸 오류가 발생했다. 박테리아의 중합효소가 분자들을 잘못 연결하는 경우가 빈번했기 때문이다.

피로코쿠스 푸리오수스의 DNA 중합효소는 박테리아와 마찬가지로 열에 강할 뿐 아니라 오류를 줄이는 수정 메커니즘을 보유하고 있다. 그리하여 고온을 좋아하는 이 고세균의 DNA 중합효소를 활용함으로써 PCR법은 다시 한번 개선될 수 있었다. 현재 PCR법은 현대 미생물학의 중요한 연구 방법으로 자리매김해 법의학, 질병 진단, 게놈 해독, 그 외 여러 영역에서 DNA를 관찰할 때 광범위하게 이용된다. 멀리스는 이 방법을 개발해 1993년 노벨 화학상을 받았으며 PCR은 오늘날까지 생물학의 가장 중요한 도구로 두루두루 사용되고 있다.

우리는 피로코쿠스 푸리오수스가 제공할 수 있는 잠재력을 아직

다 길어내지 못했다. 피로코쿠스 푸리오수스의 유전자는 고온에서 생존할 수 있도록 식물을 변화시킬 수 있을지도 모른다. 점점 더 가속화되는 기후위기에 직면해 이는 매우 중요한 프로젝트가 될 것이다. 이 고세균의 효소는 그 밖에 산업에서 특정 화학물질을 제조하는 데에도 사용된다. 이 미생물의 호흡 시스템은 아주 단순하고 효율적이어서, 오늘날 모든 생물의 호흡계의 전신으로 점쳐지는 후보 가운데 하나다. 질주하는 불공은 발견된 이래로 여러 질문에 답을 주기도 하고 질문들을 제기하기도 했다. 과학은 앞으로도 오랫동안 이 미생물 덕을 볼 것 같다.

48

아칸토키아스마 푸지포르메
진화의 기발한 어리석음

아칸토키아스마 푸지포르메 *Acanthochiasma fusiforme* 는 젓가락 한 묶음이 바닥에 떨어져 살아 있는 생물이 된 것처럼 보인다. 1밀리미터도 되지 않는 매우 작은 막대가 아주 규칙적으로 배열되어 있다. 20개의 가시가 거의 수학적으로 정확하게 중심에서 바깥쪽을 향해 정렬된 형태다. 아칸토키아스마 푸지포르메는 이른바 방산충이다. 단세포생물인 방산충은 대양의 최상층에 사는데, 골격 구조가 규칙적일 뿐 아니라 골격이 규산질로 되어 있다. 규산은 바다에 풍부하게 존재하는 산소와 규소 화합물이다. 그러나 아칸토키아스마 푸지포르메는 보통 방산충과는 약간 다르다. 이 방산충은 아칸타리아 *Acantharia* 그룹에 속하며, 아칸타리아들은 아주 특별한 것을 고안해냈다. 골격을 스트론튬 원소를 함유하는 '셀레스타이트celestite'라는 광물로 만들어내는 것이다.

스트론튬은 바다에 극소량만 존재한다. 해수 속의 스트론튬 함량은 0.0008퍼센트에 불과해 골격의 재료로 인기 있을 만한 재료는 아니다. 무엇보다 셀레스타이트가 수용성이라는 사실을 감안하면 말이다. 따라서 어째서 물속에서 살아가는 아칸타리아는 수용성인 데다가 흔하지도 않고 드물게 존재하는 물질로 몸을 만들며 사는 데 이르렀을까? 이것은 사실 적절치 않은 질문이다. 우리는 의도와 목적을 궁금해하지만, 사실 진화에는 의도도 목적도 없기 때문이다. 방산충은 건축 자재 시장을 거닐지 않고도, 골격에 가장 적합한 재료를 찾았다. 진화는 "자, 오늘은 스트론튬으로 한번 해보자!"라고 생각하지 않았다. 진화는 그냥 '우연에 아주아주 많은 시간을 주면 무슨 일이 일어나는지 보자'라고 생각하지도 않는다.

어느 순간 지구의 대양에서 단세포생물이 우연한 돌연변이를 통해 바다의 스트론튬을 흡수해 그것으로 골격을 형성하는 능력을 획득했다. 끊임없이 모든 유기체에서 두루두루 일어나는 대부분의 다른 돌연변이와 달리 이 돌연변이는 굉장히 유용했다. 스트론튬이 많지는 않아도, 최소한 있긴 하기 때문이다. 골격이 물에 다시 녹아도 상관이 없다. 방산충이 살아 있는 동안에는 계속 새로운 스트론튬을 흡수해 골격을 리모델링할 수 있기 때문이다. 이는 우리 눈에는 실용적이지 못하게 보일지 모르지만, 어쨌든 그렇게 기능한다. 진화에서 중요한 점은 바로 그것이다. 기능하는 것은 유지된다. 설사 원했더라도, 다른 재료로 골격을 만들 수는 없었을 것이다.

아칸토키아스마 푸지포르마가 이 이상한 건축 자재를 택한 것은 사실 굉장히 실용적이다. 이들이 죽으면, 스트론튬을 함유한 골격이 대양의 더 깊은 층으로 가라앉아 수심 900미터 정도에서 용해된다. 따라서 이 생물의 생명주기는 스트론튬이 바다의 높은 곳에서 더 깊은 곳으로 이르게끔 한다. 그러면 이제 깊은 곳에서 여러 화학적·지질학적 반응이 일어나 다른 광물이 만들어지고, 이런 광물들이 어느 순간 스스로 다시 변화하거나 용해되어 스트론튬을 상층으로 돌려 보냄으로써 아칸타리아 방산충이 이를 다시 골격 재료로 사용하게 한다. 아칸타리아는 생물학적으로 대양에서의 스트론튬 순환의 일부 를 담당하는 것이다. 그리고 우리는 그들에게서 많은 것을 배울 수 있다. 인간들은 자신의 유익을 위해—가령 알루미늄을 제조하거나 아주 특별한 의학적 치료를 위해—스트론튬을 확보하고자 할 때, 섭 씨 1000도 이상의 고온을 요하는 힘든 과정을 거쳐서 스트론튬을 얻 는다. 하지만 아칸타리아 방산충은 그렇지 않다. 스트론튬을 그런 고 온의 열 없이도 바다에서 추출해내는 것이다. 이들 방산충이 어떻게 그렇게 하는지를 이해할 수 있다면, 그 과정을 모방해 앞으로 스트론 튬을 더 환경친화적으로 바다에서 추출할 수 있을 것이다.

우리는 아직 아칸타리아의 비밀을 풀어내지 못했다. 이들의 특별 한 형태와 골격 구성물질 외에는 이들에 대해 아는 바가 전무하다. 이 생물들이 바다에서 무엇을 하고 그들의 생애주기가 어떻게 이루 어지는지는 여전히 밝혀지지 않았다. 바다가 이들로 충만하며, 이들 이 언뜻 볼 때는 굉장히 실용적이지 못한 일을 한다는 것, 그리고 이 들이 어떻게 그런 일을 하는지를 인간들이 배우려 하고 있다는 것만 알 따름이다.

49

슈도모나스 풀바
박테리아 바리스타

커피나무의 씨앗을 수확해서 로스팅하고 갈아서 뜨거운 물을 부어 내린 액체를 마시는 행위는 애초 계획했던 일은 아니었다. 하지만 현재 인류는 전 세계적으로 엄청나게 이 일에 열광하고 있다. 카페인(찻잎과 카카오콩에도 들어 있다)은 세계에서 가장 많이 소비되는 '마약'이며, 카페인을 섭취해주지 않고는 하루를 시작하기 힘든 사람이 많다.

하지만 원래 커피나무는 이 화학적 성분을 살충제로 개발했다. 해충으로부터 스스로를 보호하고, 그 외 주변의 다른 식물들의 성장을 억제하는 용도로 말이다. 그래서 커피 씨앗을 뿌려두면, 주변에 잡초가 많이 생기지 않는다. 우리 인간들은 이런 '유독한' 카페인을 섭취해도 문제가 없다. 물론 과용하지 않는 한 말이다. 이와 관련해 커피 열매 천공벌레coffee berry borer, *Hypothenemus hampei* 와 같은 동물은 천하무적이다. 딱정벌레 목에 속한 이 벌레는 커피나무에서 살며, 이곳에서 자신만의 삶의 방법을 터득했다. 커피열매 천공벌레는 잎과 가지를 무시하고 곧장 커피열매(커피콩)에 구멍을 뚫고 들어가 커피열매를 먹으며 그 안에서 살아간다. 암컷은 커피열매 안에 알을 낳고, 그곳에서 애벌레가 깨어나 속에서부터 열매를 파먹으며 바깥쪽으로 나온다.

이들이 어떻게 유독한 카페인을 견디며 살아가는지는 2015년이 되어서야 밝혀졌다. 그전에는 이들이 카페인을 소화하지 않고 그냥 배설하는 게 아닐까 추측했다. 하지만 연구 결과 그렇지 않았다. 다른 곳, 즉 이 벌레의 장 속에 해법이 있었다. 장 속에서 열아홉 종류의 박테리아가 발견되었는데, 그중 열네 가지는 카페인을 함유한 배양기에서 생존할 수 있었다. 박테리아 한 종류는 카페인이 많은 환경을 특히나 좋아하는 것으로 보였다. 바로 '슈도모나스 풀바*Pseudomonas fulva*'라는 박테리아였는데, 이 박테리아의 DNA를 연구한 결과 카페인을 분해하는 효소를 만들 수 있는 유전자가 발견되었다.

이 박테리아가 이런 능력을 지닌 건 순전히 커피열매 천공벌레에 대한 호감 때문이 아니다. 카페인 분자는 탄소, 수소, 산소, 질소로 이루어져 있다. 이 원자들이 결합해 카페인 분자가 되면 슈도모나스 풀바는 그리 많은 것을 할 수 없다. 하지만 각각의 화학 원소는 그렇지 않다. 이 박테리아는 카페인 분자를 분해한 뒤, 개별적인 원자를 양분으로 활용한다. 커피벌레는 이렇듯 장에 있는 유익한 박테리아들이 식물 독소인 카페인을 처리해주기에 커피콩 속에서 지장을 받지 않고 살아갈 수 있다. 슈도모나스 풀바는 이런 능력을 활용해 세계 어느 곳보다 카페인이 많은 '서식지'에 거주할 수 있는 것이다. 커피나무만 빼고 모두가 행복한 상황이다.

천공벌레는 이런 박테리아의 뛰어난 능력으로 말미암아 커피 농사에 커다란 피해를 야기해 매년 몇백만 유로에 해당하는 수확의 손실을 입힌다. 커피나무뿐 아니라 커피를 재배해 생계를 유지하는 사람들의 삶의 토대를 위협하는 것이다. 물론 이런 벌레는 보통의 살충

제로 퇴치할 수 있고 실제로 그렇게 한다. 하지만 그렇게 하면 그 과
정에서 커피에 전혀 피해를 끼치지 않는 곤충들까지 다 죽게 된다.
그래서 생태적인 관점에서 커피 농사에 피해를 일으키는 곤충을 막
을 다른 방법을 찾는 것이 더 합리적인 길로 보인다. 슈도모나스 풀
바는 그런 면에서 그 출발점이 될 수도 있다. 장내 박테리아와 함께
천공벌레를 죽이는 대신 카페인 킬러 박테리아를 근절할 방법이 있
을 수도 있기 때문이다. 이 박테리아를 근절한다면, 천공벌레도 커피
나무에 해를 끼칠 수 없을 것이다.

　이런 방법이 실현 가능한지는 아직 알지 못한다. 이 방법을 실행
에 옮기다가 생태적으로 더 커다란 부작용을 불러오게 되지 않을까
하는 우려도 있다. 게다가 벌레와 박테리아의 커피 사랑 또한 그리
나쁘게 생각할 수만은 없다. 인간도 커피를 좋아하는 마당에 말이다.

50

피로바쿨룸 칼리디폰티스
고세균 덕택에 더 나은 세상을

피로바쿨룸 칼리디폰티스*Pyrobaculum calidifontis*는 '온천에서 나온 불 막
대'라는 뜻이다. 이 이름에는 이 고세균의 형태와 발견된 장소—기스
름한 모양과 필리핀의 온천—가 다 들어 있다. 이 고세균은 아주 뜨거
운 곳에서도 잘 서식해서, 2002년의 연구 결과에 따르면, 90도가 넘
는 온도에서도 과산화수소를 무해하게 만들 수 있다. 이게 무슨 말인
가 하겠지만 다음 설명을 들으면 알 것이다.

티셔츠 한 장을 제조하는 데 얼마나 많은 물이 필요한지 생각해본
적 있는가? 2500리터 정도의 물이 필요하다. 계산을 어떻게 하느냐,
제조를 어떻게 하느냐에 따라 이보다 더 많은 물이 들어갈 수도 있
다. 면화를 재배하는 데도 물이 들어가고, 수확 후에 면화를 세척하
는 데도 물이 필요하다. 염료도 제조해야 한다. 그 밖에 티셔츠 한 장
이 옷가게에 놓이기까지 많은 화학 공정을 거쳐야 한다. 이런 공정
가운데 하나가 면을 표백하는 과정인데, 이때 대부분은 과산화수소
로 면을 처리한다. 그런데 수소와 산소로 이루어진 이 부식성 물질이
몸에 그리 좋을 리 없으므로 표백한 다음에는 원단에서 완전히 제거
해줘야 한다. 보통 고온에서 오래 세척해줌으로써 제거하게 되며, 이
로써 충분하지 않으므로 잔류 과산화수소를 여러 화학물질을 활용

해 분해해줘야 한다. 이렇게 하는 데는 에너지가 필요하며, 그만큼 물도 더 많이 들어간다.

과산화수소는 거의 모든 생물에게 위험하므로 아주 다양한 '카탈라아제' 효소들도 마련되어 있다. 카탈라아제 효소는 과산화수소를 수소와 산소로 분해해 무해하게 만든다(인간은 카탈라아제가 주로 간에 존재한다). 어떤 카탈라아제가 얼마나 효력을 발휘하는지는 생명체가 살아가는 조건에 의해 결정된다.

그리하여 이제 우리는 다시 피로바쿨룸 칼리디폰티스로 돌아온다. 이 미생물은 고세균으로 다른 많은 고세균처럼 '호극성균extremophiles (혹은 극한생물)'에 속한다. 호극성균이란 매우 극한의 환경에서 적응해 살아가는 미생물을 말한다. 거의 부글부글 끓어오를 만큼 뜨거운 온천에 살아가는 미생물은 또한 바로 그런 환경에서 최적으로 기능하는 효소들을 필요로 한다. 그리하여 고세균과 기타 호극성균들은 그동안 생물학적으로만이 아니라 산업적으로도 흥미로운 연구 대상이 되었다.

고세균들은 고온에서도, 아주 저온에서도 세포 내부의 화학반응이 원활하게 일어나도록 해야 한다. 극도로 건조하거나, 극도로 염도가 높거나, 극도로 산성이거나 그 외 정말 척박한 환경에도 적응해야 한다. 그러므로 이런 미생물이 저항력이 높은 것처럼 그들의 생명을 유지해주는 효소들도 저항력이 뛰어나다. 우리는 이런 특성을 우리의 유익을 위해 활용할 수 있다.

산업에서 중요한 많은 화학반응은 미생물의 효소를 활용해 훨씬 더 쉽게 유도할 수 있다. 섬유 산업에서 나오는 염도가 높고 엄청난 양의 염료로 오염된 폐수는 거의 모든 생물에게 유독하다. 하지만 그럼에도 이런 조건에서 문제없이 살아가는 고세균과 박테리아가 있다. 이들은 염료를 분해하고 물을 정화한다. 환경에 해를 미치는 화학물질을 일절 사용하지 않은 채 말이다.

지속 가능하고 친환경적인 미래

이른바 '화이트 바이오테크놀로지'에서는 미생물을 의도적으로 활용해, 가능하면 많은 산업적 공정을 개선하고자 한다. 이런 기술은 비용이 절감되고 지속 가능할 뿐 아니라 환경친화적이어야 한다. 피로바쿨룸 칼리디폰티스와 같은 고세균은 화이트 바이오의 이상적인 연구 대상이다. 생화학적 과정의 개발에 관한 한 이런 고세균을 따라올 생물은 없다. 그들은 수십억 년 전에 오늘날보다 훨씬 열악한 환경이 지배하던 지구에서 생겨났고, 생존을 위해 각각 아주 작은 생물학적 지위를 활용하게 되었다. 진화과정에서 그들은 수많은 화학적 트릭을 개발했고, 앞으로 이를 우리에게 가르쳐줄 수 있을 것이다. 더 깨끗하고, 에너지와 물을 절감하는 의류 생산 기술은 무수한 가능성 가운데 하나일 따름이다.

우리는 특별한 고세균이나 박테리아를 활용해 바이오플라스틱을 제조할 수 있을 것이고, 산업에 필요한 많은 화학물질을 생산할 수 있을 것이며, 생활하수나 독성 폐기물을 정화할 수 있을 것이다. 활용 가능성은 점점 늘어나고 있다. 우리는 이제 막 고세균의 인상적인 능력을 알아가기 시작했을 뿐, 고세균을 다 발견하지도 않은 상태다. 아직 발견되지 않은 미지의 고세균들이 어떤 능력을 지니고 있는지 누가 알겠는가.

언젠가 우리가 다른 행성에 거주하게 된다면,
미생물과 함께할 것이 틀림없다

살모넬라 바이러스 P22
유전자 우편배달부

생물들 간에 유전정보는 어떻게 옮겨질까? 인간들은 섹스를 통해 이런 문제를 해결해, 자손들에게 자신의 DNA 일부를 물려준다. 이를 '수직적 유전자 전달vertical gene transfer (수직적 유전자 이동)'이라고 부른다. 많은 생물이 예로부터 실행하는 방법이다. 그러나 이런 수직 전달 말고 '수평적 유전자 전달'이라는 것도 있다. 이런 경우 유전물질은 한 생물에서 이미 존재하는 다른 생물로 직접 전달된다. 자연은 이런 수평적 유전자 전달을 위해 세 가지 방법을 개발했다.

첫째, 이른바 '접합conjugation'이다. 두 미생물이 직접적인 세포 접촉을 통해 유전자를 전달할 수 있다. 서로 가까워지고, 접촉이 일어나면 DNA가 이 생물에서 저 생물로 옮겨진다. 고전적인 섹스와 비슷하게 들리지만 이 경우는 난자와 정자 같은 생식세포가 합쳐지지 않고 이루어지기에 '준유성교환parasexuality (의사자웅성, 의사성행위)'이라고 칭하기도 한다.

'접합' 외에 두 번째로 '형질전환transformation'도 있다. 형질전환의 경우, 특정 박테리아들은 외래 DNA 분자들을 취해 그냥 자신의 유전정보에 장착해 넣을 수 있다. 어디선가 세포 밖을 돌아다니는 DNA 조각을 만나면, 이것을 자신을 위해 활용할 수 있는 것이다. 변화하는 환경 조건에 빠르게 적응할 수 있다는 점에서 실용적인 방법이다.

　세 번째, 수평적 유전자 전달은 아주 대단한 방법으로, 1952년 미국의 미생물학자 조슈아 레더버그Joshua Lederberg와 당시 그에게 수업을 듣는 학생이었던 노턴 진더Norton Zinder가 발견한 방법이다. 이들은 자신들의 실험을 위해 살모넬라 티피무리움Salmonella typhimurium이라는 박테리아를 활용했는데, 살짝 다른 두 가지 균주를 배양했다. 균주 1은 돌연변이로 인해 더 이상 히스티딘이라는 아미노산을 만들어내지 못했고, 균주 2는 더 이상 트립토판이라는 아미노산을 생산할 수 없는 상태였다. 그런데 박테리아는 성장하려면 이런 아미노산들을 긴급하게 필요로 했기에, 이들 박테리아는 추가적으로 스스로 합성해내지 못하는 아미노산이 들어 있는 영양 배지에서만 자랄 수 있었다. 진더와 레더버그가 이 특별한 박테리아 균주들을 선택한 것은 이 둘을 쉽게 구분할 수 있기 위해서였다. 영양 배지만 구분해주면 한쪽에서 이 균주를, 한쪽에서는 저 균주를 배양할 수 있었던 것이다.

　그러나 여기까지는 실험의 예비 작업에 불과했다. 이어 레더버그와 진더는 U자형 관을 마련했는데, 중간에 커브가 있는 부분에는 박테리아들이 지나다니지 못하도록 필터가 설치되어 있었다. 그런 다음 관의 이쪽 다리에는 균주 1을 넣고, 다른 쪽 다리에는 균주 2를 넣었다. 그런데 박테리아들이 직접 접촉해서 접합을 통해 유전물질 교환을 하지 못하도록 필터로 막힌 상태인데도 불과 두세 시간이 지나자 관 속에서 히스티딘과 트립토판 모두를 만들어낼 수 있는 박테리아를 발견할 수 있었다. 두 균주가 하여간 어떤 식으로든 DNA를 교환해냈던 것이다. 접합을 통해서는 물론 아니었고, 형질전환도 불가능했다. 전체 관의 어디에서도 자유롭게 부유하는 DNA가 없었기 때문이다. 연구 결과 유전자 교환을 가능케 한 것은 오늘날 '살모넬라 바이러스 P22 Salmonella-Virus P22'라는 명칭이 붙여진 바이러스임이 드러났다. 이 바이러스는 박테리오파지, 즉 박테리아를 감염시키는 데 특화된 바이러스였는데, 바이러스가 박테리아보다 훨씬 작으므로, 필터를 통과하는 데 문제가 없었다.

때론 아주 유용한 바이러스

바이러스가 세균을 감염시키면, 바이러스는 우선 자신의 DNA를 숙주인 세균의 세포에 전달한다. 그 과정에서 박테리아의 DNA가 파괴될 수 있으며, 바이러스는 이 세균 세포의 장치를 활용해 자신의 DNA를 복제해 새로운 바이러스를 만들어낸다. 그런데 이 과정에서 아마도 실수로 박테리아 DNA 조각이 새로운 바이러스의 유전정보에 들어가는 경우가 발생하기도 한다. 그런 다음 이런 바이러스가 다른 세균을 감염시키면, 당연히 이 DNA 조각도 그 세균의 세포로 전달된다.

간단히 말해, 바이러스가 우체부처럼 기능하는 것이다. 레더버그와 진더가 증명해낸 것이 바로 이런 형질도입 transduction 과정이었다. 균주 1은 스스로는 특정 아미노산을 합성할 수 없었지만, 균주 2에게서 이런 능력을 전달받았고, 균주 2 역시 균주 1에게서 자신이 합성하지 못했던 특정 아미노산을 합성하는 능력을 전달받았다.

　형질도입 과정은 물론 박테리아에게 유익을 주는 방법이다. 그러나 진더와 레더버그의 발견 덕택에 인간들도 자신의 유익을 위해 그 방법을 활용할 수 있게 되었다. 의도적으로 특정 DNA 조각을 다른 세포에 들여와, 가령 백신물질을 개발할 수 있게 된 것이다. 이를 위해 한 병원체의 특징적인 부분을 표현하는 유전정보를 취해서 그것을 바이러스에 주입한다(물론 우리 인간에게 위험하지 않은 바이러스에 말이다). 이런 '바이러스 벡터'가 원하는 DNA를 우리 세포로 전달하면 세포 안에서 이로부터 해당하는 병원체의 부분이 생성된다. 이를 통해 우리는 해당 질병에 걸리지는 않는다. 그것이 병원체의 일부분일 뿐이고, 완전한 유기체가 아니기 때문이다. 하지만 우리의 면역계가 이런 요소들에 대한 방어 메커니즘을 형성해 어느 순간 완전한 병원체를 만나면, 그를 알아채고 막아낸다. 바이러스는 때로 아주 유용할 수도 있는 것이다.

밤피렐라 라테리티아
조류 세계의 공포, 뱀파이어 아메바

조류들이 으스스한 이야기를 한다면, 그 이야기의 주인공은 뱀파이어 아메바라 불리는 '밤피렐라 라테리티아*Vampyrella lateritia*'일 것이다. 이 단세포 아메바는 1865년 폴란드계 러시아 생물학자 레온 시엔코프스키Leon Cienkowski가 발견했다. 이들은 전 세계에 걸쳐 호수와 연못에 서식한다. 형태는 구형이고, 주황색을 띠며, 실 모양의 사상조류를 먹고 산다. 밤피렐라와 조류의 만남을 현미경으로 관찰하면, 이 아메바가 왜 뱀파이어 아메바라 불리는지를 단박에 알 수 있다.

이 아메바는 작은 '다리'를 많이 가지고 있다. 이들을 가짜 다리라는 뜻의 위족이라고 부른다. 엄밀히 말하면 이들은 다리가 아니라 그저 길어졌다 짧아졌다 할 수 있는 실 같은 돌기들이다. 밤피렐라는 이런 위족들을 이용해 조류의 세포체에 따라붙는데, 그 모습은 그 자체로 정말 으스스하게 보인다. 그러다가 어느 시점에서 멈추고는 조류 세포에 구멍을 뚫고 그 내용물을 빨아들이기 시작한다. 최소한 그렇게 보인다. 뱀파이어 아메바라는 이름을 갖게 된 것은 바로 이런 상황에 기인한다.

그러나 사실 애써서 빨아들이는 것은 아니다. 조류 세포의 내부는 압력이 꽤 높기에, 밤피렐라가 구멍을 뚫자마자 조류 안의 내용물이 거의 폭발적으로 뭉텅뭉텅 흘러나온다. 희생자의 내용물을 다 빨아먹은 다음에는 양분을 소화시키는데, 이때 밤피렐라는 빈 조류 세포에 달라붙은 상태에서 낭종(낭포)을 만들고, 약간 두꺼운 막으로 스스로를 둘러싼 상태에서 우선은 꼼짝도 하지 않고 가만히 있는다. 하지만 그 내부에서는 번식이 시작되어, 낭종에서 두 개에서 최대 네 개까지의 새로운 아메바가 탄생해 새로운 조류 희생자를 찾아 나선다.

밤피렐라는 뱀파이어라는 말에 어울리는 붉은 빛을 띠는데, 이런 색깔은 아직 소화되지 않은 조류의 내용물에 기인한다. 많은 조류가 카로티노이드 계열의 색소를 함유하기 때문이다. 밤피렐라 라테리티아 외에 다른 종류의 아메바들도 비슷한 방식으로 영양을 섭취한다. 어떤 아메바들은 조류 외에 균류, 박테리아, 선충도 '흡입'한다. 하지만 30여 종에 이르는 밤피렐라에 대해서는 알려진 것이 많지 않다. 이들이 서로 친척관계인지, 어떤 식으로 연결되어 있는지도 아직 정확히 밝혀지지 않았다. 그럼에도 (또는 오히려 그 때문에) 독일 원생동물학회는 밤피렐라를 2015년 '올해의 원생동물'로 선정했다.

올해의 원생동물로 꼽힌 짚신벌레

이 타이틀을 단 최초의 생물은 바로 2007년 '올해의 원생동물'로 선정된 짚신벌레 *Paramecium* 였다. 최초의 '올해의 원생동물'로 짚신벌레를 선정한 이유는 '가장 잘 알려진 단세포동물'이었기 때문이다. 맞는 이야기긴 하지만, 짚신벌레 역시 일반적으로는 그리 잘 알려져 있지 않기에 그리 큰 의미가 있는 건 아니다. 물론 심사위원들이 해

마다 그해의 원생동물을 선정하는 것은 바로 원생동물에 대한 관심을 일깨우기 위함이다. 이는 실로 이해가 가는 일이다. 가령 짚신벌레는 수질을 평가하는 도구로 활용할 수 있는 중요한 유기체다. 어떤 종이 서식하느냐에 따라 오염의 정도를 표시해주기 때문이다. 짚신벌레를 수족관에서 어린 물고기의 먹이로도 활용할 수 있고(하지만 원생동물학회는 이를 그리 좋게 생각하지는 않을 것이다), 생물학 수업에서 이상적인 실험 대상으로 활용할 수도 있다. 그도 그럴 것이 이들은 아주 쉽게 배양할 수 있기 때문이다.

여하튼 원생동물의 중요성을 일깨우고자 하는 것은 십분 이해가 가는 일이다. 이들은 현미경이 아니고서는 눈에 보이지 않는다. 하지만 이들이 지구 생태계에서 하는 역할은 정말 과소평가할 수 없다. 미래를 생각하면 특히 그렇다. 가령 밤피렐라에 속한 특정 종들은 살충제 사용을 줄이는 데 도움이 될 수도 있다. 곡식과 기타 작물을 감염시키는 '녹병균'은 퇴치하기가 쉽지 않다. 그런데 밤피렐라 아메바 중에는 토양에 서식하며 조류가 아닌 균류를 먹이로 하는 것들도 있다. 따라서 앞으로 뱀파이어 아메바가 우리의 식물들을 죽지 않도록 보호해줄지도 모른다.

스테노트로포모나스 말토필리아
청결한 무균실이 꼭 좋은 것은 아니다

깨끗함을 원한다면, 청소를 제대로 해야 한다. 너무나 당연한 말이라고? 하지만 과거에 무엇보다 의료시설에 위생 조처가 도입된 것은 엄청나게 혁명적인 일이었다. 오늘날 우리에게는 조금 이상하게 들릴지 몰라도, 19세기까지는 병원이 그리 위생적인 공간은 아니었다. 사용 전후 의료도구를 세척하고, 깨끗한 수술복을 입고, 환자를 대할 때는 손을 세심하게 씻는 등의 지침을 당시 그리 필수적이라고 보지 않았다. 그러다가 19세기 중반에 오스트리아-헝가리 의사 이그나즈 제멜바이스Ignaz Semmelweis가 환자들이 원래 걸렸던 질병으로 사망하는 경우도 있지만 의료인들의 비위생으로 병균이 옮아 사망하는 경우도 있음을 최초로 입증했다. 그는 규칙적으로 손을 씻고 소독을 해서 이런 일을 막자고 제안했지만, 별로 호응을 얻지 못했다. 당시에는 세균과 같은 미생물이 질병을 옮길 수 있다는 사실을 몰랐으므로, 의료인들은 자신들 때문에 환자들이 고생할 수 있다는 걸 호락호락 받아들이려 하지 않았다.

오늘날 우리는 위생이 얼마나 중요한지를 알고 있다. 병원에서는 '무균' 환경을 만드는 데 특히 심혈을 기울인다. 하지만 이런 환경을 만드는 것은 생각만큼 쉽지 않으며, 생각만큼 바람직하지도 않다. 박테리아와 바이러스, 기타 미생물은 변화하는 환경 조건에 굉장히 잘 적응한다. 빠르게 번식할 수 있으며 며칠 안 되어 세대교체를 완수할 수 있다. 번식을 하면—모든 생물과 마찬가지로—계속해서 돌연변이가 생기고, 이런 돌연변이가 도움이 되는 것으로 판명이 되면, 돌연변이가 계속 관철된다. 달리 말하자면, 청결에 힘써 많은 미생물을 없앨 수는 있지만, 그러다 보면 미생물 가운데 아주 고집스럽게 살아남는 것들이 전보다 더 잘 증식하게 된다는 이야기다. 경쟁자들은 소독을 통해 다 살균되고, 소독을 이기고 남은 저항력이 강한 미생물이 창궐하게 되기 때문이다. 항생제를 남용할 때 항생제 내성균이 빠르게 증식하는 것도 그와 같은 이유다.

병원에 더 많은 초록 식물을

독일의 생물학자 가브리엘레 베르크Gabriele Berg와 국제 연구팀은 미생물이 소독과 살균 조처에 어떤 저항력을 발휘하는지를 자세히 연구했다. 그들은 우선 중환자실과 클린룸에서 시료를 채취했다. 바로 최대한 무균환경을 만들고자 세심한 신경을 쓰는 공간에서 말이다. 그리고 이어 일반적인 수준에서만 청소가 이루어지는 다양한 공공건물이나 사적 공간도 살펴보았다. 그러자 중환자실과 클린룸을 포함한 모든 곳에서 박테리아가 발견되었다. 하지만 미생물의 종 다양성에서는 상당한 차이가 났다. 박테리아 군집, 즉 '마이크로바이옴 microbiome'은 무균 상태를 지향하지 않는 곳에서 가장 다양했다. 이는 별로 놀랄 일이 아니다. 하지만 각각의 마이크로바이옴 구성을 살펴보자 놀라웠다. 다양한 종류의 많은 박테리아가 함께 살아가는 곳에서는 정기적인 소독으로 박테리아의 다양성이 감소된 곳보다 다중 내성 박테리아가 훨씬 적었다.

어떤 의미에서는 다양한 박테리아가 서로 조화를 이루어 특정 종이 우위를 점하지 않도록 한다고 말할 수 있다. 그러나 공간을 늘 철저하게 청결하게 하면, 경쟁 구도가 파괴된다. 연구에 따르면 클린룸에서 항상 발견되는 박테리아는 스테노트로포모나스 말토필리아 *Stenotrophomonas maltophilia* 다. 이 박테리아는 일반적으로 사용되는 항생제에 내성이 있다. 자체로는 그리 위험하지 않지만, 면역력이 약한 경우 치료가 힘든 고질적인 감염을 유발할 수 있다. 따라서 무엇보다 기존에 병원에 입원한 사람들에게 말이다.

가브리엘레 베르크 팀의 연구 결과는 다시금 위생 조처를 게을리해야 한다는 뜻이 아니다. 청결이 중요한 환경에서는 계속해서 청결에 신경을 써야 한다. 하지만 절대적으로 무균 상태로 만드는 것이 반드시 필요하지 않은 곳에서는 박테리아의 종 다양성을 보호하는 것도 꽤나 좋은 일일 것이다. 규칙적으로 환기를 시켜주는 것도 이런 생물 다양성을 촉진한다. 내부 공간과 외부 세계의 접촉이 이루어지기 때문이다. 가브리엘레 베르크는 예전의 연구에서 실내에 식물을 들여놓는 것도 이에 도움이 된다는 사실을 확인했다. 식물들은 생활공간에 다양한 박테리아를 제공해 공간의 마이크로바이옴 다양성을 촉진한다. 동시에 이런 방식으로 내성균의 확산을 감소시킨다. 이런 점에서 앞으로, 어려운 수술은 화분이 많은 공간에서 이루어져서는 안 되겠지만, 병원에 (그리고 어디든) 초록 식물을 좀 더 많이 들여놓는 것은 해롭지 않을 것이다.

트레보욱시아 자메시
지의류에 대한 찬양

트레보욱시아 자메시 *Trebouxia jamesii* 는 조류다. 물론 스시를 만들 때 쓰는 해조류는 아니다. 그러기에는 트레보욱시아는 너무나 작다. 트레보욱시아는 1000~1500만 분의 1미터(10~15 마이크로미터)에 불과한 단세포생물이다. 또한 일반적인 조류와는 달리 바다에서 살지 않고, 바다를 제외한 거의 모든 곳에서 산다. 나무, 돌, 오래된 벽이나 담벼락…… 자연에서도 도시 한가운데서도 발견된다. 이 조류는 주거공동체의 일부로 균류와 결합해 이른바 '지의류'를 만들어낸다.

'지의류학', 즉 지의류를 연구하는 학문을 공부하지 않은 사람은 이를 무심코 보아 넘기기 쉽다. 언뜻 보면 나무나 바위에 자라는 지의류는 별달리 눈에 띄지 않는다. 때로는 회녹색을 띠며, 때로는 황갈색을 띤다. 약간 더러워 보이기도 하지만, 다시 한번 보면 상당히 인상적이다! 그러나 이를 실감하기 위해서는 지의류를 좀 더 자세히 살펴봐야 한다!

가령 레카노라 코니재오이데스 *Lecanora conizaeoides* 라는 지의류는 트레보욱시아 자메시가 서식하는 균류로 이루어진다. 좀 더 쉽게 설명하자면, 균류와 조류가 계속해서 양편의 유익을 위해 주거공동체로 합쳐져서 살아가는 것이다. 조류는 빛을 에너지로 바꿀 수 있다. 즉 광합성을 할 수 있다. 그들은 이렇게 영양분을 만들어내며, 균류도 이를 활용하게끔 한다. 균류는 스스로는 만들어낼 수 없는 이 양식에 기뻐서 조류에게 편안하고 안전한 집을 제공함으로써 은혜를 갚는다. 조류는 균류의 몸체 안에 서식함으로써 외부의 기온 변화나 습기에 그리 강하게 노출되지 않으며, 해로운 태양의 자외선도 피한다.

지의류는 그 밖에는 거의 아무것도 자라지 못하는 장소에서 자랄 수 있다. 정말 놀라울 정도로 생명력이 강하다. 가령 레카노라 코니재오이데스는 기존에 알려진 모든 지의류 가운데 공기 중의 이산화황 농도를 가장 높은 정도로 용인할 수 있다. 그래서 대기오염이 특히 심한 곳에서 잘 자란다. 오염으로 말미암아 다른 모든 지의류가 죽어버리는 지경에 이르면 비로소 레카노라 코니재오이데스가 세력을 펼쳐나간다. 현재 이 지의류는 쇠퇴하고 있다. 우리가 그동안에 공기 질을 더 효율적으로 관리하고 있기 때문이다.

2005년에는 지도 지의류map lichen (한국에서는 '치즈지의'라고 한다—옮긴이)라 불리는 리조카르폰 게오그래피쿰*Rhizocarpon geographicum* 종의 지의류가 우주로 발사되어 열흘간 우주의 진공 상태에 있었다가 다시금 지구로 돌아온 적이 있었다. 이 실험에서도 우주로의 소풍이 지의류에게 그리 해를 끼치지 못한 것으로 드러났다. 지의류를 화성과 같은 조건에 노출시킨 또 다른 실험에서도 지의류는 잘 견뎠다. 그렇다고 화성에 지의류가 자라고 있다는 뜻은 아니다. 하지만 앞으로 이런 생명력 강한 지의류 몇몇을 화성에 이주시켜서 화성을 좀 더 생명친화적인 곳으로 만들기 위한 첫발을 내디딜 수 있을지도 모른다.

아주 천천히 자라는 인류의 친구

지표면의 10퍼센트 이상이 지의류로 덮여 있다. 이들은 별로 눈에 띄지는 않는다. 하지만 인류는 역사가 흐르는 동안 지의류를 이미 다양한 용도로 활용해왔다. 종에 따라 식용 가능한 지의류도 있다. 우리의 미식가다운 까다로운 입맛을 늘 충족시키는 것은 아니지만, 달리 먹을 것이 마땅치 않은 곤궁한 시기에 반가운 대안이 될 수 있다. 무엇보다 사막에 서식하는 레카노라 에스쿨렌타*Lecanora esculenta* 는 밀가루를 연상시키는 질감에 단맛이 가미되어 있어 빵으로 구울 수도 있다. 성서에서 40년간의 광야생활 동안 이스라엘 사람들의 영양을 책임진 '만나manna'는 그런 지의류의 일종이었을 수도 있다. 종교 신화를 얼마나 신빙성 있게 받아들일지는 논란의 여지가 있겠으나 레카노라 에스쿨렌타는 '만나 지의류'라고도 불린다.

요즘도 지의류는 우리 삶의 곳곳에 함께한다. 가령 약국에 가면 '아이슬란드 이끼'를 알약으로 조제한 기침약을 구입할 수 있다. 이끼라고 불리지만, 사실 이 약의 재료는 이끼가 아니라 지의류인 세트라리아 아이슬란디카*Cetraria islandica*이다. '순록 지의류'라 불리는 클라도니아 랑기페리나*Cladonia rangiferina*는 주로 북쪽 추운 곳에서 자라는데 이 한대기후 지역에는 다른 식물이 없으므로, 이 지의류가 순록의 주요 영양 공급원 역할을 한다. 송라*Usnea* (우스니아) 속의 지의류('나무 수염'이라 불린다)는 항생 효과, 즉 미생물의 증식을 억제하는 효과를 발휘하는 우스닉 산usnic acid의 원료다. 지의류는 염료의 원료가 되기도 한다(가령 청보라색 색소인 '리트머스'의 원료도 리트머스이끼라 불리는 지의류다. 리트머스는 화학에서 산성 지시약으로도 사용된다). 우리는 지의류에서 또 다른 흥미로운 화학물질을 발견할 수 있을 것이다. 균류와 조류가 합쳐져, 따로따로는 만들어낼 수 없을 특이한 것들을 만들어내기 때문이다. 스스로를 보호하기 위해 지의류는 많은 '지의류 산'을 만들어낸다. 지의류 산은 그들이 서식하는 암석도 녹일 수 있다. 천천히, 부단히 그렇게 함으로써 바위를 비옥한 토양으로 만드는 데 기여한다.

지의류는 아주 천천히 자란다. 종종 1년에 1밀리미터도 자라지 않는다. 대신 수명이 아주아주 길어 1000년 이상 살 수 있다. 지의류가 인간에게 또 하나 도움을 주는 것은 빙하가 녹고 얼음 속에서 '새로운' 암석이 드러날 때, 또는 지진으로 말미암아 깊은 곳에 있던 암석이 표면으로 이동할 때다. 그럴 때 우리는 그곳에 서식하는 지의류를 활용해 지진이 일어난 지 얼마나 오래되었는지, 또는 빙하가 얼마나 빨리 녹고 있는지를 알아낼 수 있다. 지의류는 자신의 조직에 중금속과 방사성 물질을 저장하기에, 지의류의 도움으로 세월이 흐르면서 우리가 얼마나 환경을 오염시키고 있는지 모니터링할 수 있는 것이다.

그러나 모든 지의류가 균류와 조류로 이루어진 것은 아니다. 때로는 균류와 광합성이 가능한 박테리아의 주거공동체로 구성되기도 한다. 어떠하든 간에, 생물의 역사에서 이것은 놀라운 콜라보다. 우리는 지의류를 더 주목해야 할 것이다.

미코플라스마 라보라토리움
실험실에서 탄생한 최소 생명체

우리는 지구상의 생명이 어떻게 탄생했는지 알지 못한다. 그동안의 연구 덕분에 지구상의 최초의 생명체가 어떤 모습이었는지(18장을 참조하라), 그들이 세월이 흐르면서 어떻게 오늘날과 같은 다양한 동식물, 균류, 미생물로 발전했는지를 꽤 그럴듯하게 상상할 수는 있지만 말이다. 하지만 무기물로부터 어떻게 진짜 생명이 탄생할 수 있었는지는 지금도 전혀 알지 못한다. 또한 살아 있기 위한 최소 장비를 갖춘 생명체가 어떤 모습일지 하는 것도 정확히 알지 못한다.

미코플라스마 라보라토리움*Mycoplasma laboratorium*은 이를 이해해보기 위한 시도였다. 이 박테리아는 자연에 존재하지 않는다. 진화과정에서 저절로 탄생한 것이 아니고, 실험실에서 만들어진 것이다. 물론 완전히 인공적으로 만든 생물은 아니다. 만약 그럴 수 있다면, 생명의 근원을 이해한 셈일 터다. 미국의 생물학자 크레이그 벤터*Craig Venter* 연구팀은 이를 위해 첫발을 내디뎌 이른바 최소 게놈*minimal genome*을 확인하고자 했다. 따라서 유기체로 성장하고 번식할 수 있기 위해, 즉 생존하기 위해 꼭 필요한 최소량의 유전정보가 얼마만큼인지를 알고자 했다. 이를 위해 연구팀은 미코플라스마 제니탈리움*Mycoplasma genitalium*을 토대로 삼았다. 이 박테리아는 인간의 배설기관과 생식기 점막을 감염시켜 염증을 일으킬 수 있는 세균이다. 물론 이 세균을 선택한 것은 감염 능력 때문이 아니고, 이 세균이 당시 (2006년) 알려진 게놈 가운데 가장 작았기 때문이다. 연구자들은 이 게놈을 해독해 그 유기체를 이루는 유전자 가운데 어떤 것이 생명에 필수적이고, 어떤 것이 포기해도 되는 것인지를 연구했다. 즉 미코플라스마 제니탈리움의 유전자를 의도적으로 파괴한 뒤 무슨 일이 일어나는지를 보았다.

유전자는 특정 조절 기능을 하거나 단백질 생산을 위한 정보를 전달하는 DNA 조각이다. 미코플라스마 제니탈리움은 단백질을 암호화하는 유전자 482개를 가지고 있는데, 연구 결과 그중 382개만 생존에 필수적인 것으로 밝혀졌다. 유전자의 4분의 1은 그들이 어떤 기능을 하는지 분명하지 않았다. 크레이그 벤터 팀은 한 걸음 더 나아가 미코플라스마 제니탈리움의 게놈을 인공적으로 합성하는 데 성공한 뒤, 실험실에서 합성했다는 의미를 담아 미코플라스마 라보라토리움이라 이름 붙였다. 실험실에서 완전한 유전정보를 만든 것이다. 하지만 이것은 생명의 '창조'와는 무관하다. 이 DNA는 화학 분자일 따름이기 때문이다. 벤터 팀은 다른 박테리아 게놈들에 대해서도 동일한 작업을 해냈고, 이렇듯 인공적으로 만든 게놈을 다른 세균의 세포에 집어넣었다. 물론 우선 이 세포에 있던 게놈을 제거한 다음에 말이다. 처음에는 쉽지 않지만, 마침내 실험실에서 '합성' 박테리아를 만드는 데 성공했다. 스스로 증식이 가능해 정말 거의 살아 있는 박테리아였다.

생명 탄생의 수수께끼

이 실험은 이렇게 짧게 기술할 수 있을지 몰라도, 현실에서 생명은 그렇게 단순하게 구성되지 않는다. 아무리 단세포로 이루어진 세균이라 해도 생물은 단순히 부품 제조가 가능한 복잡한 기계가 아니다. 모든 생물은 진화를 통해 탄생했으며, 결코 구체적인 '목표'를 지향하지 않는다. 모든 생물의 DNA는 세포 안에서 계속해서 복제되고, 수리되며, 자손에게 전달된다. 복제와 수리 과정에서 일어나는 외부의 영향과 단순한 실수는 계속해서 DNA의 변화를 야기한다. 우연히 일어난 변화가 생물이 주변 환경에 더 잘 적응하도록 돕는다. 그러면 더 빠르게 이동하고, 더 많은 먹이를 모을 수 있을지도 모른다. 다른 개체보다 더위나 추위를 더 잘 견딜 수 있을지도 모른다. 이런 이점은 이런 특성을 지닌 개체들이 더 빠르게, 더 자주 번식해 변화를 전달할 수 있게끔 한다.

하지만 DNA의 변화와 그로 말미암아 생산되는 단백질, 유기체의 생존 능력에 미치는 구체적인 영향들 사이의 연관은 복잡하다. 어떤 유전자는 여러 과제를 가지고 있으며, 어떤 유전자는 예측 불허의 방식으로 상호작용한다. 그래서 중요한 기능을 담당하지 않는 것처럼 보이는 유전자라 할지라도, 사실은 생존에 아주 중요할 수 있다. 크레이그 벤터는 도이칠란트풍크(독일의 공영 라디오 방송국—옮긴이)와의 인터뷰에서 이러한 문제를 다음과 같이 설명했다. "비행기에 대해 아무것도 알지 못한 상태에서 그냥 오른쪽 엔진을 누락시킨다면, 비행기는 여전히 이착륙을 할 수 있을 것입니다. 왼쪽 엔진도 마찬가지지요. 이걸 보고 이렇게 결론을 내린다고 해봐요. 아하, 오른쪽 엔진, 왼쪽 엔진 모두 그렇게 필수적인 부분은 아니구나…… 이런 결론이 맞지 않는다는 것은 비로소 두 엔진 모두를 없애버리고 나서야 깨닫게 되지요."

미코플라스마 라보라토리움의 '최소 게놈'에서는 여전히 연구자들이 아무리 살펴봐도 어디에 쓰이는지 잘 알지 못하는 유전자가 아주 많다. 연구자들이 아는 것은 세균이 이런 유전자들 없이는 생존할 수 없다는 것뿐이다. 우리는 생명이 어떻게 기능하는지 아직 알지 못한다. 생명이 어떻게 탄생하는지도 당분간 수수께끼로 남을 전망이다.

56

노세마 봄비시스
나쁜 공기의 배후

우리를 아프게 만드는 것은 무엇일까? 물론 원인이야 많을 것이다. 가령 누군가가 칼로 배를 찌른다면 당연히 아프고 그 아픔의 원인은 꽤 분명할 것이다. 하지만 멀쩡하다가 갑자기 '그냥' 병에 걸릴 때는 이유가 뭘까 의아한 마음이 든다. 의학 지식이 별로 없었던 옛날에는 더욱 그랬다. 그리하여 질병을 일으키는 원인이 무엇인지 이런저런 궁리가 계속되었다. 별들이 미치는 점성술적 영향, 신들의 분노, 혹은 땅에서 나오는 '유독한 증기' 같은 것이 질병의 원인으로 점쳐졌다. 특히 유독한 증기는 가장 솔깃한 이론이어서 고대 그리스부터 중세와 근대 초기까지 '미아즈마miasma (독기)'에 대한 믿음이 지속되었다.

　페스트 같은 병이 공기 중의 오염된 증기로 인해 확산된다고 믿어서, 격리를 통해 질병에서 보호받을 수 있다고 생각했다. 또한 늪에서 물을 빼고 악취가 나는 하수와 쓰레기를 제거함으로써 유독한 증기를 없앨 수 있기를 바랐다. 물론 이런 조치들은 효과가 있었다. 그러나 옛사람들이 생각했던 이유 때문은 아니었다. 오늘날 우리는 나쁜 공기 자체가 전염병을 일으키는 것이 아니라—무엇보다 또한 공기를 통해—사람에게서 사람으로 확산되는 미생물이 질병의 원인임을 알고 있다.

프랑스 과학자 루이 파스퇴르Louis Pasteur는 이런 '세균 이론'의 창시자로 자주 언급된다. 19세기 후반 파스퇴르는 누에를 감염시켜, 비단 산업에 큰 피해를 초래하는 질병을 연구했다. 그는 감염된 유충이 작은 농포로 덮여 있음을 보고, 처음에는 농포를 그저 질병의 증상으로 생각했다. 하지만 나중에 병든 유충이 자신이 낳는 알에도 농포를 옮기며, 그렇게 질병이 확산된다는 것을 알아냈다. 오늘날 우리는 단세포 균류인 노세마 봄비시스Nosema bombycis (극낭포자충류)가 이런 질병을 일으킨다는 사실을 알고 있다. 그러나 파스퇴르가 연구하던 시점에 세균 이론은 이미 그리 새로운 것이 아니었다.

세월이 흐르면서 유독한 증기가 아니라 '세균'을 질병의 원인으로 보는 학자들이 계속 나왔고, 그 뒤 17세기에 안톤 판 레이우엔훅이 최초로 현미경으로 미생물을 관찰했을 때(2장 참조), 그것이 그런 세균이 아닐까 하는 추측이 제기되었다. 파스퇴르가 누에를 연구하기에 앞서 그보다 70여 년 전에 이탈리아 연구원 아고스티노 바시Agostino Bassi도 누에와 누에를 감염시키는 질병에 천착했다. 그런데 그가 'mal del segno'라 명명한 질병의 경우, 병에 걸린 누에에게서 흰색 가루층이 생겨났다. 보통 학자들은 이런 가루층이 자연적으로 발생한다고 생각했다. 하지만 바시는 '자연발생설'에 의문을 품고 실험을 지속했다. 처음에는 이렇다 할 성과를 내지 못하던 그의 연구는 하얀 가루로 건강한 유충을 감염시키는 시도를 하면서 비로소 의미 있는 결과를 도출했다. 그 밖에도 현미경 관찰을 통해 하얀 가루가 균류의 포자라는 걸 확인할 수 있었다.

파스퇴르, 자연발생설을 반박하다

세균 이론에 돌파구를 마련해준 것은 파스퇴르의 연구였다. 지금은 전설로 남은 실험에서 파스퇴르는 '자연발생설'을 최종적으로 반박했다. 이전에 연구자들은 살아 있지 않은 무기물로부터 미생물이 생겨나는 일이 전적으로 가능하다고 여겼다. 음식이 썩으면 남은 음식에 아주 빠르게 아주 많은 미생물이 발견되지 않는가. 파스퇴르는 이렇듯 미생물이 생겨나는 현상을 드디어 납득할 수 있게 규명하고자 애썼다.

그 일을 위해 그는 일명 백조목 플라스크라는 특이한 플라스크를 활용했다. 목 부분이 S 자를 뉘어놓은 것처럼 우선은 위쪽으로, 다음은 아래쪽으로 길게 구부러진 플라스크였다. 그 플라스크 안에 든 배양액을 일단 끓여서 살균한 뒤, 플라스크 뚜껑을 닫지 않은 채 놓아두었다. 하지만 먼지와 미생물은 플라스크 목이 구부러진 부분에 걸려서 배양액까지는 이르지 못했다. 한편 그는 두 번째 플라스크에도 배양액을 담아 끓여 놓아두었다. 이 플라스크는 목이 구부러지지 않은 보통 플라스크였다. 그러자 얼마 뒤 보통 플라스크의 배양액에 곰팡이와 박테리아 층이 생긴 걸 육안으로 확인할 수 있었다. 하지만 목이 구부러진 플라스크는 파스퇴르가 기대했던 대로 배양액이 깨끗한 상태를 유지했다. 이로써 파스퇴르는 박테리아와 다른 미생물들이 무無에서 탄생하는 것이 아니라, 주변 공기 중으로부터 들어온다는 사실을 입증할 수 있었다. 미생물은 유용한 조건이 주어지면 증식해 현미경 없이 눈으로도 볼 수 있게 된다는 것도 말이다.

루이 파스퇴르는 광범위한 연구를 했고, 같은 시대의 로베르트 코흐Robert Koch와 더불어 (21장 참조) 현대 미생물학의 토대를 마련했다. 그들은 '나쁜 공기'의 배후에 무엇이 있는지를 속 시원히 밝혀주었다.

57

박테리오파지 M13
바이러스의 쓰임새

박테리오파지 M13 Bakteriophage M13 은 대장균 *Escherichia coli* 을 감염시키며, 우리 인간에겐 무해하다. 그런데 앞으로 이 바이러스가 인류에게 더욱 효율적이고 환경친화적인 기술을 구사하도록 도움을 줄지도 모른다. 가령 배터리 제조 같은 분야에 이 바이러스가 활용될 수도 있다. 화석 연료가 아닌 전기로 움직이는 자동차를 상용화하려면 아주 많은 배터리를 만들어야 한다. 수시로 충전할 수 있고, 빠르게 충전되는 배터리라면 좋을 것이다. 배터리 제조과정도 친환경적이면 나무랄 데가 없다.

전형적인 리튬 이온 배터리는 간단히 말해 음전하를 갖는 '애노드(양극)'와 양전하를 갖는 '캐소드(음극)'로 구성된다. 양극과 음극 사이에서 전하를 띤 리튬 원자가 전도성 액체에서 이리저리 흐른다. 그 원자들이 어느 쪽 끝에 위치하느냐에 따라, 배터리는 외부 전기로 충전이 가능하거나 전기를 외부로 내보낸다. 이런 일이 효율적으로 기능하려면 양극과 음극이 적절한 재료로 이뤄져야 할 뿐 아니라, 재료의 구조가 가능하면 하전된 입자들이 가장 짧은 길로 움직일 수 있게끔 정렬되어 있어야 한다.

따라서 분자적 혹은 원자적 차원에서 배터리를 구성하는 요소들의 구조가 중요하며, 그것을 컨트롤해야 한다는 이야기다. 각각의 분자가 더 커다란 구조를 이루게끔 하기 위해 투입되는 화학적·물리적 공정들이 있다. 그러나 이런 공정은 고온에서 이뤄지는 경우가 많아 에너지를 많이 잡아먹을뿐더러 유독한 화학물질을 사용해야 한다. 그렇게 한다고 원하는 만큼 좋은 결과가 나오는 것도 아니다.

바이러스를 산업의 역군으로

바로 이 부분에서 바이러스가 도움이 될 수도 있다. 개개의 분자를 조작하는 것은 바이러스들이 아주 잘하는 일이기 때문이다. 바이러스는 숙주를 감염시킬 때 특별한 단백질로 세포 표면의 적절한 부분에 스스로를 결합시키는데, 우리는 이런 능력을 우리의 유익을 위해 활용할 수 있다. 이것이 바로 미국 MIT의 재료과학자 앤절라 벨처Angela Belcher가 20년 이상 진행해온 연구 프로젝트다. 이 프로젝트에서 연구자들은 바이러스를 유전기술적으로 변형시켜 바이러스가 더 이상 세포 표면의 분자들에 반응하지 않고, 프로젝트 차원에서 이 바이러스와 결합시키고자 하는 원자들에 반응하도록 하게끔 한다. 가령 일반적으로 배터리의 양극과 음극의 재료로 사용되는 흑연과 코발트 산화물에 반응하도록 바이러스를 변형시키는 것이다.

유전자를 변형시킨 바이러스들을 이런 구성물질과 함께 두면, 바이러스는 이들과 결합해 달라붙어 캐소드와 애노드를 만든다. 이를 위해 모든 것이 떠다닐 수 있는 실온 상태의 물 약간만 있으면 된다. 생산과정은 해로운 화학물질이 전혀 없이 진행되고, 에너지도 거의 들지 않는다.

하지만 이 기술이 상용화되려면 한참 멀었다. '바이러스 배터리'는 작동하지만, 기존의 방식으로 생산하는 배터리보다 아직 더 낫지는 않다. 하지만 어쨌든 가능성은 있다. 새로운 배터리 제조뿐만이 아니다. 아주 작은 금 결정을 구성하는 데 투입할 수 있는 바이러스도 있어서, 이들의 도움을 받아 작은 트랜지스터나 다른 전자 부품을 만들 수도 있다. 굉장히 얇은 전선이나 태양전지를 만드는 데도 바이러스를 활용할 수 있다. 미생물이 적절히 일하게 하고, 산업적으로도 투입될 수 있을 정도로 공정을 개발하는 데까지는 아직 많은 시간과 노력이 필요할 것이다. 하지만 그간 질병을 유발하며 인류를 괴롭혀온 바이러스가 드디어 인류에게 유용한 존재로 쓰임 받을 때가 멀지 않은 듯하다.

58

할로페락스 볼카니
먹이사슬의 끝에는 어떤 생물이 있을까?

살아 있는 모든 것은 언젠가는 죽는다. 그리고 자연에서 이런 죽음은 다른 생물의 뱃속에서 이루어지는 경우가 너무나도 잦다. 다행히 우리 인간은 다른 동물에게 잡아먹히는 일이 거의 드물지만, 다른 동물들은 천적의 식삿거리로 생을 마치지 않도록 각별히 주의해야 한다. 동물만이 아니다. 식물, 균류, 조류가 다른 생물의 식단에 오른다는 건 익히 알려진 사실이다. 하지만 박테리아 역시 영양 공급원 가운데 하나다. 박테리아와 같은 미생물을 먹고도 배가 찰까? 물론 박테리아는 많은 양분을 공급할 수는 없지만, 그래도 굉장히 작은 생물이라면 박테리아를 먹고도 배가 부를 수 있다. 바다에 사는 아메바와 작은 갑각류가 박테리아를 먹는다. 어쨌든 바다에는 박테리아가 풍부하니까 말이다. 또한 박테리아는 아주 빠르게 번식할 수 있고, 주변의 영양분을 잘 흡수하기에 어엿한 식삿거리가 될 수 있다.

하지만 박테리아가 먹이사슬의 가장 아래쪽 끝을 이루는지, 아니면 고세균도 그런 역할을 하는지는 오랫동안 수수께끼로 남아 있었다. 1970년대에 고세균의 존재가 확인되면서, 이들이 중요한 생태적 지위를 점유하며 극한의 환경에서만 서식하는 건 아니라는 사실이 알려졌다. 하지만 많은 고세균은 번식이 느려서, 이들이 과연 먹이로도 활용될까 하는 질문은 계속 미해결 상태로 있었다.

그러다가 2012년 미국의 연구팀이 고세균을 먹고 사는 첫 생물을 발견했다. 이 생물은 바다에 흔한 아주 작은 환형동물로, 연구팀은 코스타리카 앞바다 심해에 사는 이 환형동물이 고세균을 먹이원으로 활용하는 게 아닐까 추정했다. 그곳에는 해저 바닥에서 나오는 메탄을 에너지원으로 삼아 살아가는 고세균도 서식하기 때문이다. 연구자들은 이를 실험실에서 검증하고자, 환형동물의 먹이로 '정상적인' 음식인 밥알과 시금치를 준비하는 동시에 고세균도 먹이로 준비했다. 바로 고세균인 할로박테리움 살리나리움 *Halobacterium salinarium* 과 할로페락스 볼카니 *Haloferax volcanii* 가 메뉴로 준비되었다. 이 두 고세균은 모두 맨 처음 사해처럼 염도가 극도로 높은 환경에서 발견되었다 (81장 참조). 이들은—대부분의 생물과는 달리—그런 환경에서 아무렇지도 않게 살아간다. 하지만 환형동물들은 이런 고세균의 생존 능력이야 어떻든 상관없이 일반적인 먹이와 두 종류의 고세균을 모두 다 잘 먹었다. 심지어 그냥 고세균 식단만 제공하는 경우에도 문제가 없었다.

2020, 최초의 바이러스 포식자 발견

고세균도 먹이사슬의 일부를 이룬다는 발견은 광범위한 생태학적 연관에 대한 우리의 이해에 영향을 미친다. 고세균은 무엇보다 해저 바닥 암석에서 나오는 메탄을 흡수하기에, 지구 대기의 온실가스 양을 조절하는 순환에서 중요한 역할을 담당한다. 그런데 이제 고세균이 먹이로 활용된다고 하니 살짝 우려도 든다. 고세균을 먹는 생물이 많을수록 물과 대기에 메탄이 더 많아질 테니까 말이다. 유감스럽게도 이 미생물의 포식자를 확인하는 것은 쉽지 않다. 고세균은 먹혀도 뼈대 같은 흔적을 남기지 않는다. 그리하여 고세균이 먹이로 먹힌다는 사실을 증명하기 위해 연구자들은 작은 트릭을 활용했다. 이 트릭은 메탄의 흔적을 추적하는 것이었다. 고세균이 우선 메탄을 흡수하고, 이어—고세균과 더불어—환형동물의 내부에도 메탄이 도달한다는 것을 보여주었다.

고세균 외에 먹이사슬 끝에 또 다른 특이한 먹이원의 존재를 증명하는 것도 이와 비슷하게 어려웠다. 그 먹이원은 바로 바이러스다. 바이러스는 지구상의 유기체 가운데 수적으로 단연 우세한 그룹이다. 그럼에도 바이러스를 먹이로 하는 생물은 알려지지 않았었다. 바이러스는 박테리아나 고세균보다도 훨씬 작다. 바이러스를 먹어봤자 기껏해야 분자 몇 개 정도를 꿀꺽하는 셈이다. 그러나 2020년에 최초의 '바이러스 포식자'가 발견되었으니 바로 단세포생물인 피코조아*Picozoa*와 깃편모충류*Choanoflagellates*다. 헬골란트섬 연안에서 최초로 발견된 피코조아는 크기가 몇 마이크로미터에 불과해 기존에 알려진 수생생물 가운데 가장 작은 생물이다. 너무 미세한 나머지 박테리아도 먹을 수 없을 정도다. 먹이가 세포 내부로 들어가는 통로인 '입'이 박테리아를 먹을 수 없을 정도로 작기 때문이다. 그러나 바이러스를 먹기에는 충분한 크기다. 작은 원생동물의 입장에서 보면, 바이러스는 아주 맛있는 양분이다. 바이러스를 구성하는 인과 질소 원자는 좋은 영양소다.

영화 〈쥬라기 공원〉에서 카오스 이론가로 나오는 제프 골드블룸은 "생명은 길을 찾는다"라고 말한다. 이 말은 맞다. 무엇보다 먹을 것을 찾아내는 데에 있어서는 더더욱 말이다.

59

클라도스포리움 스패로스페르뭄
곰팡이와 함께하는 우주여행

우주는 불친절한 장소다. 함부로 다른 행성으로 여행할 수도, 그곳에 정착할 수도 없다. 여러 커다란 문제가 가로놓여 있는데, 특히나 방사선은 절대로 얕잡아 볼 수 없다. 우리의 태양과 같은 별은 빛과 열을 낼 뿐 아니라 태양 대기의 외부층으로부터 고에너지 입자 흐름을 계속해서 방출한다. 지구에서는 이런 '우주방사선'이 별달리 문제가 되지 않는다. 지구의 자기장과 대기가 막아주기 때문이다. 그러나 우주에는 이런 보호막이 없다. 그래서 우주에 오래 머무는 것은 어떤 생물에게든 굉장히 위험한 일이다.

화성까지 비행하는 데는 여러 달이 소요될 텐데 그동안 우주선에 탑승한 사람들은 계속해서 우주방사선에 노출되어야 한다. 화성에 도착해서도 이런 문제는 끝나지 않는다. 지구와는 달리 화성에는 자기장이 없고, 대기도 굉장히 엷어서 방사선 차폐 효과가 전혀 없는 수준이기 때문이다. 그러므로 우주 한가운데서나 화성 표면에서 해로운 방사선으로 말미암아 사망하지 않으려면 어떤 식으로든 보호 대책을 마련해야 한다.

시간이 흐르면서 이와 관련해 여러 제안이 나왔다. 화성에 (또는 마찬가지로 방사선을 막아주지 못하는 달에) 정착하려면 땅속 깊숙이 파 들어가서 지하에 거주지를 마련해야 한다는 생각도 그중 하나다. 그러면 두 꺼운 암석층이 방사선을 막아줄 수 있기 때문이다. 하지만 화성에 정착해서는 그렇게 한다고 해도 우주를 비행할 때는 어떻게 할까? 우주선 안의 방사선량을 줄이기 위해 우주선을 두껍게 만들고, 납 같은 것을 대어 차폐해야 할까? 하지만 그렇게 하면 우주선이 굉장히 무거워져서 연료 필요량이 증가하고 우주비행에 드는 비용이 대폭 증가할 것이다. 그래서 승무원들이 마실 물을 우주선 벽에 저장함으로써 차폐용으로 쓰고, 물을 마시고 난 뒤에는 물 대신 승무원들의 대소변으로 벽을 채우는 방법이 제안되기도 했다. 이런 방법이 불가능하지는 않다. 하지만 썩 유쾌한 방법은 아니다.

방사선을 에너지원으로 사용한다면

마찬가지로 유쾌하지 않은 또 다른 제안은 바로 곰팡이를 방사선 차폐 재료로 활용하자는 것이다. 지구에서는 벽에 곰팡이가 보이면 별로 달갑지 않을 것이다. 하지만 우주와 화성에서는 곰팡이가 생명을 구해줄 수도 있다. 1986년 체르노빌 원전 사고가 발생한 뒤 방사선이 누출된 원자로 아주 가까이에서 200종 이상의 균류가 발견되었다. 그중에는 현미경으로 봐야만 보이는 클라도스포리움 *Cladosporium* 도 있었다. 클라도스포리움은 '방사선 친화성 radiotropic'을 보이는 균류다. 즉 식물이 광합성을 위해 햇빛을 에너지원으로 사용하는 것처럼, 여러 균류는 방사선에 들어 있는 에너지를 활용하는 것이다. 그들은 멜라닌 색소를 사용해 방사선을 흡수할 수 있다.

하지만 우주방사선은 지구상의 보통 방사선과는 차원이 다르다. 우주방사선은 에너지가 높아 훨씬 유해하다. 2018년 12월 국제우주정거장ISS에서는 균류가 우주에서도 생존 가능한지를 점검하는 실험이 진행되었다. 이 실험에서 연구자들은 클라도스포리움 스패로스페르뭄 _Cladosporium sphaerospermum_ 을 30일간 우주방사선에 노출시켰다. 이 균류는 페트리 접시에서 자랐는데, 그 아래에 방사선 측정기가 장착되어 있었다. 실험 결과 균류는 살아남았을 뿐 아니라, 주변 방사능을 2퍼센트 정도 감소시킨 것으로 나타났다. 그렇게 많은 양은 아니다. 하지만 페트리 접시의 곰팡이층은 아주 얇았음을 감안해야 한다. 이 실험 결과를 근거로 계산한 바에 따르면, 곰팡이 층의 두께가 21센티미터 정도 된다면 화성에서 주거지를 충분히 보호해줄 수 있을 것으로 보인다.

족히 두 뼘에 달하는 곰팡이로 덮인 아파트라고? 생각만 해도 그리 기분 좋게 느껴지지는 않는다. 그러나 다른 방사선 차폐물질과 달리 균류는 생물이라는 이점이 있다. 소량의 균류만 화성으로 들어가면 원하는 양만큼 불릴 수 있으며, 곰팡이 보호층이 손상되면 곰팡이가 알아서 다시 복구할 수 있다.

하지만 말이 쉽지 다른 행성으로 여행하고자 한다면, 그 전에 정말 많은 연구가 선행되어야 한다. 그러므로 우선은 가까운 우주정거장을 잠시 안전하게 방문하는 정도로 만족해야 할 것이다. 하지만 언젠가 우리가 다른 행성에 거주하게 된다면, 이러저러하게 미생물과 함께할 것이 틀림없다.

니트로소푸밀루스 마리티무스
보물을 간직한 동굴 속 월유

탐험은 종유석 동굴 깊숙이 '월유moonmilk(달 우유)'가 있는 곳까지 이어졌다. 이렇게 쓰고 보니 무슨 판타지 소설에 나오는 보물찾기에 대한 묘사 같기도 하지만 이 탐험은 인스브르크대학교가 진행한 과학 프로젝트였다. 이 대학 연구자들은 2014년 티롤의 훈달름 얼음동굴 내부를 꼼꼼히 살폈다. 이 동굴은 종유석 때문에 관광객들이 자주 찾는 동굴로, 한편으로는 다양한 미생물의 거처이기도 하다. 연구자들은 이 동굴에 정확히 어떤 미생물이 서식하는지를 알아내기 위해 이곳의 월유를 분석했다. 아주 말랑말랑하고 우윳빛을 띠는 특이한 방해석 침전물을 월유라 부른다. 이런 이름이 붙은 것은 몇백 년 전 사람들이 이 특이한 침전물을 달빛의 영향으로 말미암아 생겨나는 것이라 여겼기 때문이다. 하지만 인스브르크대학 미생물 연구팀은 사실 월유가 생기는 데는 아주 다른 이유가 있음을 밝혀냈다.

동굴에서 수집한 월유에는 다양한 미생물이 서식하는 것으로 드러났다. 그런데 살펴보니 월유 속에 서식하는 것은 박테리아와 균류만이 아니었다. 놀랍게도 고세균이 엄청 많았다. 월유 1밀리리터당 최대 100만 개의 고세균이 포함되어 있어, 동굴 속 생활공동체에서 고세균이 가장 우세한 점유율을 보였다. 다른 동굴의 월유를 분석한 결과도 이와 비슷했다. 평균적으로 월유 속 미생물의 절반 정도가 고세균이었다.

이런 발견은 여러모로 놀랍다. 우선 이런 동굴 속 퇴적물이 미생물의 아주 당연한 서식지로 보이지는 않기 때문이다. 동굴 속은 어둡고 추우며 양분이 거의 없다. 이런 곳에 다양한 박테리아와 고세균 개체군이 서식한다는 건 거의 예상 밖의 일이었다. 월유의 표면과 안쪽에서는 다양한 미생물이 발견되었다. 반면 고세균은 어느 곳의 월유든 거의 같은 종류였다. 그러나 놀라운 것은 발견된 고세균의 종류가 아니라 고세균이 여기에 있다는 사실 자체였다. 일반적으로 뜨거운 물속이나 건조한 소금호수, 중금속으로 오염된 물속에 서식하기를 좋아하는 고세균들에게 동굴 벽은 너무 아늑한 환경이 아닌가 하는 생각이 들기 때문이다.

월유에 대한 연구 결과는 고세균이 마치 아드레날린에 중독된 미생물처럼 극한의 환경에서만 서식하는 것은 아님을 보여준다. 그들은 극한적이지 않은 일반적인 장소에도 서식하는 듯하다. 찾으려고만 하면 곳곳에서 고세균을 더 많이 찾을 수 있을 것이다. 월유 속의 미생물 공동체에서는 고세균이 핵심 역할을 하는 듯하다. 그곳에 서식하는 고세균은 수소를 사용해 메탄을 만들어내며, 나머지 유기체들이 이를 먹이원으로 한다. 한편으로는 시간이 흐르면서 외부로부터 약간의 영양소가 동굴의 암석층을 통해 스며들었을 가능성도 배제할 수 없다.

동굴에 사는 고세균에 대해서는 아직 그 무엇도 확정적으로 말할 수 없어서, 가정법을 사용해 약간 지지부진하게 설명할 수밖에 없다. 아직은 동굴에 사는 고세균을 실험실에서 배양해 증식시키는 데 성공하지 못했다. 생물학에서 제대로 된 연구를 하려면 배양이 필수 조건인데 말이다. 그리하여 동굴 고세균의 기원에 대한 질문도 일단은 열려 있는 상태다. 그들이 어떻게 동굴에까지 이르렀을까? 인간이 데리고 들어갔을 수도 있지만, 그럴 확률은 거의 없어 보인다. 훈달름 동굴에서 조사한 곳은 1984년에야 비로소 발견되었기 때문이다. 바람과 물이 고세균을 동굴 속으로 실어 왔을 수도 있다. 월유 속에서 니트로소푸밀루스 마리티무스*Nitrosopumilus maritimus* 종의 고세균이 검출된 것은 그런 가능성을 보여준다. 이 고세균은 세계 도처의 물속에서 발견되는 종이기 때문이다. 이들을 실험실에서 배양해 증식시킬 수 있을 때, 이들이 월유의 형성과 어떤 관계가 있는지를 분명히 알 수 있을 것이다. 그들의 신진대사가 방해석이 동굴에 떨어지는 물에 녹아 시간이 흐르면서 유백색 침전물을 형성하는 걸 도왔을지도 모른다.

대답할 수 있는 건 적고 궁금한 건 너무 많다. 하지만 인스브루크의 연구자들이 논문에서 확인하고 있듯이 지구의 바이오매스 가운데 지하 바이오매스가 차지하는 비율이 90퍼센트다. 그러므로 대부분의 유기체는 지표면 아래에 산다고 할 수 있다. 우리가 생물들 사이의 관계를 이해하고자 한다면 바로 그곳을 살펴봐야 할 것이다. 종유석 동굴의 월유는 몇 가지 과학적 보물을 간직하고 있다.

61

미코박테리오파지 머디

썩은 가지가 생명을 구한다고?

2010년 7월 5일, 대학생 릴리 홀스트Lilli Holst는 남아프리카 더반 소재 콰줄루-나탈대학교의 하워드 컬리지 카페 앞에서 반쯤 썩은 가지를 주웠다. 썩은 가지가 길에 버려져 있는 것이 미관상 보기 싫어서는 아니었다. 바로 알려지지 않은 바이러스를 찾고 있었기 때문이었다. 2002년 미국의 미생물학자 그레이엄 해트풀Graham Hatfull은 피츠버그대학 학생들이 생물학 연구 작업에 동참할 수 있는 프로그램을 마련했다. 바로 박테리오파지, 즉 박테리아를 감염시키는 데 특화된 바이러스를 찾는 작업이었다. 세균이 있는 곳에는 파지도 있다. 이 바이러스들은 계속 다른 박테리아를 감염시키기 위해 새로운 환경에 특히나 빠르게 적응한다. 그리하여 새로운 파지 균주를 찾는 건 비교적 쉬운 일이다. 토양이나 물에서 무작위로 채취한 시료에서 지금까지 아직 알려지지 않은 박테리오파지를 만날 확률은 꽤나 높다.

해트풀 팀은 새로 발견된 박테리오파지의 '희생자'로 미코박테리움 스메그마티스Mycobacterium smegmatis를 선택했다. 이 박테리아는 아주 빠르게 증식해서 연구하기 편할뿐더러, 인체에 무해해 크게 신경 쓰지 않고 실험실에서 다룰 수 있기 때문이다. 이 박테리아는 우리 체내에 평범하게 서식하는 세균으로 생식기에도 많이 있으며, 토양에서도 흔하게 발견할 수 있다.

해트풀 연구팀은 시료를 검사하고, 새로 발견된 바이러스를 미코박테리움 스메그마티스에게 작용하도록 한 뒤 대학생들이 그 DNA를 분석할 수 있게 했다. 학생들이 새로운 파지 균주를 발견하면 그 파지에 이름을 붙일 수 있으며, 그 데이터는 학술지에 게재되었다. 그리하여 그동안 'SEA-PHAGES Science Education Alliance Phage Hunters Advancing Genomic and Evolutionary Science'라는 이름으로 전 세계에서 몇천 개의 새로운 바이러스 목록이 만들어졌고, 그중 하나가 바로 릴리 홀스트가 수집한 가지에서 발견된 바이러스다. 릴리 홀스트는 자신이 발견한 박테리오파지에 '머디Muddy'라는 이름을 붙였고, 이 데이터는 새로 발견된 62개의 다른 파지에 대한 데이터와 더불어 2013년에 논문으로 발표되었다.

미지의 유기체를 발견할 기회

SEA-PHAGES가 인기 있는 것은 당연한 일이다. 대학 공부를 하는 동안 학술 연구에 참여하고 미지의 유기체를 발견할 수 있는 기회는 흔치 않기 때문이다. 하지만 가지에서 나온 바이러스 미코박테리오파지 머디Mycobacteriophage Muddy는 그 뒤 다시 한번 주목을 받았다. 2017년, 런던의 한 병원이 해트풀에게 연락을 했다. 그 병원에서 15세의 여학생이 폐 이식 수술을 받았는데, 신체가 새로운 장기를 거부하는 것을 방지하기 위해 면역계를 약화시키는 약물을 투여했다고 했다. 그런데 이후 심각한 세균 감염이 발생했고, 이 세균은 일반적인 항생제에 내성을 보여 항생제 치료가 듣지 않으며, 현재 생명이 위험한 지경이라 마지막 희망을 부여잡고 박테리오파지 전문가인 그레이엄 해트풀에게 조언을 구한다고 했다.

해트풀은 SEA-PHAGES의 거대한 데이터베이스를 뒤져 이 어린 환자의 몸속 박테리아들을 감염시킬 만한 가능성이 있는 바이러스를 찾아냈고, 바로 미코박테리오파지 머디가 발탁되었다. 실험해보니 이 바이러스는 단시간 내에 그 박테리아들을 파괴하는 것으로 나타났다. 해트풀은 계속 물색해 두 가지 파지를 더 찾아냈다. 역시나 대학생들이 발견한 ZoeJ와 BPs도 아픈 소녀의 박테리아들과 싸울 수 있을 것으로 보였다. 해트풀은 미생물들과 더 효과적으로 싸울 수 있도록 바이러스들을 유전적으로 약간 변형시킨 뒤, 런던 병원에 투입했다. 처음에는 조심스럽게 테스트하기 위해 소량만 사용했다. 하지만 모든 것이 문제없이 진행되자, 파지 칵테일을 정맥 주사로 투여했다. 그러자 정말로 환자의 상태가 단기간에 대폭 개선되었다.

'파지 요법'은 20세기 초부터 연구되었지만, 항생제가 발견되면서 관심이 빠르게 사그라들었다. 그러다 최근 항생제 내성이 증가하면서 다시 이 요법이 주목을 받고 있다. 아직은 실제로는 거의 활용되지 않는다. 효과와 위험에 대해 풀어야 할 질문이 아직 많기 때문이다. 하지만 릴리 홀스트와 썩은 가지 이야기가 보여주듯이, 치료 수단은 정말 온갖 곳에 널려 있다.

62

아키디아누스 두 꼬리 바이러스
뜨거운 물속에서 자라나는 꼬리

ATV라고도 불리는 아키디아누스 두 꼬리 바이러스Acidianus two-tailed virus 는 다른 바이러스들이 거의 하지 못하는 걸 한다. 바로 숙주세포와 무관하게 활성화되는 것이다! 물론, 바이러스들은 대부분 게으르지 않으며 때로는 전 인류를 혼구멍 내줄 수 있을 정도로 위험하다. 하지만 그러려면 도움이 필요하다. 바이러스는 혼자서는 아무것도 할 수 없기 때문이다. 바이러스는 살아 있는 숙주세포를 만나기 전까지는 비활성 상태로 남는다. 숙주세포를 만나야 비로소 자신의 유전물질을 숙주세포에 주입하고 세포에 이미 존재하는 장비를 활용해 자신을 복제할 수 있다. 이처럼 숙주세포 없이는 아무것도 할 수 없는 특성 때문에 바이러스는 일반적으로 살아 있는 생물로 분류되지 않는다.

그런데 2005년 다른 바이러스보다 더 활동적인 특이한 바이러스가 발견되었다. 이 바이러스는 굉장히 이상한 극한의 환경에서 등장했다. 이탈리아 나폴리 서쪽 포추올리라는 소도시는 고대부터 온천 도시로 각광을 받아왔다. 부근의 화산활동으로 데워진 온천수는 섭씨 90도 이상에 이를 뿐 아니라, 유황을 함유해 산도가 높다. 그런데 이런 온천수에도 생물들이 산다. 아키디아누스 콘비바토르 *Acidianus convivator* 같은 고세균도 그중 하나다. 이 고세균은 극한의 환경에서도 기분 좋게 살아간다. 하지만 바이러스 감염으로 괴로움을 겪기도 한다. 그도 그럴 것이 포추올리 온천 지역의 아키디아누스 고세균을 연구한 결과, 이 고세균을 감염시키는 데 특화된 바이러스가 존재하는 것으로 밝혀졌기 때문이다. 이 바이러스의 모양은 레몬과 비슷한데, 뾰족한 양 끝에 꼬리가 하나씩 달려 있었고 연구자들이 실험실에서 이 바이러스를 분리 배양했을 때 굉장히 놀라운 행동을 보여주었다.

우선 이 바이러스에 감염된 고세균 세포를 75도에서 성장시켰는데, 이때 바이러스는 처음엔 꼬리가 없더니 이어지는 8일간 꼬리가 생겼다. 다음으로 꼬리 없는 바이러스를 세포에서 분리해 섭씨 4도에 보관했다. 그랬더니 몇 달이 지나도 그들은 그냥 돌기 없는 작은 레몬으로 남아 있었다. 하지만 그 뒤 온도를 75도까지 올리자, 서서히 두 개의 돌기가 자라나기 시작했다. 고세균 숙주세포가 전혀 없었는데도 말이다! 온도가 85도에서 90도 사이가 되자 바이러스들은 물 만난 물고기처럼 불과 한 시간 만에 꼬리를 만들어냈다.

이와 비슷하게 모양을 변화시킬 수 있는 바이러스가 몇몇 알려져 있기는 하다. 하지만 이런 바이러스들은 감염 직전에 이미 숙주세포와 접촉한 경우처럼 아주 특정한 조건하에 있을 때만 그렇게 할 수 있다. 아키디아누스 두 꼬리 바이러스처럼 살아 있는 세포의 영향과 완전히 무관하게 이런 변화를 보이는 경우는 관찰된 적이 없었다. 두 꼬리가 온천에서 새로운 숙주를 찾는 데 도움을 주는 걸까? 역시나 비슷하게 극한의 환경에서 고세균을 감염시키는 다른 바이러스들은 거의는 감염된 세포나 그 세포의 후손 안에서만 머무른다.

아키디아누스 두 꼬리 바이러스의 특이한 행동이 반드시 바이러스를 미생물학적으로 어디에 분류해야 할지 더 수월하게 결정하게끔 해주지는 않는다. 바이러스는 독립적으로 생존하는 것이 가능하지 않아 일반적으로 '살아 있는' 생물이라고 말하기 힘들다. 그러나 아마 우리가 지금까지 생각했던 것보다 더 복잡한 유기체인 것은 틀림없다.

63

메타노브레비박터 스미시
다이어트에 도움이 되는 고세균?

고세균은 박테리아만큼 많고, 다른 미생물과 마찬가지로 인체 내에서도 서식한다. 하지만 고세균은 인간에게 다소 호의적으로 행동한다. 박테리아와 달리 지금까지 인체에 질병을 유발하는 고세균은 발견되지 않았다(11장 참조). 그러나 고세균은 간접적으로 우리의 건강에 영향을 미칠 수 있다.

우리의 장 속에서 사는 미생물의 총 무게는 1.5킬로그램에 이른다. 그중 대부분은 박테리아지만, 메타노브레비박터 스미시 *Methanobrevibacter smithii* 라는 이름의 고세균도 장 속에 산다. 이 고세균은 둥그스름하며, 크기가 1마이크로미터 정도로, 섭씨 37도 정도의 온도에서 기분 좋게 산다. 수소와 산소를 메탄과 물로 변화시키면서 살아가는데, 이 과정은 고세균의 신진대사에 에너지를 공급해주고 다량의 메탄을 발생시킨다. 여기서 생성된 메탄은 당연히 우리의 장에서 빠져나가야 하며, 일반적으로 전혀 문제없이 방귀를 통해 빠져나간다. 하지만 메탄은 방귀의 고약한 냄새와는 무관하다. 방귀 냄새가 나는 것은 황화수소 같은 방귀 속의 다른 물질 때문이다. 메탄 자체는 냄새가 없으며 가연성이어서 사실 방귀에 불을 붙일 수도 있다(물론 그래서는 안 되겠지만 말이다).

인체에서 메타노브레비박터 스미시가 하는 역할은 가연성 가스를 만들어내는 데 그치지 않는다. 어떤 사람들은 쉽게 날씬한 몸매를 유지하는 반면 많은 사람은 과체중으로 고생하는데, 그 이유가 이 고세균 때문일 수도 있다. 물론 누군가가 비만이 될지 저체중이 될지는 운동으로 소비하는 것보다 음식으로 더 많은 열량을 취하는가, 그렇지 않은가에 달려 있다. 하지만 그 외 장내 세균총, 즉 장 속의 미생물도 역할을 담당한다. 장내 세균총은 우리의 신진대사를 도와 음식을 소화하고 효율적으로 이용하게끔 한다. 섭취한 영양을 몸이 직접 활용하는 것이 아니기 때문이다. 대부분의 물질을 우리의 미세한 세 입자들이 '먼저 소화한 뒤', 우리가 그것을 신진대사에 활용할 수 있게끔 되어 있다.

따라서 장내 미생물 다양성이 우리가 음식으로부터 얼마나 많은 에너지를 취할 수 있는가를 결정하고, 그것이 체중 증가에 영향을 미치는 것이다. 메타노브레비박터 스미시는 이런 과정에서 특히나 중요한 역할을 하는 것으로 보인다. 수소가 너무 많으면 미생물의 작업에 지장이 초래된다. 그런데 이 고세균은 수소를 제거해 우리의 장을 특정 박테리아들이 서식하기 좋은 장소로 만들어준다. 그리하여 2007년의 한 실험에서 메타노브레비박터 스미시를 많이 가지고 있는 쥐는 이 고세균이 없는 쥐보다 장내 미생물이 최대 100배까지 많은 것으로 나타났다. 그런 쥐는 고세균이 수소를 청소할 수 없는 쥐보다 체중도 훨씬 많이 나갔다.

모든 사람의 체내에 메타노브레비박터 스미시가 있는 것은 아니다. 이유는 알려지지 않았지만 이 고세균이 없는 사람들도 있다. 장의 개인적인 기능이나 음식을 먹는 속도도 영향을 미칠 수 있다. 어쨌든 인구의 85퍼센트 정도가 이 고세균을 가지고 있으며, 장뿐 아니라 배설물, 배꼽, 질, 잇몸에서도 발견된다. 하지만 이 고세균이 과체중에 직접적인 책임이 있는지는 아직 확실히 밝혀지지 않았다. 체중과 장내 미생물 다양성 간의 관계를 제대로 이해하면, 미생물 구성을 의도적으로 변화시켜 체중을 직접 조절할 수도 있을 것이다. 그렇다고 저절로 살이 쑥쑥 빠지는 건 아니겠지만 지속적으로 다이어트를 시도해본 사람이라면 작은 도움이 얼마나 소중한지 알 것이다. 그것이 미생물의 도움이라 해도 말이다.

할로모나스 티타니카에

심해에 가라앉은 배를 먹다

길이 270미터에 너비 28미터, 높이 53미터, 무게는 거의 5만 4000톤. 이는 정말 어마어마한 덩어리다. 결코 간식거리로 접시에 올려놓을 만한 수준은 아니다. 'RMS 타이타닉'호는 누군가의 먹이가 되도록 제작된 것이 아니라, 승객을 대양 너머로 안전하게 수송하도록 제작된 것이었다. 하지만 알다시피 타이타닉호는 이런 목적을 달성하는 데 성공하지 못하고 비극적으로 침몰했다. 건조되던 시점에 세계에서 가장 큰 배였던 타이타닉호는 1912년 4월 14일 첫 항해에서 빙산과 충돌해 대서양에 가라앉아버렸다. 이후 3800미터 깊이의 해저에서 천천히, 그러나 확실하게 미생물의 밥이 되는 중이다.

이러한 사실은 다큐멘터리 영화를 통해—간접적으로—알려졌다. 1991년, 러시아 잠수함 두 척이 아이맥스 다큐멘터리 필름 〈타이타니카〉를 찍기 위해 난파된 타이타닉호의 잔해로 잠수했다. 그리고 이왕 그곳에 갔으니, 약간의 연구도 수행했다. 무엇보다 물속에서 녹슨 철에 고드름처럼 만들어진 녹을 채취했다. 이런 녹은 바다 깊숙이에 가라앉은 강철이나 연철로 된 물체에 잘 생긴다. 그렇게 채취한 녹 일부를—필요한 모든 보호 조처를 한 가운데—표면으로 가져와 실험실에서 연구했지만, 연구 결과가 나오는 데는 약간의 세월이 필요했다. 그리하여 근 20년 만에 세비야대학의 크리스티나 산체스 포로Christina Sánchez-Porro 연구팀이 그 시료 안에서 그때까지 알려지지 않은 박테리아를 발견했다고 발표했다. '할로모나스 티타니카에 *Halomonas titanicae*'라고 이름 지어진 이 박테리아는 춥고 어두운 심해에서 문제없이 생존할 수 있는 것으로 보인다.

극단적 환경을 좋아하는 유기체

미생물은 우리는 도무지 살아갈 수 없을 곳에서도 견딜 수 있다. 현재 타이타닉호가 있는 곳은 칠흑같이 어두울 뿐 아니라 압력이 해표면의 375배에 이르고, 염분 농도도 극도로 높다. 보통 이런 환경에서는 생물이 생존하기 힘든데, 그것에 다음 문제도 한몫한다. 세포에도 물이 있는데, 세포벽을 통과해 물이 이리저리 오갈 수 있다. 하지만 물에 용해된 소금과 같은 물질은 세포벽을 통과하지 못한다. 이 자체로는 그다지 문제가 되지 않는다. 삼투현상이라는 것이 없다면 말이다. 삼투현상이란 소금 농도가 다른 두 용액이 세포벽으로 나뉘어 있는 경우, 양쪽의 농도가 같아질 때까지 염분 농도가 낮은 쪽으로부터 염분 농도가 높은 쪽으로 물이 흘러가는 현상을 말한다. 두 용액의 염분 농도 차이가 크면 이런 삼투현상으로 어려움이 빚어져, 최악의 경우 세포가 파괴된다.

하지만 할로모나스 티타니카에 같은 세균들은 주변의 염분도 아랑곳하지 않는다. 공식적으로 '(s)-2-메틸-3,4,5,6-테트라히드로피리미딘-4-카르복실산'이라 불리며, 보통은 (좀 더 기억하기 쉽게) '엑토인'

이라 불리는 물질을 만들어낼 수 있기 때문이다. 이런 세균들은 염분 농도가 너무 높으면 이런 물질을 만들어내 수분 손실을 막는다. 엑토인은 세포의 생화학 과정을 엉망으로 만들지 않은 채 염분 농도의 균형을 유지하게 해준다. 심해의 할로모나스 티타니카에만 이런 트릭을 이용하는 것은 아니다. 화장품 회사들도 피부에 바르는 크림이나 기타 화장품을 만들 때 수분 손실을 방지하는 엑토인을 활용한다.

한편 심해에서는 염분을 막아내는 것으로는 충분하지 않다. 미생물이 생존하려면 뭔가 양분이 있어야 하니 말이다. 광합성을 하기에는 주변이 너무 어둡고, 지나다니는 물고기를 잡아먹기에는 세균은 너무나도 작은 존재다. 그러나 할로모나스 타타니카에처럼 극단적인 환경을 좋아하는 유기체는 이러한 면에서도 해법을 고안했다. 철을 먹고 살게 된 것이다. 더 정확히 말해 보통은 철을 녹으로 변화시키는 과정에서 에너지를 얻는다. 이러한 '철 산화 세균'은 다양한 원천에서 나와 물에 아주 미세한 입자들로 용해되어 있는 철을 활용한다. 그러나 타이타닉호처럼 거대한 덩어리도 마다하지는 않는다.

그리하여 1912년 이래로 이 박테리아들은 가라앉은 배를 갉아 먹고 있다. 이대로 가면 2030년까지 배가 완전히 파괴될 정도로 먹어치울 것으로 추정된다. 타이타닉호에겐 안된 일이지만, 우리 인간에게는 중요한 정보다. 해저에는 할리우드 블록버스터 영화로 유명해진 타이타닉호뿐 아니라 다른 배들의 잔해도 많기 때문이다. 이런 잔해들은 여러모로 환경에 좋지 않은 영향을 미친다. 생태학적 관점에서는 그런 것들이 없으면 더 좋을 것이다. 그러나 한편 우리는 아주 의도적으로 바다나 석유 시추 플랫폼, 풍력발전 시설에 금속 구조물을 설치하고, 이것들이 손상되지 않기를 바란다. 그러므로 할로모나스 티타니카에와 같은 박테리아에 대한 연구는 그들이 먹어 없애줘야 할 것들만 먹도록 만드는 데 도움을 줄 수 있을 것이다.

한제니아스포라 오푼티아에

초콜릿의 아로마와 풍미를 만드는

갓 수확한 카카오나무 열매를 깨물어 먹는 것은 과히 좋은 생각이 못 된다. 카카오 열매는 최대 20센티미터 크기에, 0.5킬로그램의 무게에 달한다. 껍질은 단단하고 두껍고 가죽 느낌이 나며, 전혀 초콜릿 맛이 나지 않는다. 열매 속에는 하얀 점액질 과육이 들어 있다. 과육은 과일 맛이 나고, 신선하게 착즙도 가능하다. 과육 속에는 열매 하나당 최대 60개의 갈색 씨가 들어 있다. 씨를 씹어 먹어보면 알싸하고 쓴맛이 난다. 초콜릿은 이런 카카오나무 씨로 만들어지는데, 그러려면 미생물의 도움이 필요하다.

열매를 수확한 뒤 가장 우선 발효 단계를 거쳐야 한다. 발효라고? 의아하게 들릴지도 모르겠다. 발효라고 하면 대부분은 포도를 포도주로 발효시키는 것이나 맥주를 양조하는 것 혹은 배추를 소금에 절여 김치를 담그는 것이 떠오르기 때문이다. 하지만 발효과정이 없이는 초콜릿을 만들 수 없다.

초콜릿이 만들어지는 과정에서 발효는 바로 카카오 열매에 적절한 미생물들이 균형 있게 작용해야 한다는 의미다. 신선한 카카오콩은 여전히 과육으로 둘려 있다. 그런데 과육 안에 함유된 당분은 효모균이 좋아하는 먹이이므로, 효모균은 카카오나무가 자라는 따뜻한 온도에서 곧장 흰색 과육을 분해해 알코올로 바꾸기 시작한다. 그러면 박테리아들이 알코올을 분해하고, 여기서 생겨나는 산이 다시 과육을 분해한다. 이런 화학반응에서 카카오의 전형적인 아로마가 생겨난다. 마지막에 카카오콩은 과육으로부터 분리되어 건조되는데, 이 과정에서 산이 다시금 날아가버린다.

카카오가 마지막에 어떤 맛이 날지는 발효기술의 차이에 따라, 콩을 얼마나 많이 발효시킬 것이냐에 따라 달라진다. 하지만 어떤 미생물이 관여하느냐에 따라서도 맛이 달라진다. 카카오의 경제적 중요성을 생각하면, 이런 문제에 대해 계속해서 연구가 이루어지는 것도 당연한 일이라 하겠다. 연구 결과 카카오콩 효모가 맥주 효모보다 훨씬 다양한 것으로 밝혀졌다. 한제니아스포라 오푼티아에 *Hanseniaspora opuntiae* 는 카카오콩을 초콜릿으로 만드는 많은 효모 가운데 하나일 뿐이다. 베이킹이나 맥주 양조 시의 전형적인 효모인 사카로미세스 세레비시에도 아주 흔하게 발견된다. 나아가 재배 지역이나 재배 지역의 서로 다른 환경 조건에 따라 다양한 효모 균주가 존재한다. 태평양 노스웨스트 연구소의 유전학자 에이미 더들리 Aimée Dudley 는 2016년 한 연구에서 전 세계의 카카오 효모의 여정을 추적했다.

이 연구에서 에이미 더들리는 중남미의 효모가 북미와 유럽의 효모에서 발전해 나왔음을 확인했다. 따라서 미생물이 인류의 아메리카 대륙으로의 이주를 보여주는 것이다. 더들리는 이주와 더불어 와인 생산이 확산되었고, 그로 말미암아 다양한 카카오 효모가 만들어졌을 것이라고 추측한다. 와인을 만들면서 유럽의 효모균이 아메리카 대륙에 도달했고, 그곳에서 지역적 조건에 따라 새로운 균주가 만들어졌던 것이다. 와인과 달리 카카오 생산에서는 순수 형태의 특정 효모가 의도적으로 활용되는 일이 드물기에, 다양한 아로마와 풍미가 탄생할 수 있다.

　미생물이 병원균으로서만 존재하는 것이 아니라 우리 인간의 삶에 여러 긍정적인 역할을 한다는 것을 알리기 위해 이미지 개선 캠페인이라도 시작해야 할까? 초콜릿이 만들어지는 데 미생물이 중요한 역할을 한다는 사실이 미생물에 대한 호감도를 가장 많이 끌어올릴 수 있을지도 모르겠다.

슈도모나스 시링가에
스키장의 하얀 눈을 만드는

기후가 변하고 기온이 지속적으로 상승하는데도 유럽의 스키장에 가면 여전히 흰 슬로프들이 빛난다. 일명 눈대포, 즉 제설시설이 가동해 인공 눈을 만들어내기 때문이다. 자연적으로 하늘에서 눈이 내리지 않아도 스키장에는 눈이 쌓여 있다. 하지만 눈대포를 가동하다 보면 양심의 가책이 느껴진다. 인공적으로 눈을 만들어내기 위해 들어가는 물과 에너지가 장난이 아니기 때문이다. 알프스 스키장에 인공 눈을 준비하기 위해 연간 들어가는 에너지는 4인 기준 13만 가구가 소비하는 에너지와 맞먹는다. 인공 눈이 녹아 물이 될 때 토양에 미치는 피해 또한 간과할 수 없다. 그리고 인공 눈 속에는 박테리아들도 있다.

물로 눈을 만들어 스키를 탈 수 있게 하려면, 물을 얼려야 한다. 물론 기온이 낮으면 저절로 되는 일이다. 하지만 그렇지 않은 경우 추가 조치를 해줘야 한다. 여기서 무엇보다 식물에 피해를 주는 해충으로 알려진 박테리아인 슈도모나스 시링가에*Pseudomonas syringae*가 도움을 준다. 여러 식물의 세포 속 물은 섭씨 −10도 정도에서도 여전히 액체 상태를 유지한다. 이를 일컬어 '과냉각 액체(어는점보다 낮은 온도에서도 얼지 않고 액체 상태로 남아 있는 액체—옮긴이)'라 부른다. 이런 액체가 얼지 않는 이유는 적절한 자극(도화선)이 없기 때문이다. '결정핵(결정이 만들어질 때 그 중심이 되는 결정의 씨)'이 있으면 얼음 결정은 아주 쉽게 만들어진다. 결정핵들은 아주 작은 입자로, 물에서 발견되는 다양한 불순물이 포함되어 있다. 그러다 보니 기온이 0도 이하로 떨어진다고 단박에 얼지는 않는 것이다. 결정핵이 없으면, 더 낮은 온도로 냉각시켜도 액체는 얼지 않는다.

슈도모나스 시링가에의 표면에는 물을 수월하게 얼음으로 변하게 하는 구조들이 있다. 그래서 식물이 이 세균에 감염이 되면, 영하로 살짝만 내려가도 냉해를 입는다. 그러면 식물 세포들이 파열하고 박테리아는 거기에서 나오는 영양소를 양분으로 활용한다. 결정핵을 만들어내는 재능은 이 박테리아가 증식하는 데도 도움이 된다. 이들이 바람에 높이 실려 대기 중으로 날아가서 공중에서 과냉각 액체 상태인 수증기와 만나면, 이제 수증기는 슈도모나스 시링가에 덕분에 얼어서 미세한 얼음 결정이 된다. 그리고 이런 결정에 점점 더 많은 결정이 달라붙어서 우박 덩어리만큼 커진다. 그러면 이제 기온에 따라 이들이 녹아서 비로 내리기도 하고, 눈이나 우박으로 내리기도 한다. 그렇게 땅에 내려오면 얼음이 녹고 박테리아들은 새로운 서식지에서 다시 증식할 수 있다.

물론 박테리아만이 유일한 결정핵들인 것은 아니다. 꽃가루나 그을음 입자 혹은 미세한 모래 알갱이도 이런 역할을 맡을 수 있다. 그러나 제설시설을 활용할 때는 슈도모나스 시링가에를 투입하는 것이 특히 인기다. 제설시설에 들어가는 물에 이 박테리아를 첨가하면 이들 덕분에 평소에는 눈이 만들어질 수 없는 온도에서도 눈이 만들어질 수 있다. 물론 이 박테리아를 살아 있는 상태로 투입하지는 않지만, 그럼에도 이들은 눈이 쌓이는 곳곳에 도달한다. 이것이 주변 동식물과 인간의 건강에 어떤 영향을 미치는지는 아직 명확히 알려져 있지 않다.

미국, 캐나다, 일본, 스위스, 노르웨이 등지에서는 이 '눈 유도인자 (눈 유도물질)'가 몇십 년째 사용되는 중이다. 독일과 오스트리아는 조금 더 조심스럽다 보니 지금도 이 박테리아의 투입을 허용하지 않고 있다. 그러나 인공 눈을 만드는 데 이들 박테리아를 투입하는 것이 별다른 해가 없다는 결론이 나올지라도, 기후변화를 고려할 때 많은 사람이 유행처럼 스키장에 놀러 가는 건 좀 문제가 있다고 할 수 있다. 장기적으로는 스키를 다른 액티비티로 대체해야 할 것이다. 걷기나 하이킹도 못지않게 좋은 활동이니 말이다.

데이노코쿠스 라디오두란스
우주를 가로지르는 무임승차자

2000년 애리조나대학 연구자들은 총을 박테리아로 장전했다. 새로운 생물학전 무기 같은 걸 개발하려는 것은 아니었다. 다만 지구상의 생명이 다른 행성에서 우리에게로 온 것이 아닐까 하는 의문을 풀고자 함이었다. 이런 생각을 '판스퍼미아panspermia'라고 칭한다. 새로운 생각은 아니다. 과학적 근거하에 이런 생각을 최초로 구체적으로 했던 사람은 20세기 초 스웨덴 과학자이자 노벨상 수상자인 스반테 아레니우스Svante Arrhenius (그런데 그는 화학 분야의 공로를 인정받아 노벨 화학상을 받았다)였다. 그는 '포자들'이 바람에 실려 지구 대기의 최상층까지 이르고, 그곳으로부터 우주 공간까지 날아갈 수 있다고 생각했다. 그곳에서—아마 햇빛의 압력에 떠밀려—다른 행성에도 갈 수 있다고 여겼다.

현실이라기보다는 공상과학 소설처럼 들리지만, 미생물에 대해 알아갈수록 이런 생각이 그다지 터무니없게 느껴지지 않는다. 우주는 생명에 적대적인 조건이 지배적인 곳이지만, 오늘날 우리는 이런 환경에서도 무리 없이 적응해 살아가는 생물들이 있음을 알고 있다(5장 참조). 현미경으로 봐야 보이는 생물 가운데 특히 강인한 생물은 데이노코쿠스 라디오두란스Deinococcus radiodurans 다.

500군데를 동시 복구하는 코난 박테리아

이 박테리아는 1956년에 통조림에 방사능을 조사照射해 최대한 무균 상태로 만들어 가능한 한 오래 보존할 수 있게 만드는 방법을 연구하던 중에 발견되었다. 학자들은 당시 알려진 모든 것을 다 죽일 수 있을 정도의 방사선량에 식품을 노출시켰는데도, 얼마 안 있어 깡통 속의 고기가 상하는 것을 확인할 수 있었다. 정확히 분석한 결과 아직 알려지지 않은 한 박테리아 종이 다른 생물들보다 훨씬 더 강한 방사선을 견딜 수 있는 것으로 나타났다. 실제로 데이노코쿠스 라디오두란스는 며칠 지나지 않아 인간을 사망에 이르게 하는 수준보다 1000배 이상 높은 방사능을 쏘여도 살아남는다.

데이노코쿠스 라디오두란스는 우주여행을 하는 데 있어 최적의 무장을 하고 있다고 할 수 있다. 그도 그럴 것이 우주는 공기가 없고 극도로 온도가 낮을 뿐 아니라, 보호해주는 지구의 대기를 벗어나면 태양과 나머지 별들 내부의 핵반응으로 말미암아 방출되는 우주방사선에 흠씬 노출되기 때문이다. 높은 선량의 우주방사선은 생물의 DNA를 손상시킨다. 하지만 데이노코쿠스 라디오두란스는 방사선뿐 아니라 우주의 다른 조건에도 끄떡하지 않는다. 국제우주정거장에서 이루어진 실험에 따르면 데이노코쿠스 라디오두란스를 1년 내내 우주에 노출시켰는데도 이 세균은 끄떡없이 살아남았다. 이런 능력에 탄복해 과학계에서는 '코난 박테리아'라는 별명을 지어주었다.

데이노코쿠스 라디오두란스가 이렇듯 저항력이 강한 이유 가운데 하나는 DNA를 복구하는 매우 효율적인 메커니즘을 가지고 있기 때문이다. 데이노코쿠스 라디오두란스는 최대 500군데의 손상된 부위를 동시에 복구할 수 있다. 다른 어느 미생물보다 더 뛰어난 능력이다. 가뭄이나 저온을 오래도록 견딜 수도 있어서 우리 인간보다 우주여행에 훨씬 더 적합하다.

하지만 우리가 지금 제작할 수 있는 로켓들과는 달리 코난 박테리아에게는 적절한 추진 수단이 없다. 그리하여 학자들은 박테리아를 장전한 탄약통 실험 아이디어를 생각해낸 것이다. 우주에서는 크고 작은 암석 덩어리가 행성 표면에 충돌하는 일이 계속해서 일어난다. 충돌이 굉장히 격한 경우에는 부딪힌 부분에 있던 암석이 우주로 날아가 시간이 흐르면서 다시 다른 천체와 충돌하는 일도 일어날 수 있다. 이때 박테리아나 다른 미생물들이 암석에 붙어서 우주를 여행하게 될 수도 있다. 그런 순간에 작용하는 엄청난 힘을 견딜 수 있다면 말이다. 그런 충돌에서 그들은 순식간에 제동이 걸리거나 엄청난 속도로 우주로 내동댕이쳐질 텐데, 원심분리기를 활용한 실험에서 데이노코쿠스 라디오두란스는 그 높은 속도를 견디고 살아남을 수 있는 것으로 나타났다. 하지만 원심분리기는 필요한 속도에 도달하기까지 약간 시간이 걸린다. 그리하여 더 빠르게 튕겨 나가는 좀 더 현실적인 경우를 연구하기 위해 총알 실험이 고안되었다. 이 실험에서 모든 세균이 살아남지는 못했다. 하지만 이 실험은 소행성으로 말미암은 판스퍼미아가 최소한 가능한 것으로 보이기에 충분했다.

다른 천체에서 이렇다 할 미생물을 찾아내지 못하는 한, 지구상의 생명이 정말로 우주에서 우리에게로 온 것인지도 규명할 수 없을 것이다. 하지만 지구상에 서식하는 생물을 먼 우주에서 발견하게 될 날이 올지도 모른다. 지구도 세월이 흐르면서 많은 암석 파편을 우주로 날려 보냈기 때문이다. 컴퓨터 시뮬레이션은 지구가 탄생한 이래로 어쨌든 최소 1000억 킬로그램의 암석이 지구에서 화성으로 날아가 착륙했음을 보여준다. 어떤 무임승차자들이 그들에게 얹혀 갔는지 우리는 알지 못한다.

스푸트니크 바이러스
바이러스를 감염시키는 바이러스

바이러스가 살아 있는 생물인지 아닌지는 생물학에서 논쟁거리다. 확실한 것은 바이러스가 포유류·조류·식물·곰팡이·박테리아·고세균을 가리지 않고 알려진 모든 형태의 생명을 감염시킬 수 있다는 것뿐이다. 특정 숙주를 활용해 번식하는 데 특화된 바이러스들이 존재한다. 그런데 2008년에 마침내 다른 바이러스를 감염시키는 바이러스까지 발견되었다.

'바이러스를 감염시키는 바이러스' 이야기는 1992년 영국 브래드포드 소재 한 병원의 냉각수 시스템에서 시작되었다. 이때 연구자들은 더러운 물에 사는 아메바를 연구 중이었는데, 그 와중에 지금까지 알려지지 않았던 바이러스를 발견했다. 연구자들은 처음에 이것을 박테리아로 생각했다. 사실 바이러스와 박테리아를 혼동하기는 쉽지 않다. 박테리아가 훨씬 더 크기 때문이다. 하지만 새로운 바이러스는 놀랄 만큼 거대해서 박테리아인지 바이러스인지 헷갈릴 정도였다. 그래서 ('MImicking MIcrobe'를 축약해) '미미 바이러스Mimi-virus'라는 이름을 얻었다. 그 뒤 파리의 냉각수 탱크에서 또 하나의 거대 바이러스가 발견되었다. 새로운 종이었고, 크기가 더 컸으므로 연구자들은 이 바이러스에 '마마 바이러스Mamavirus'라는 이름을 붙여주었다. 그런데 전자현미경으로 이 바이러스를 관찰하는 중에 뜻밖의 놀라운 사실을 발견했다.

바로 거대한 마마 바이러스와 확연히 차이가 나는 엄청나게 작은 바이러스들이 눈에 들어온 것이다. 이 작은 바이러스들은 보통 바이 러스와는 굉장히 다른 행동을 보였다. 마마 바이러스의 경우는 거대 했지만, 그것으로 아메바를 감염시키자 아메바 안에서 재생산을 시 작했다. 하지만 작은 바이러스는 아메바에 주입해도 아무 일도 일어 나지 않았다. 번식해나가지 못한 것이다. 연구 결과 이 작은 바이러 스는 아메바가 이 바이러스 외에 마마 바이러스(혹은 미미 바이러스)에도 동시에 감염되어야만 번식해나갈 수 있는 것으로 나타났다. 작은 바 이러스가 큰 바이러스에 의존하므로, 작은 바이러스는 세계 최초의 인공위성 이름을 따서 공식적으로 '미미 바이러스 의존 바이러스 스 푸트니크Mimivirus-dependent virus Sputnik'라는 이름을 얻었다. 그냥 짧게 '스푸트니크 바이러스'라 부르기도 한다. 위성처럼 늘 큰 바이러스의 곁에 있어야 하기 때문이다.

생명의 스펙트럼 속 바이러스의 위치

스푸트니크 바이러스는 번식하기 위해 아메바의 유전 장비를 직 접 활용하지 못하고, 마마 바이러스를 거쳐서 사용한다. 그리하여 스 푸트니크가 마마 바이러스 내지 미미 바이러스를 감염시킨 경우, 이 제 아메바는 새로운 마마 바이러스(미미 바이러스)를 만들어내는 대신 스푸트니크 바이러스를 새로 복제한다. 그러면 거대 바이러스인 마마 바이러스의 재생산에 지장이 초래된다. 마마 바이러스는 변형을 일으켜 껍질이 정상 상태보다 확연히 두꺼워지고, 더 이상 아메바를 잘 감염시키지 못한다. 따라서 스푸트니크는 마마 바이러스의 파트너가 아니라 기생충인 것이다.

그 뒤 또 다른 종류의 '바이러스를 감염시키는 바이러스'가 발견되었고, 몇몇 다른 후보도 있다. 이런 발견은 생물계에서 바이러스를 어디에 위치시킬 것인지에 대한 논란을 새롭게 불러일으켰다. 어떤 바이러스가 다른 바이러스를 '병들게' 만들 수 있다면, 바이러스를 '살아 있는' 존재로 보아야 하지 않을까? 그러나 대부분의 연구자는 여전히 숙주의 도움 없이는 바이러스가 번식을 할 수 없다는 사실에 비중을 둔다. 바이러스는 그 자체로는 전혀 생명이 없다(물론 여기에도 예외는 있다. 62장을 참조하라). 하지만 언젠가 우리는 '살아 있는 것'과 '살아 있지 않은 것'의 경계가 생각만큼 그리 분명하지 않다는 것을 받아들여야 할 것이다.

인간 역시도 혼자서는 살 수 없다. 우리 몸이 생명을 유지하려면 주변의 다양한 물질들이 필요하며, 우리 안에 다른 생물들도 살고 있어야 한다(가령 장내 미생물처럼 말이다). 생명은 스펙트럼을 따라 존재한다. 어떤 생물은 외부의 도움에 비교적 적게 의존하고, 어떤 생물은 생존하기 위해 외부의 도움이 더 많이 필요하다. 언젠가 바이러스를 이런 스펙트럼의 가장 끝에 위치시킴으로써 생물의 범주로 받아들이게 될지도 모른다. 시간이 해결해줄 것이다.

장내세균 파지 T2
바이러스를 믹서기에 집어넣으면 노벨상이 나온다?

어떻게 하면 노벨상을 받을 수 있을까? 방사성 바이러스를 믹서기에 집어넣으면 된다! 간단한 실험은 아니었지만, '허시-체이스 실험Hershey-Chase experiment'은 현대 생물학의 이정표가 되어주었다. 1952년에 허시와 체이스는 굉장히 중요한 질문을 해결하고자 했다. 바로 유전정보가 어디에 들어 있을까 하는 질문이었다. 분자들이 유전정보를 다음 세대로 전달한다는 것은 이미 확실한 사실이었다. 하지만 어떤 분자가 그 일을 담당하는지는 아직 알지 못했다. 당시 과학계의 지배적인 의견은 모든 생물 속의 '단백질', 즉 아미노산으로 이루어진 커다란 분자에 유전정보가 들어 있지 않을까 하는 것이었다. 1869년에 발견된 데옥시리보핵산DNA도 중요한 건 분명하지만, 이것은 오히려 세포에 구조를 부여하는 역할을 한다고 여겨졌다. 즉 일종의 비계 역할을 한다고 말이다. 하지만 일각에서는 DNA 분자들이 생각보다 더 중요한 역할을 할 거라고 보는 학자들도 있었다.

미국의 콜드 스프링 하버 연구소의 미생물학자 알프레드 데이 허시Alfred Day Hershey와 당시 그의 연구조교였던 생물학자 마사 체이스Martha Chase도 그런 축에 속했다. 이에 둘은 굉장히 우아한 실험을 고안했다. 아주 특별한 바이러스인 장내세균 파지 T2Enterobacteria-Phage

T2가 중심적인 역할을 하는 실험이었다. 장내세균 파지 T2는 이른바 박테리오파지에 속한다. 박테리오파지는 '박테리아(세균) 포식자'라는 뜻으로 바로 박테리아를 감염시키는 데 특화된 바이러스를 의미한다. T2는 DNA가 들어 있는 '머리' 하나로 이루어져 있고, 꼬리가 있어 꼬리의 도움으로 세균에 달라붙을 수 있다. 허시와 체이스는 박테리오파지가 박테리아에 '분자'를 전달해 박테리아 안에서 새로운 바이러스를 만들어내며, 어느 순간 박테리아 세포가 터져 파괴되고 새로운 세대의 바이러스가 방출된다는 걸 알고 있었다. 하지만 그런 핵심적인 분자가 단백질인지 DNA인지 분명하지 않았으므로 이를 밝히고자 했다.

바이러스의 머리와 꼬리는 단백질로 이루어진다. 따라서 T2 파지가 번식을 위해 유전정보를 그곳에 저장할지도 모르는 일이었다. 허시와 체이스는 이런 단백질에 늘 황 원자가 들어 있음을 알았다. 반면 DNA에는 황 원자가 없고 대신 인이 들어 있다. 따라서 그들은 두 가지 특별한 T2 바이러스 무리를 배양했다. 첫 그룹은 단백질에 보통의 황 원자 대신, 황의 방사성 동위원소를 함유하고 있었다. 바이러스는 이런 방사성 동위원소를 보통의 황처럼 취급해 단백질 구조에 함께 집어넣었다. 그러므로 방사성 측정기로 이런 바이러스 단백질이 지금 어디에 있는지를 언제든지 확인할 수 있었다. 허시와 체이스는 두 번째 바이러스 그룹에 대해서도 이렇게 했다. 두 번째 그룹은 DNA 속의 인 원자를 방사성 인 원자로 대치해, DNA가 현재 어디 있는지를 확인할 수 있도록 했다.

유전정보는 과연 어디에?

이 두 사람은 그 뒤 여러 실험을 수행했는데, 가장 중요한 실험은 이렇게 진행되었다. 우선 그들은 박테리아 한 무리를 방사성 인을 포함한 DNA를 가진 바이러스로 감염시켰다. 그리고 또 다른 한 무리는 단백질에 방사성 황을 포함된 바이러스로 감염시켰다. 바이러스들은 이제 박테리아 세포에 '무언가'를 주입했다. 이 무엇인가가 단백질인지, 아니면 DNA인지를 규명하기 위해 두 연구자는 박테리아가 든 액체를 부엌에서 쓰는 믹서에 집어넣었다. 믹서를 비교적 느린 속도로 돌리자, 박테리아 바깥쪽에 달라붙어 있던 바이러스들이 분리되었고 그로써 숙주세포로 주입되지 않은 구성성분이 분리되었다. 따라서 그들은 이제 두 개의 시료를 갖게 되었다. 시료 하나는 바이러스가 전달한 물질을 가진 박테리아이고, 다른 하나는 박테리아로 들어가지 않은 나머지 바이러스 부분들이었다.

허시와 체이스는 '황 바이러스'가 감염시킨 박테리아에서는 방사성 물질들을 발견하지 못했다. 하지만 분리된 나머지 바이러스가 든 믹서 속 용액에는 방사성 물질들이 들어 있었다. '인 바이러스'로 감염시킨 박테리아는 정확히 반대였다. 즉 두 사람은 바이러스의 DNA가 박테리아에 전달되었고, 그것에 유전정보가 들어 있음을 증명할 수 있었다.

원래는 이 사실을 더 일찍감치 알 수 있었을 것이다. 1944년에 이미 캐나다 의사 오즈월드 에이버리Oswald Avery 팀이 이와 동일한 연구 결과를 발표했던 것이다. 그러나 당시에는 단백질만이 유전정보를 전달한다는 과학계의 믿음이 너무 확고했다. 시간이 더 흘러 1952년쯤 되자 학계의 분위기는 새로운 결과에 조금 더 열려 있었고, 허시는 에이버리와는 달리 자신의 실험에 제기되는 비판을 적극적으로 반박하고 나섰다. 그리하여 허시-체이스 실험은 빠르게 인정을 받았다. 그리고 무엇보다 이듬해에 제임스 왓슨James Watson, 프랜시스 크릭Francis Crick, 로절린드 프랭클린Rosalind Franklin이 DNA의 유명한 이중나선 구조를 해독했다.

알프레드 허시는 1969년 바이러스의 번식 메커니즘을 발견한 공로로 노벨 의학상을 받았다. 하지만 마사 체이스는 빈손으로 남았다.

패나트로박터 우레아파시엔스 KI72
나일론을 먹는 박테리아가 창조론을 반박하다

1935년 2월 미국의 두 화학자 월리스 흄 캐러더스 Wallace Hume Carothers 와 줄리언 베르너 힐 Julian Werner Hill 은 폴리헥사메틸렌 아디파미드라는 물질을 발명했다. 이 물질은 '나일론'이라는 이름으로 널리 알려져 있다. 나일론은 최초의 완전한 합성섬유로 나일론 스타킹으로 세계적인 유명세를 탔다. 이로부터 40년 뒤 일군의 일본 생물학자가 나일론 공장에서 나오는 폐수를 연구했는데 그곳에서 나일론을 만들 때 나오는 폐기물을 신진대사의 기초로 활용하는 박테리아를 발견했다.

뭐 그런가 보다 하는 생각이 드는가? 그동안 우리는 미생물들이 정말 어느 곳에나 살 수 있다는 것을 알게 되었으니 말이다. 얼음 속에도, 끓는 물에도, 지구 깊은 곳에도, 고산지대에도, 염도나 산도 혹은 독성 물질이 있어서 인간은 절대로 살 수 없는 환경에서도 미생물들은 살아가지 않는가. 따라서 나일론 공장에서 나오는 폐수에서 박테리아가 발견된 것이 무슨 대수란 말인가? 하지만 이 발견이 주목할 만한 것은 나일론 공장 폐수 속 박테리아들은 1935년 이전에는 존재하지 않았던 환경을 삶의 토대로 활용하기 때문이다. 공장에서 생겨나는 화합물은 나일론이 발명되기 전에는 존재하지 않던 것들이다. 완전히 인공적인 물질이고, 자연에는 그런 화합물들이 없다. 미생물들이 진화과정에서 극한의 환경에도 적응할 수 있음은 알려진 사실이다. 하지만 이 박테리아들은 불과 몇십 년 되지 않는 아주 짧은 시간에 새로운 불리한 환경에 적응했고, 이것은 매우 주목할 만한 일이었다.

패나트로박터 우레아파시엔스 KI72 *Paenarthrobacter ureafaciens KI72* 라는 어려운 학명에 '나일론을 먹는 박테리아'라는 별명을 지닌 이 박테리아는 미생물이 얼마나 적응력이 뛰어난지를 보여준다. 박테리아가 합성 물질을 사용할 수 있게 된 것은 단지 '운'만은 아니었다. 한편으로 생각하면 그들이 이런 능력을 이미 가지고 있었지만, 전에는 합성 물질이 없었으므로 그런 능력을 펼칠 수 없었을지도 모른다. 원래는 다른 목적에 활용되던 효소가 이제 나일론 공장의 폐기물을 소화시킬 수 있게 된 것일까? 하지만 나일론을 먹는 박테리아에 대한 연구는 그렇지 않다는 걸 보여주었다. 효소는 정확히 나일론 폐기물을 소화하는 일을 했고 그 밖에 다른 기능은 없었다. 따라서 이런 능력은 1935년 이전에는 박테리아에게 아무런 유익이 되지 않았지만 1935년 이후에는 완전히 새로운 영양 공급원을 활용할 수 있도록 해주는 우연한 돌연변이의 결과임이 틀림없었다. 우리 덕에 이 박테리아가 돌연변이를 통해 갑자기 진화적 유익을 누리게 된 것이다.

이 박테리아는 진화가 어떻게 작동하는지를 놀라울 정도로 생생하게 보여준다. 돌연변이는 늘 일어나지만, 생물에게 유익을 줄 때만 이 새로운 변이가 관철된다(정착된다). 이런 면은 패나트로박터 우레아

파시엔스 KI72가 미생물학을 넘어 유명세를 타게 만들었다. 이 박테리아가 발견된 뒤, 미국 교육기관들은 이 경우를 들어 창조론자들의 주장을 반박하고 나섰다. '창조주'에 대한 믿음 때문에 생물이 진화를 통해 변화한다는 사실을 받아들이지 않는 종교 근본주의자들이 있다. 그러나 나일론을 먹는 박테리아는 이들의 견해가 틀렸고, 박테리아가 유전적 변형을 통해 진화적으로 적응을 해나간다는 것을 분명히 보여준다.

물론 종교 근본주의자들은 이런 반박을 한다고 끄덕할 사람들이 아니다. 과학적 주장에 조금이라도 열려 있다면, 무턱대고 자신들의 생각을 고집하지 않을 테니 말이다. 그러나 현실에서 아무것도 변하지 않는 것처럼 보여도, 우리는 계속 변화하는 세상에 살고 있다. 그러므로 모든 생명체는 이런 변화에 반응해야 한다. 진화는 '단지 이론에 불과'한 것이 아니다. 그것은 놀라운 생명 다양성을 가져오는 실제적인 토대다.

⑦

할로콰드라툼 월스비
월스비의 짭짤한 사각형

천문학에서 항성 목록을 만들 때는 항성들에 일련번호를 부여한
다. 상당히 재미없지만, 별들은 그 정도로 만족해야 한다. 반면 무수
히 많은 미생물은 훨씬 더 인상적인 이름으로 불린다. 이런 이름들
은 대부분 라틴어나 그리스어에서 온 것이라 문외한에겐 언뜻 어려
워 보이는 경우가 많지만, 이름 자체가 이미 많은 것을 알려준다. 가
령 할로콰드라툼 월스비 *Haloquadratum walsbyi*에서 할로halo는 '소금'을
뜻한다. 콰드라툼quadratum은 물론 '사각형'을 의미하며, 월스비walsbyi
는 1980년에 이 생물을 발견한 영국의 미생물학자 앤서니 월스비
Anthony Walsbyi의 이름을 딴 것이다. 그러므로 이 미생물은 '월스비의
짭짤한 사각형'이라고 말할 수 있다. 영국의 무슨 간식 이름처럼 들
리지만 이 미생물은 아주 매력적인 고세균이다.

　이 고세균은 시나이반도의 한 소금 호수에서 발견되었다. 많은 박
테리아와 고세균이 매우 척박하고 극한인 환경에서도 무리 없이 서
식한다는 것은 주지의 사실이다. 하지만 할로콰드라툼 월스비는 두
가지 이유에서 주목할 만하다. 우선은 모양이 특이하기 때문이다. 이
고세균은 실제로 작은 우표처럼 생겼다. 변의 길이 2~5마이크로미
터, 두께 0.15마이크로미터에 불과한 미세한 사각형이다.

나아가 이 고세균은 실험실에서 배양하는 것이 극도로 힘들다. 물론 이 고세균들을 서식지에서 수집해 연구실로 들여와 연구할 수는 있다. 하지만 계속해서 새로운 시료를 조달하는 것은 힘들다. 특히 시료가 외딴 지역에만 존재하는 경우 여러 번 오가기 힘들뿐더러, 그런 시료는 언제나 오염되어 있기에 실험실에서 순수배양을 해서 연구하는 것이 더 이상적이다. 실험실의 통제된 환경에서 생물을 배양하면 하나의 미생물을 활용하고 싶은 만큼 얼마든지 얻을 수 있다.

미생물의 모양은 내부 액체가 결정한다

순수배양을 하려면 박테리아나 고세균이 생존하는 데 어떤 조건이 필요한지를 정확히 알아야 한다. 안다 해도 언제나 배양에 성공하는 것은 아니다. 할로쾨드라툼 월스비는 연구자들이 20년 이상 순수배양을 하기 위해 노력했지만, 번번이 실패했다. 그러다가 2004년 호주와 네덜란드의 연구자들이 마침내 배양에 성공했다. 그들은 할로쾨드라툼 월스비가 예상대로 염도가 매우 높은 환경(염도가 최소 18 퍼센트가 되어야 했다. 즉 보통 간장보다 더 염도가 높아야 했다)에서 생존할 수 있음을 확인했으며, 그 밖에도 염도가 높고 영양소가 적은 환경에서 더 잘 번식한다는 것을 알아냈다.

모순적으로 들리지만, 생각해보면 당연한 이야기다. 성공적인 배양에서 드러난바, 할로쾨드라툼 월스비는 번식에 시간이 오래 걸린다. 즉 고세균의 수가 두 배로 불어나기까지 하루 내지 이틀이 소요된다. 다른 미생물들은 보통 30분 만에 두 배로 불어난다. 하지만 짧짤한 사각형들은 느리게 번식을 하므로, 가능하면 경쟁자가 없는 편이 좋다. 염도가 높고 영양가가 없는 환경일수록, 다른 미생물들은 생존이 어려우므로 경쟁하지 않아도 된다.

염분을 좋아하는 고세균을 성공적으로 배양해낸 결과, 연구자들은 차분하고 자세하게 그들을 연구할 수 있었다. 하지만 그들이 평평한 사각형 형태를 띠는 이유는 아직 완전히 밝혀지지 않았다. 자연에서 보통의 경우 미생물들은 형태가 없거나 둥근 형태를 띠며, 정사각형이나 직사각형 모양을 띠는 경우는 이례적이다. 미생물의 모양은 무엇보다 내부 액체가 결정한다. 여기서는 이른바 '삼투압'이 중요하다. 즉 세포 속 액체에 얼마나 많은 분자가 용해되어 있고, 주변에 녹아 있는 분자의 양과 비교해서 그 농도가 얼마나 높은지가 중요한 것이다. 만약 세포 속보다 주변에 더 많은 물질이 용해되어 있으면, 액체는 세포에서 외부로 흘러나오고, 세포 속의 물질 농도가 더 높으면 반대로 외부의 액체가 세포 속으로 들어온다. 대부분의 박테리아와 고세균의 경우는 물이 그들 안으로 들어온다. 따라서 약간 부풀어 올라 둥그스름한 형태를 띠기가 쉽다.

반면 할로콰드라툼 월스비는 주변 환경이 염도가 매우 높아 세포 속 물을 주변으로 내어주므로 납작한 모양을 띠는 듯하다. 사각형 모양은 가스로 채워진 무수한 기포와 관련이 있는 듯도 하다. 기포들은 무엇보다 이 고세균의 가장자리에 위치한다. 이런 기포의 도움으로 이 고세균이 물에 떠다니며, 빛이 너무 많지도 적지도 않은 적절한 곳을 찾아가는 것으로 보인다. 의도적으로 이런 기포를 만들어냄으로써 세포 액체의 부피도 변화시킬 수 있다. 할로콰드라툼 월스비가 극도로 염도가 높은 물에서 무리 없이 생존하는 것도 이런 이유 때문일지도 모른다. 그러나 소금을 좋아하는 고세균에게 기포가 무슨 역할을 하는지, 월스비의 짭짤한 사각형이 왜 그런 모양을 띠는지 아직 온전한 이해가 이루어진 것은 아니다.

⑦

보트리오코쿠스 브라우니
미세조류로 기후위기를 극복할 수 있을까

우리의 현대 문명은 미세조류를 토대로 발전했는데, 이것은 현재 상당한 문제가 되고 있다. 몇억 년 전 바다와 호수 바닥에 사멸한 생물로 이루어진 두터운 퇴적층이 형성되었다. 이 생물들은 무엇보다 조류들이었다. 깊은 해저와 호수 바닥에는 산소가 거의 없다시피 했으므로 퇴적된 조류들은 썩지 않았다. 이런 죽은 미생물층 위에 암석이 켜켜이 만들어졌으며 높은 압력과 높은 온도로 말미암아 미생물층은 점성이 있는 탄소화합물로 변했다. 간단히 이런 방식으로 오늘날 우리가 이용하는 석유가 만들어진 것이다. 석탄 역시 석유와 마찬가지의 화석 연료로서 선사시대의 식물로부터 비슷한 과정을 거쳐 만들어진 에너지원이다.

우리는 19세기 산업혁명 이래로 이런 화석 연료를 점점 더 집중적으로 활용해왔고, 아직도 화석 연료로 점점 더 늘어나는 에너지 필요량을 충당하고 있다. 아울러 이를 통해 우리는 죽은 미생물 속에 있던 탄소를 이산화탄소의 형태로 대기로 다시 방출해왔다. 인류가 연간 배출하는 이산화탄소량은 100만여 년에 걸쳐 지구의 암석에서 만들어졌던 양과 맞먹는다. 이는 자연의 순환을 무너뜨린다. 그 결과 전 지구적 기후변화의 재앙이 일어나고 있다.

기후위기는 다양한 접근 방식을 통해 신속히 해결되어야 한다. 무엇보다 더 이상 이산화탄소를 배출하지 않는 새로운 에너지원이 필요하다. 그리하여 현재 이른바 재생 가능한 원료로부터 얻는 '바이오 연료'에 대한 연구가 활발히 이뤄지고 있으며, 그런 가운데 우리에게 석유를 선사해준 바로 그 미생물도 주목할 대상으로 떠오르고 있다.

'바이오 연료'에 대한 연구

그 미생물은 바로 보트리오코쿠스 브라우니 *Botryococcus braunii* 로 전 세계적으로 발견되는 담수 조류다. 이 단세포생물은 혼자서는 크기가 아주 미세하지만, 다른 조류들과 함께 커다란 군체(콜로니)를 이룬다. 그리고 태양에너지를 당 분자와 지방 분자로 자신의 몸속에 저장하는데, 연구자들은 바로 이런 조류의 지방질에 관심이 있다. 조류의 지방질은 탄화수소, 더 정확히는 트리테르펜으로 이루어지며, 원유를 정제하는 것과 비슷한 과정을 통해 이를 가솔린이나 경유같이 효과적인 연료로 바꿀 수 있다.

하지만 그러기 위해서는 우선 조류가 만들어낸 지방질을 충분히 확보해야 한다. 보트리오코쿠스 브라우니는 다른 조류에 비해 세포벽이 상당히 두툼하다. 하지만 대부분의 탄화수소는 세포벽 바깥에 위치한다(무엇보다 미세조류들의 군체를 형성하는 역할을 하기 위해서 말이다). 지방질을 확보하려면 이상적으로는 조류를 죽이지 않은 채 이런 물질을 합리적인 방식으로 수확해야 할 것이다. 그리하여 연구자들은 극도로 짧은 전기 충격을 가함으로써 조류가 지방질을 주변 물속에 내어

주도록 유도할 수 있는지를 연구했다. 물론 이런 방법은 불가능하지는 않다. 다만 이런 방법으로 재생에너지 문제를 해결하는 건 요원하다 하겠다.

단순히 연못이나 호수에 전기 케이블을 설치하고 몇 번의 전기 충격을 준 다음 완제품 휘발유를 건져내는 식으로는 할 수 없기 때문이다. 최적의 조건에서 조류를 배양해야 할 것이며, 최대의 수확량을 기대할 수 있는 적절한 조류를 찾아야 할 것이다. 보트리오코쿠스 브라우니의 경우 지방이 건량의 86퍼센트에 육박해, 지방을 만드는 다른 조류들보다 월등히 많은 지방을 만들어낸다. 하지만 균주에 따라 생산량의 차이가 나며, 우리는 아직 모든 균주를 시험해보지 않았다(또는 아직 발견도 다 하지 못했다). 또한 조류는 저절로 성장하지 않으니 그들을 사육하는 시설을 운영해야 할 것이고, 지방질을 수확해 가공해야 할 것이다. 그러려면 다시 에너지가 필요하고 이 모든 일에서 다시 이산화탄소가 방출될 것이다. 물론 조류는 성장하면서 이산화탄소를 받아들이므로, 기존 발전시설의 배기가스에서 나오는 이산화탄소를 흡수하는 역할도 할 것이다. 하지만 이것이 기후에 미치는 영향은 미미할 것이다. 그도 그럴 것이 조류를 통해 만든 연료를 연소시키자마자 거기에 저장되어 있던 이산화탄소가 다시 대기 중으로 방출될 것이기 때문이다.

살아 있는 조류로 만든 연료는 과거의 조류 화석으로 만드는 연료보다 단연 낫긴 하다(생태학적으로 무리가 없는 방식으로 생산할 수 있다면 말이다). 하지만 기후위기는 이것만으로는 해결되지 않는다. 우리는 자동차 탱크에 다른 연료를 채우는 방법을 고민해봐야 할 뿐 아니라, 무엇보다 자동차 대수 자체를 줄이는 방법을 생각해봐야 한다. 그리고 온실가스를 배출하지 않는 에너지원을 적극 개발해야 할 것이다. 그냥 조류처럼 태양에너지를 직접 이용하는 방법이 더 좋을 것이다. 태양에너지는 충분한 이상으로 존재하니 말이다.

73

호흡기 세포융합 바이러스
감기에는 맥주가 좋다?

호흡기 세포융합 바이러스Respiratory Syncytial virus는 콧물, 기침, 기관지염 등 이른바 감기의 여러 증상을 유발한다. 이런 증상이 나타나면 힘들지만, 대부분 며칠 지나면 저절로 증상이 사라진다. 그럼에도 감기 증상을 완화하기 위한 여러 민간요법이 존재한다. 어떤 것들은 별로 효과가 없고 어떤 것들은 꽤나 효과가 있다. 2012년 이런 민간요법이 하나 추가되었다. 이번에는 굉장히 과학적 근거가 있는 방법으로 일본 연구팀이 연구한 것이었다. 연구 결과가 발표되자, 인터넷 여기저기서 '맥주가 감기에 효과가 있다'는 설이 떠돌았다. 오 진짜? 하며 반기는 반응은 충분히 이해할 만하다. 대중적으로 사랑받는 음료가 누구나 곧잘 걸리곤 하는 감기에도 효과를 보인다니, 이 얼마나 금상첨화란 말인가.

사실 이 연구는 맥주 자체를 가지고 한 것은 아니었다. 맥주에 포함된 홉이라고 하는 쓴 물질, 즉 '후물론humulone'이 연구 대상이었다. 홉이라는 식물의 수지에서 비롯된 것으로, 맥주 양조 시 홉을 가열하면 맥주에 특유의 쓴맛을 가미하는 물질이 생겨나는데 이를 후물론이라 부른다. 이런 쓴맛 나는 홉에 약효 성분이 있음은 오래전부터 알려져 있었다. 홉의 쓴맛 나는 물질이 진정과 소염 작용을 해주고,

특정 박테리아의 성장을 저지한다.

2012년 일본의 연구자들은 무엇보다 홉이 바이러스에도 효과를 보일 수 있는지를 알고자 했다. 호흡기 세포융합 바이러스가 보통은 감기 증상만 유발하지만, 영유아에게서는 증상이 심각해서 병원 치료를 요할 수도 있기 때문이다. 그리고 정말로 실험 결과 후물론이 이 바이러스의 증식을 억제할 수 있는 것으로 나타났다.

따라서 맥주는 정말 감기의 특효약일까? 그렇지 않다. 우선 이 실험은 진짜 인간을 대상으로 한 것이 아니라, 페트리 접시 안의 세포를 대상으로 이루어진 것이다. 두 번째로 맥주에 후물론이 들어 있기는 하지만, 이렇다 할 효과를 내기 위해서는 10리터는 너끈히 마셔야 할 텐데 아마 그렇게 많이 마시면 건강상의 다른 문제가 빚어질 것이다. 세 번째로 이 연구를 담당한 세 과학자는 일본의 커다란 맥주 회사 연구부에 속해 있었음을 감안해야 한다. 물론 연구 작업에 문제가 있었다는 뜻은 아니다. 이 연구는 여타 학술논문과 마찬가지로 동료심사(피어리뷰)를 거쳐 학술지에 게재되었다. 하지만 어느 회사가 자신의 상품을 특히나 좋게 보이게 하는 연구 결과를 발표하는 경우에는 그것을 곧이곧대로 받아들이기가 뭣하다.

식물, 동물, 여타 생물의 미생물학적 장비에서 의학적으로 효과를 발휘할 수 있는 물질을 찾는 것은 절대적으로 중요한 일이다. 어쨌든 생명은 수십억 년 동안 각종 병원체에 대항하는 전략들을 개발해왔으니 말이다. 그러나 실제로 그것들을 활용하고자 하는 바람은 이루어지기가 쉽지 않다. 맛도 좋은 '기적의 치료제'는 그리 쉽사리 찾아지는 것이 아니다.

특히나 식품과 관계된 의학 지식은 상당히 부풀려지는 경우가 많다. 건강과 음식은 모든 이가 관심 있어 하는 주제이므로, 이와 관련한 언론 보도도 넘쳐난다. 신빙성에 문제가 있는 연구도 곧잘 흥미롭게 포장되어 보도되곤 한다. 레드와인에 함유된 화학 성분이 실험실 연구에서 약간의 의학적 효과를 보이는 것으로 나타나면, 곧장 "포도주가 ……에 좋다더라"라고 대대적으로 보도된다. 체중감량에 도움이 된다는 식품들은 더욱 그러하다. 인터넷에 보면 커피에서 우유, 올리브유, 콜라, 테킬라에 이르기까지 정말이지 온갖 식품이 다 체중감량에 도움이 된다는 '증거'를 가지고 있다. 물론 맥주도 체중감량에 도움이 된다는 설이 있다. 자, 그럼 건배.

74

질경이동글밑진딧물 덴소바이러스
감염되면 날개가 돋아나는

광고를 믿는다면, 알루미늄 캔에 든 달콤한 고카페인 음료를 마시면 날개를 달 수 있다. 오스트리아의 레모네이드 회사는 정말로 그렇게 선전하는데, 물론 비유적인 의미에서다. 진딧물이 아닌 이상에는 말이다. 진딧물은 정말로 없던 날개가 돋아날 수 있는 길이 있다. 그리고 그것은 에너지 드링크가 아닌 바이러스를 통해서다.

사과 농사를 짓는 사람은 아마 질경이동글밑진딧물*Dysaphis Plantuginea*(디자피스 플란타기네아) 때문에 고생해본 일이 있을 것이다. 이것은 보통 '사과 가루 진딧물'이라고 알려진 진딧물로 사과나무 잎 아랫면에 붙어 커다란 군체를 이루고 살아간다. 나뭇잎에 알을 낳고 '단물'이라 불리는 당분 함량이 높은 배설물을 남긴다. 진딧물에 감염되면 사과나무 잎들이 쪼그라들고, 열매가 변형되며, 단물은 곰팡이 감염의 이상적인 조건을 조성한다. 진딧물 입장에서 보면 이 모든 것이 나쁘지 않다. 그들이 가진 유일한 문제는 개체 수 조절이니 말이다.

진딧물은 보통 밝은 갈색이며 날개가 없고, 생물들이 보통 그렇듯이 열심을 다해 번식한다. 군체(콜로니)는 계속 불어나는데, 날개가 없이는 다른 식물로 이주하기가 쉽지 않다. 하지만 때때로 다른 진딧물보다 색이 약간 더 어둡고, 동료들과 달리 날개가 돋아난 진딧물이 태어난다. 이들은 복작거리는 군체를 떠나 다른 식물에 정착해 새로운 공동체를 이룰 수 있다.

하지만 날개 달린 곤충은 우연히 등장하는 것이 아니다. 이들에게 날개가 있는 것은 바이러스 감염의 결과다. 덴소바이러스는 특히나 곤충(및 갑각류)을 좋아하는 바이러스 과virusfamily, virus classification에 속한다. 질경이동글밑진딧물 덴소바이러스Dysaphis plantaginea densovirus 종은 사과 가루 진딧물을 감염시키는 데 특화되어 있다. 이 바이러스의 DNA가 감염된 진딧물에서 돌연변이를 일으켜 색깔을 변화시키고 날개가 돋아나게끔 한다. 이제 날 수 있게 된 진딧물은 다른 곳으로 옮겨가 새로운 군체를 이룬다. 그런 다음 다른 사과나무에서 잎으로부터 식물즙을 빨아들이면서 바이러스를 식물로 옮겨준다. 따라서 질경이동글밑진딧물 덴소바이러스는 스스로 퍼져나가기 위해 진딧물을 운송수단으로 활용하는 것이다. 이는 진딧물에게도 유익하다. 바이러스에 감염된 진딧물이라 해서 그 바이러스를 후손에게 전달하는 것은 아니므로, 이들을 시작으로 아주 정상적이고 날개 없는 진딧물로 이루어진 군체가 형성된다. 그러다가 군체의 밀도가 너무 커져서 개체 수가 너무 많아지면, 다시 몇몇 개체가 식물즙 속의 바이러스에 감염될 확률이 증가하고, 그렇게 다시 순환이 시작된다.

이 바이러스는 진딧물의 번식 능력에 부정적인 영향을 미친다. 바이러스에 감염되지 않은 진딧물이 감염된 진딧물보다 더 많은 후손을 배출한다. 하지만 전체적으로 볼 때 바이러스와 진딧물 모두 만족스러운 상황이 이루어진다. 바이러스는 새로운 숙주를 필요로 하며 이 군체에서 저 군체로 옮겨가면서 숙주를 얻는다. 진딧물은 이런 기회를 통해 너무 개체 수가 많은 군체를 떠나 다른 식물로 퍼져나갈 수 있다. 그러므로 때로는 바이러스에 감염되는 것이 긍정적인 경우도 있다. 최소한 진딧물에게는 그렇다.

75

예르시니아 슈도투베르쿨로시스
인류에게 최악의 재앙을 안겨준 세균

6000여 년 전, 지구에 그동안 없었던 생물이 등장해 그때부터 인간을 공격하고 죽이는 일을 감행해왔다. 14세기 유럽에서는 희생자가 5000만 명에 육박했고, 그 전후에도 여러 지역에 수많은 희생자를 냈다. 기록이 남아 있지 않은 선사시대에 희생자가 얼마나 많았는지 우리는 알지 못한다. 문제의 '괴물'은 바로 예르시니아 페스티스 *Yersinia pestis* 로, 2마이크로미터 크기의 박테리아다. 인류 역사상 몇 안 되는 최대의 전염병인 페스트를 유발한 장본인이다.

기록에 남은 역사에 따르면 이 박테리아가 유발한 최초의 대규모 죽음의 물결은 541년부터 200년 이상 지중해 전역을 휩쓸었다. 그리고 14세기에 두 번째 물결이 일어나 1346년에서 1353년 사이에 유럽 인구의 3분의 1 정도가 페스트로 말미암아 사망했다. '흑사병'은 그 이후에도 종식되지 않고 지역적 유행이 뒤따랐다. 유행하는 지역은 꽤나 무작위적이었다. 세 번째 대유행은 1894년경 중국에서 시작되어 나머지 세계로 번져나갔으며, 1500만 명 정도의 희생자를 냈다. 하지만 인류는 과거 이 역병이 창궐할 때와는 달리 완전히 무기력하지는 않았다. 3차 대유행이 시작된 직후 의사 알렉상드르 예르생Alexandre Emil Jean Yersin이 당시 여전히 알려지지 않았던 페스트의 병원체를 분리해내는 데 성공했다. 예르생이 "bacille de la pestis"라고 칭했던 이 박테리아는 나중에 그의 이름을 따서 예르시니아 페스티스라 불리게 되었다.

당시 예르생은 페스트와 동시에 발생했던 쥐의 떼죽음 원인도 이 박테리아임을 증명해냈다. 얼마 안 가 이 세균이 쥐벼룩을 통해 동물에게서 인간으로 옮겨올 수 있음이 규명되어, 감염경로가 거의 분명해졌다. 벼룩이 감염된 쥐의 피를 빨아 먹은 뒤에 인간을 물면, 피와 함께 박테리아가 옮게 되어 페스트가 발병한다. 그리고 이후 사람벼룩을 통해 전파되거나 비말감염을 통해 사람 간 전염이 일어난다. 페스트에 감염될 수 있는 동물이 쥐만은 아니다. 200종 이상의 포유류가 페스트에 걸릴 수 있고 전염시킬 수 있다. 예르시니아 페스티스는 아주 질긴 놈이라서, 음식이나 의복 또는 시체에서 몇 주씩 버티며 다음 희생자를 물색할 수 있는 것으로 나타났다.

페스트는 완전히 사라지지 않았다. 여전히 이 병에 걸려 죽는 사람들이 있다. 하지만 오늘날에는 조기 발견되는 경우 항생제 치료가 가능하다. 또한 위생 상태가 두루두루 개선되면서 페스트는 예전의 위력을 잃었다.

우연한 돌연변이의 치명적 변신

이제 우리는 이런 역병이 어디에서 시작되었는지도 안다. 2015년 국제 연구팀이 러시아 남동부의 5000여 년 된 무덤에서 발굴한 인간 뼈에서 얻은 DNA를 연구했고, 예르시니아 페스티스의 흔적을 발견해냈다. 현대적 변종과는 약간 다르지만 같은 세균이 틀림없었다. 이어 페스트의 기존 균주와 새로운 균주 간의 차이점과 예르시니아 페스티스와 다른 유사한 박테리아의 DNA 시료 비교를 통해 이 병원체의 '계통수'를 재구성해냈다. 이에 따르면 모든 흑사병 박테리아는 거의 6000년 전쯤 공통 조상에게서 갈라져 나왔다. 즉 예르시니아 페스티스는 예르시니아 슈도투베르쿨로시스*Yersinia pseudotuberculosis*라는 다른 세균에서 유래한 것이다. 예르시니아 슈도투베르쿨로시스는 이미 1889년에 발견된 박테리아로, 주로 설치류, 야생조류, 기타 야생동물을 감염시키며, 이들로부터 사람에게로 전파되어 장 질환을 유발할 수 있다. 그러나 페스트 같은 무시무시한 전염병을 유발하는 일과는 거리가 멀다.

아주아주 오래전 언젠가 우연한 돌연변이를 통해 비교적 무해한 예르니시아 슈도투베르쿨로시스로부터 치명적인 예르니시아 페스티스 균이 만들어졌던 것이 틀림없다. 미생물학과 고고학의 연구 결과는 이 균이 청동기 시대에도 이미 치명적이었음을 보여준다. 당시 희생자가 후대의 페스트 균이 유발하는 가래톳 페스트에는 걸리지 않고, 폐 페스트에만 걸렸는데도 그로 인해 사망한 것으로 나타난 것이다. 그런 다음 3000여 년 전에 또 다른 돌연변이가 일어나 예르시니아 페스티스가 벼룩을 통해서도 전파될 수 있게 되었고, 결국 이 세균이 지금까지 어떤 생물보다 더 인류의 역사에 크나큰 영향을 미치는 길이 활짝 열렸다.

미생물은 별의 죽음을 견디고 살아남을 수 있을지도 모른다

쿠르불라리아 프로투베라타
아무도 홀로 살아갈 수 없다

어떤 바이러스는 숙주를 아프게 하기는커녕 더 생존력 있게 만들어 준다. 디칸텔리움 라누기노숨*Dichanthelium lanuginosum*이라는 학명을 가진, 북아메리카에서 자라는 풀에겐 바이러스가 그런 작용을 한다. 이 풀은 '핫 스프링 패닉 그래스Hot Spring Panic Grass'라는 별명으로 불리지만, 사실 '패닉panic'과는 전혀 상관이 없다. 패닉이라는 이름은 '수수(기장)'를 뜻하는 라틴어 panicum에서 유래한 것이다. 하지만 사실 이 풀이 서식하는 환경은 약간은 패닉을 느낄 정도로 만만치 않다. 이 풀은 옐로스톤 국립공원의 간헐천과 온천 근처에 서식한다. 토양의 온도가 섭씨 50도를 웃돌기까지 하는, 보통 풀이 자라기엔 너무나도 뜨거운 땅이다. 설사 사막에 사는 식물이라도 낮 동안에는 뜨거운 온도를 견디지만, 밤엔 그래도 시원함을 맛볼 수 있다. 하지만 '패닉 그래스'에겐 밤이 되어도 열기는 계속된다. 시종일관 열기를 견뎌야 하는 것이다.

이런 열기는 혼자서는 견딜 수 없다. 다른 생물의 도움을 받아야 한다. 미생물인 쿠르불라리아 프로투베라타*Curvularia protuberata*가 바로 그 도움을 준다. 쿠르불라리아 프로투베라타는 현미경으로 봐야 보이는 균류로, 패닉 그래스의 뿌리에 산다. 식물계에서 이런 공생은 드물지 않다. 미생물과 함께 살며 미생물에게서 유익을 얻는 식물은 많다(가령 박테리아는 공기 중의 질소를 흡수해 식물이 사용하도록 내줄 수 있다). 디칸텔리움 라누기노숨의 경우 이 풀과 균류는 서로를 열로부터 지켜준다. 각자 혼자 있으면 기껏해야 섭씨 38도 정도의 온도를 견딜 수 있을 정도지만, 함께하면 훨씬 더 높은 열기를 견딜 수 있다. 하지만 이런 놀라운 협업이 어떻게 가능한지는 오랜 세월 수수께끼로 남아 있다가 2006년에야 잃어버린 퍼즐 조각이 발견되었다.

연구자들이 균류의 유전자를 분석한 결과 보통은 균류보다 바이러스에서 흔히 볼 수 있는 유전정보가 발견된 것이다. 이에 착안한 연구자들은 쿠르불라리아 프로투베라타가 바이러스에 감염된 것으로 추정하고, 풀에서 균류를 분리해 실험실에서 바이러스에 감염되지 않은 쿠르불라리아 프로투베라타를 배양했고, 이를 '핫 스프링 패닉 그래스'와 공생하도록 해보았다. 그 상태에서 온도를 높이자 식물은 단시간에 죽어버렸다. 하지만 균류를 다시 바이러스로 감염시킨 뒤 공생시키자 모든 것이 놀랍게 진행되어 풀이 전처럼 열기에 잘 견디는 것이 아닌가.

식물이 내열성을 획득하게(열기를 잘 견디게) 만들기 위해 균류와 바이러스의 합작이 필요하다는 결론이었다(이런 점에 착안해 이 바이러스는 Curvularia Thermal Tolerance Virus라는 이름을 얻었다). 바이러스에 감염된 균류가 어떻게 그런 일을 하는지는 아직 정확하게 밝혀지지 않았다. 곰팡이(균류)가 풀이 스트레스 상황에서 보통 내보이는 반응을 하지 않도록 도와주는 건지도 모른다. 추후에 이런 과정이 다른 식물들에게도 잘 통하는 것으로 드러났다. 연구 결과 바이러스에 감염된 균류와 공생하게끔 한 토마토도 더위를 더 잘 견뎠다.

이런 삼중의 협업은 생물학적 시스템이 하나 이상의 유기체로 이루어질 수 있음을 여실히 보여준다. 이런 경우는 지금 우리가 아는 것보다 훨씬 더 많을 것으로 보인다. 미국의 생물학자 린 마굴리스 Lynn Margulis 는 이런 것을 '전생명체holobiont'라고 부른다. 인간도 생존하려면 몸속의 다양한 미생물과 공생해야 하니, 인간 역시 전생명체다. 우리는 커다란 포유류일 뿐 아니라, 우리 안에 살며 모든 면에서 우리에게 영향을 미치는 모든 세균과 다른 미생물들을 합친 존재다. 생명이 어떻게 기능하는지를 알고자 한다면, 다양한 종 사이의 전체 협업도 이해해야 할 것이다. 인간, 풀, 세균을 막론하고 아무도 독불장군처럼 혼자서만 살아갈 수는 없다.

고초균
미생물계의 미술애호가

박테리아, 바이러스, 여타 미생물의 현미경 사진은 미술작품처럼 보인다. 그러나 고전 미술에서 미생물을 형상화한 작품은 거의 찾아볼 수 없다. 인간, 풍경, 식물, 동물은 회화 작품에 정말 다채롭게 묘사되어 등장하지만, 박테리아는 눈을 씻고 찾아봐도 없다. 하지만 사실 그림 속엔 미생물이 있다! 이탈리아 페라라대학의 엘리자베타 카셀리Elisabetta Caselli가 그랬듯이 어디서 찾아야 하는지를 알면 금방 발견할 수 있다! 2016년 엘리자베타 카셀리는 동료들과 더불어 카를로 보노니Carlo Bononi의 〈성모대관식Incoronazione della Vergine〉이라는 그림을 상세히 연구했다. 초기 바로크 시대 화가인 카를로 보노니는 17세기에 〈성모대관식〉을 그렸고, 이 그림은 이후 페라라 바도의 산타 마리아 교회 천정에 걸렸다. 그러다가 2012년 지진이 일어난 뒤부터는 천정에서 떼어내어 교회의 벽감 안에 비스듬히 기대어 놓았다. 카셀리는 이런 환경이 그림에 좋지만은 않다는 점에 착안해 이렇게 자문했다. 생물학적 분해반응이 그림에 얼마나 큰 해를 끼칠까, 분해반응으로 그림이 손상되는 걸 막으려면 어떻게 해야 할까?

이런 질문에 답하기 위해 연구자들은 우선 이 그림을 미생물학적으로 면밀하게 조사했다. 그랬더니 그림에서 스타필로코쿠스

*Staphylococcus*와 바실루스 속에 속한 여러 박테리아가 발견되었다. 네 가지 속 출신의 균류도 있었다. 흥미로운 것은 미생물이 무작위로 그림 전체에 고르게 분포되지 않고, 군데군데 몰려 있다는 것이었다. 그도 그럴 것이 그림은 그냥 색깔 있는 캔버스나 나무만이 아니다. 그림의 표면은 밝지만, 표면 아래의 색층은 어둑하다. 온도와 습도도 차이가 난다. 사용된 유화 물감 중에는 유기물로 이루어진 것도 있고 무기물로 이루어진 것도 있어, 다양한 미생물의 영양 토대가 되어줄 수 있다. 작은 미생물의 시각에서 보면, 이런 그림에는 굉장히 다양한 비오톱biotope이 모여 있는 것이다.

가령 사상균인 아스페르길루스*Aspergillus*와 페니실리움*Penicillium*은 어두운 곳에서 편안함을 느끼는 듯하다. 그래서 그림 속 천사들의 갈색 옷이나 하느님이 두른 붉은 천에서 발견되었다. 반면 클라도스포리움*Cladosporium* 곰팡이는 그림 속의 노란 하늘이나 분홍빛이 감도는 맨살을 선호했다. 박테리아는 그림 속에서 고유의 서식 공간을 점유하고 있었다.

미생물로 미생물을 퇴치하기

화가 카를로 보노니는 캔버스와 물감으로 미학적 예술작품만이 아니라 미생물이 거주할 수 있는 완벽한 세계를 만든 것이다.

생물학의 관점에서 보면 박테리아, 균류 등이 나름 예술작품을 소중히 여긴다는 게 멋지게 생각될지도 모른다. 하지만 인간에게 예술작품은 미적으로 향유하는 게 중요한 반면, 미생물에게 예술작품은 영양 공급원으로서 가치를 지닌다. 그리고 바로 이 점이 시간이 흐르면서 문제로 이어질 수 있다. 생물학적 분해과정이 예술작품을 대폭 손상시킬지도 모르기 때문이다.

그리하여 카셀리는 PCHS라는 새로운 위생 시스템으로 이런 문제를 미연에 방지할 수 있을지를 연구했다. PCHS는 "Probiotic Cleaning Hygiene System"의 약자로 미생물로 미생물을 퇴치하게끔, 미생물을 클리닝에 활용하는 방법이다. PCHS에는 보통 특정 박테리아의 포자가 활용된다. 포자는 오래 살아남을 수 있으며 환경의 유해한 영향에 그다지 민감하지 않다.

카셀리는 고초균 *Bacillus subtilis*(바실루스 서브틸리스)이라는 세균과 다른 두 바실루스 종의 포자를 활용했고, 이들이 그림에서 발견된 균류와 박테리아의 확산을 막는다는 것을 증명할 수 있었다. 고초균과 다른 바실루스의 포자에서 발아한 박테리아는 자원을 아주 효율적으로 활용해, 다른 미생물이 활용할 것들을 남기지 않는 것으로 보였다.

물론 이런 항미생물 박테리아가 장기적으로 도리어 그림을 손상시키는 것은 아닌지 세심하게 점검해야 할 것이다. 하지만 고초균이 미술애호가로 증명된다면, 그림을 손상되지 않게 보호하는 새로운 방법을 활용할 수 있을 것이다.

78

메타노사르시나 바케리
대멸종을 불러온 미생물

어마어마한 화산 분출과 새로운 특성을 가진 미생물이 합작해 지구에 사는 모든 생물의 4분의 3 이상을 싹쓸이한 대멸종을 불러일으켰다! 정말일까? 이런 문장은 무슨 할리우드 재난영화를 떠올리게 한다. 하지만 이것은 지구 역사상 거의 유례가 없었던 대멸종을 설명하는 진지한 과학적 가설이다. 2억 5200만여 년 전에 일어난 이 대멸종은 같은 시기 지질층의 이름을 따서 '페름기-트라이아스기 대멸종'이라 부른다.

지질층에서 이런 대멸종을 보여주는 최초의 증거가 발견된 이래, 학자들은 그 원인을 두고 이런저런 추측을 내놓았다. 보통 대멸종과 관련해 가장 유력하게 거론되는 가설은 바로 소행성 충돌이다. 커다란 소행성이 지구와 충돌했다는 것이다. 이것은 6500만 년 전 공룡의 멸종을 부른 대멸종의 원인이기도 하다. 하지만 2억 5200만 년 전 멸종의 경우는 이런 가설을 입증하는 분화구가 발견되지 않았다. 대신에 '시베리아 트랩Siberian Trabs'이 있다. 이것은 단순히 화산 분출로 말미암은 지형이라고만 보기에는 상당히 어마어마한 지질적 누층geologic formation이다. 200만 제곱킬로미터에 이르는 시베리아의 방대한 땅으로, 용암이 굳어져 만들어진 화산암으로 덮인 '마그마 지역'이다. 어마어마한 양의 용암이 지구 내부로부터 한꺼번에 흘러나온 게 아니라 몇십만 년에 걸쳐 그렇게 되었다. 물론 지질학 관점에서 보면 이것은 비교적 짧은 시간이다. 화산활동이 굉장히 활발해진 이 시기에 대기로 방출된 먼지는 햇빛을 차단하기에 충분했다. 이로 인해 육지의 식물과 바다의 미생물은 더 이상 광합성을 하지 못해 전체 먹이사슬이 붕괴했을 수도 있다. 먼지가 서서히 땅 위로 가라앉았더라도, 화산 분출 시에 대기 중에 방출된 이산화탄소가 지구온난화를 불러와 계속적인 대량멸종을 유발했을 것이다.

우리는 시베리아 트랩을 형성시킨 화산 분출이 2억 5200만 년 전에 일어났다는 걸 알고 있다. 이것은 페름기-트라이아스기의 대멸종을 설명하기에 충분한 사건이다. 그러나 2014년 미국의 지구물리학자 대니얼 로스먼Daniel Rothman이 이끄는 학제 간 연구팀은 화산 분출 외에 대멸종을 불러온 진짜 원인이 또 있으니 그것은 바로 메타노사르시나 바케리Methanosarcina barkeri 같은 고세균의 선조들이라고 주장하고 나섰다.

메탄을 생산해 멸종을 부추기다

메타노사르시나 바케리는 1966년 하수 침전물로 가득한 용기에서 발견되었다. 이 미생물은 생물학적 과정을 통해 메탄을 생성할 수 있는 유기체에 속한다. 메탄을 생산할 수 있는 생물은 고세균뿐이다. 고세균은 신진대사를 위해 산소를 필요로 하지 않으며, 하수 침전물에서뿐 아니라 호수나 저수지 바닥, 인간을 비롯한 동물의 장 속에도 서식한다. 메타노사르시나 바케리는 메타노사르시나에 속한 모든 종의 대표 격으로, 메탄을 생성할 수 있는 미생물의 전체 속genus을 대표한다.

하지만 이들이 처음부터 메탄을 생산할 수 있었던 것은 아니다. 로스먼에 따르면 이들은 2억 5200만여 년 전에 그런 능력을 획득했다. 당시 이미 메타노사르시나 바케리의 조상이 존재했는데, 오늘날처럼 이산화탄소와 수소로부터 메탄을 만들어내는 방식으로 에너지를 얻지는 못하고 있었다. 그러다가 '수평적 유전자 전달'을 통해서 비로소 이런 특성을 획득할 수 있었다. 일반적으로 유전자는 '수직'으로 전달된다. 즉 세대에서 세대로 유전된다. 하지만 때로는 기존 유기체에서 다른 유기체로 유전자가 직접 전달될 수 있다(51장을 참조하라). 이런 유전자는 무엇보다 바이러스를 통해 개체 간에 전달이 되어 DNA에 삽입될 수 있다. 당시 존재하던 박테리아가 자신의 유전자 일부를 그렇게 메타노사르시나에게 밀어 넣을 수 있었을 것이고, 이 유전자를 통해 우연히 고세균이 메탄 생산 능력을 획득했던 것으로 보인다.

완전히 새로운 에너지 대사를 통해 이 고세균은 빠르게 증식하며 확산되었고, 결과적으로 지구 대기에 메탄이 많아졌다. 메타노사르시나는 빠르게 증식하며 메탄 형성에 필요한 탄소를 얻기 위해 해저의 유기 퇴적물을 엄청나게 먹어치웠음이 틀림없다. 그리하여 메탄과 함께 이산화탄소도 많이 방출되었다. 따라서 전반적으로 볼 때 이들이 바로 전 세계적 온난화와 대멸종이 일어나기 딱 알맞은 환경 조건을 유발한 것이다.

해저 암석에 대한 지질학적 연구 결과와 유전자 분석은 이런 가설을 뒷받침해준다. 유전자 분석을 통해 메타노사르시나가 언제부터 메탄을 생산할 수 있었는지를 추정했는데, 화산활동도 이 고세균에게 도움이 되었다는 것이 밝혀졌다. 화산활동으로 말미암아 용암과 더불어 니켈도 지구 내부에서 표면으로 나왔는데, 바로 니켈이 메타노사르시나가 메탄을 만드는 데 필요한 금속이었던 것이다.

이처럼 미생물이 대멸종에 상당한 기여를 했다는 가설이 정말 맞는지는 아직 무어라 단정할 수 없다. 다른 가설들처럼 이 가설도 논란의 여지가 있다. 하지만 불가능한 이야기는 아니다. 지구 종말이 늘 하늘에서 날아든 불공으로 시작되어야 하는 것은 아니니까. 때로는 새로운 트릭을 개발한 미생물도 종말을 불러오기에 충분하다.

79

HTVC010P
얼마나 많은가, 그것이 문제로다

인간은 상당히 많다. 전 세계 인구는 70억이 넘는다. 앞으로 몇십 년 간 전체 인구수는 더 불어날 것이다. 지금까지보다는 느린 속도로 늘 어나겠지만, 그래도 계속 증가해 2100년경 110억 명 정도로 정점에 달할 것이다. 그럼에도 우리는 지구에서 가장 많은 개체 수를 자랑하 는 생물은 아니다. 숫자에 관해서라면 미생물이 우리를 너끈히 능가 한다. 오랫동안 지구상에서 가장 개체 수가 많은 생물은 펠라지박터 유비쿼*Pelagibacter ubique*라고 알려져 있었다. 이 박테리아는 1990년 대 서양 바닷물 시료에서 처음 발견된 뒤, 곳곳에서 아주 흔하게 발견되 었다. 이 세균이 바다의 모든 살아 있는 미생물 세포의 4분의 1 정도 를 이루며, 어떤 지역에서는 절반 정도를 차지한다고 추정된다. 정말 많다. 하지만 곧 이보다 더 많은 개체 수를 자랑하는 지구 구성원이 있을 것이라는 추측이 나왔다.

박테리아는 미세하고 무수하지만, 반드시 먹이사슬의 최하위에 위 치하는 것은 아니다. 그들 역시 더 작은 유기체에게 괴롭힘을 당한 다. 박테리아를 감염시키는 데 특화된 바이러스가 많기 때문이다. 그 러므로 가장 흔한 세균이 펠라지박터 유비쿼라고 볼 때, 역시나 어딘 가에 이들을 숙주로 삼는 바이러스가 있음이 분명하다. 그리고 이런 바이러스가 있다면, 아마 세균보다 개체 수가 더 많을 것이다.

오레곤 주립대학의 미생물학자 스티븐 조반니Stephen Giovanni 팀은 이런 생각에 착안해 해당 바이러스를 찾아 나섰고, 2013년에 정말로 그런 바이러스를 찾아내는 데 성공했다. 오레곤 해안과 버뮤다 제도 앞의 측정소에서 펠라지박터 유비쿼를 감염시키는 4개의 바이러스가 확인되었다. 이들 가운데 하나는 다른 바이러스보다 수가 많았고, HTVC010P라는 다소 재미없는 이름을 부여받았다. 이 바이러스는 펠라지박터 유비쿼에 침투해 그곳에서 스스로를 복제한다. 40개 정도가 복제되면, 세균 세포는 가득 차서 터진다. 그리하여 이제 박테리아 대신에 몇십 개의 바이러스가 생기는 것이다.

모든 바이러스를 일렬로 세우면 1000억 광년

지구에 사는 모든 유기체가 미래의 지구 모습을 결정하기 위해 한 표씩 행사할 수 있다면 우리는 아마 HTVC010P의 뜻에 따라야 할 것이다. 바이러스가 고전적 의미에서의 생물에 속하지 않는다는 이유로 그들의 투표권을 박탈하지 않는 한 말이다. 바다는 바이러스로 가득하다. 1밀리리터의 바닷물에서 최대 1000만 개의 바이러스를 찾을 수 있다. 해저의 퇴적물에는 심지어 바이러스가 더 많다. 지구상의 바이러스는 총 10의 31승 개일 것으로 추산된다. 정말 상상을 초월하는 수다. 숫자를 10의 몇 승이라 표현하지 않고, 이름을 붙여서 표현하려면 1000경 이하여야 하는데 그 숫자를 훨씬 웃돈다. 비교를 위해 말하자면, 우리 태양계가 속한 은하인 은하수에 속한 별은

1000억 개 정도인데 지구상의 바이러스는 이보다 1000억 배 더 많다. 관측 가능한 전 우주에 은하수처럼 각각 1000억 개의 별을 가진 은하가 1000조 개가 있고 이들 은하의 모든 별을 합친다 해도 여전히 바이러스가 더 많다.

모든 바이러스를 일렬로 세우면, 1000억 광년에 이를 것이다. 우리 은하의 지름(약 10만 광년)을 가뿐히 가로지르는 건 물론이고, 250만 광년 거리에 있는 가장 가까운 안드로메다은하도 뛰어넘는 거리다.

이렇게 가공할 숫자를 생각하면 바이러스가 지구의 전 생태계에 엄청난 영향을 미친다는 건 놀랄 일이 아니다. 바다에서 매일매일 만들어지는 박테리아 가운데 상당 부분—어떤 추정치에 따르면 생성되는 박테리아의 50퍼센트—이 바이러스의 공격을 받아 사멸한다. 박테리아 입장에서도 아주 탐탁한 상황은 아니다. 하지만 이 사실은 지구에게는 굉장히 중요하다. 조류와 바다의 다른 모든 미생물은 무엇보다 탄소로 구성된다. 이들이 사멸하면, 그들과 더불어 탄소가 해저로 가라앉고 수만 년간 그곳에 머문다. 그러면 탄소가 이산화탄소로서 대기 중으로 방출되지 않는다. 하지만 미생물이 바이러스의 공격을 받아 수층의 상층부에서 이미 분해가 이루어지면, 탄소도 그곳에 남아 대기 중으로 쉽게 방출될 수 있다. 그러므로 바이러스는 지구의 탄소 순환에서 중요한 역할을 담당하며, 대기 상태에 간접적으로 영향을 미친다. 이것은 기후변화의 책임을 바이러스에게 (조금이라도) 뒤집어씌울 수 있다는 의미가 아니다. 바이러스는 다만 지금까지 늘 해왔던 대로 하는 것뿐, 자연의 순환을 망가뜨리는 것은 우리 인간의 활동일 따름이다. 그리고 인간이 아무리 잘난체해봤자, 결국 우리는 미생물로 가득한 지구의 손님일 따름이다.

80

피치아 파스토리스
기후를 구하는 슈퍼 효모

식물은 위대하다! 그들은 빛을 에너지원으로 사용하고 이산화탄소를 양분으로 활용한다. 대부분의 다른 생물은 그렇게 하지 못한다. 다른 생물들은 정확히 반대로, 신진대사의 부산물로 이산화탄소를 만들어낸다. 효모를 사용해 빵을 굽거나 맥주를 양조할 때는 이것이 아주 유용하다(22장 참조). 빵을 구울 때는 효모가 배출하는 이산화탄소가 반죽을 부풀게 하고, 맥주를 양조할 때는 역시 효모를 통해 배출되는 이산화탄소가 톡 쏘는 맛을 만들어낸다. 생물학에서는 이런 두 근본적으로 다른 삶의 양식을 '종속영양heterotrophy'과 '독립영양autotrophy'이라 부른다. 우리 인간은 다른 모든 동물, 효모를 포함한 모든 균류, 대부분의 박테리아와 마찬가지로 종속영양 생물에 속한다. 우리는 이미 존재하는 유기화합물로 우리 몸을 만든다. 달리 말해 필요한 물질, 특히 탄소를 얻기 위해 식물이나 동물을 먹는다. 반면 식물(그리고 일부 박테리아와 고세균)은 독립영양 생물로서, 공기 중의 이산화탄소와 같은 무기물로부터 탄소를 얻는다.

세월이 흐르면서 공기 중의 이산화탄소는 너무나 많아졌다. 우리는 호흡으로 이산화탄소를 배출하는 데 그치지 않고, 산업을 통해 어마어마한 양의 이산화탄소를 땅속에서 채굴해 대기로 내보냈고, 그 결과 지구온난화와 기후위기에 봉착했다. 이런 전 지구적 문제를 해결하기 위해서는 이산화탄소를 적게 배출해야 할 뿐만 아니라 이상적으로는 대기에 이미 존재하는 이산화탄소를 제거할 새로운 방법도 모색해야 한다.

바로 여기서 오스트리아 연구자들의 연구가 도움을 줄 수 있을 것으로 보인다. 그들은 2019년 효모균 피치아 파스토리스*Pichia pastoris*를 연구했다. 피치아 파스토리스는 신진대사를 위한 탄소 공급원으로 메탄올을 활용할 수 있다. 하지만 식물처럼 공기 중에서 이산화탄소를 흡수하는 대신, 이산화탄소를 방출한다. 이에 연구자들은 이 효모를 약간 손봐서 이들 유전자 가운데 3개를 파괴하고, 박테리아와 시금치로부터 유전자 8개를 효모 세포에 집어넣었다. 그러자 피치아 파스토리스는 공기 중의 이산화탄소를 흡수해 탄소를 얻을 수 있게끔 바뀌었다. 종속영양 생물인 균류가 독립영양 생물이 된 것이다. 이렇게 얻은 새로운 효모는 식물처럼 독립영양을 구사할 수 있지만, 계속해서 빛이 아닌 메탄올에서 얻은 에너지를 활용한다.

이런 아이디어는 매우 실용적이다. 생물반응기를 활용해 이런 효모균을 대량으로 배양할 수 있기 때문이다. 메탄올은 재생 가능 에너지원으로서 대규모 사용이 가능하다. 그리하여 효모는 이제 충분한 이산화탄소만 있으면 된다. 산업계에서 생물반응기—사실 온도, 산소 함량 등 환경 조건을 조절할 수 있는 용기에 다름 아니다—는 이미 다양한 목적에 쓰이므로, 별도로 개발할 필요가 없다. 시중에서 구할 수 있는 500세제곱미터짜리 생물반응기를 활용해 1년에 대기 중으로부터 최소 2000톤의 이산화탄소를 걸러낼 수 있다. 이것은 1년에 평균적으로 자동차 1000대가 배출하는 양에 맞먹는다. 미생물들은 이산화탄소를 제거하는 동시에 또 다른 작업을 수행할 수도 있다. 가령 이들로 하여금 바이오플라스틱을 생산하도록 하면, 석유 사용을 줄이고 화석 원료를 보존할 뿐만 아니라 플라스틱 생산 사슬의 마지막 단계에서 이산화탄소 배출을 이전보다 줄일 수 있다.

물론 효모 혼자서 기후위기를 해결할 수는 없다. 이산화탄소 감축을 위해 피치아 파스테리스를 대규모로 투입하는 단계에는 도달하지 못했다. 만약 이 효모가 상용화된다 해도 인간 역시 부지런히 도와야 한다. 결국 기후변화를 유발한 것은 효모가 아니라 바로 우리 자신이니 말이다.

⑧1

할로아르쿨라 마리스모르투이
북극곰, 리보솜과 노벨상

아다 요나트Ada Yonath는 1939년 6월 22일 예루살렘의 게울라에서 태어났다. 이곳에서 사해까지는 불과 30킬로미터 남짓. 이 시기 사해에서는 이스라엘 미생물학자 베냐민 엘라자리 볼카니Benjamin Elazari Volcani가 생물을 찾고 있었다. 많은 사람이 그 작업을 헛수고로 여겼다. 사해가 달리 '죽은' 바다라 불리는 것이 아니기 때문이었다. 사해의 물은 너무 짜서 생명체가 존재하지 않으리라 여겨졌다. 그럼에도 엘라자리 볼카니는 그곳에서 훌륭하게 적응해서 살고 있는 몇몇 미생물을 발견했다. 그들 가운데 하나가 현재 할로아르쿨라 마리스모르투아Haloarcula marismortui 라 불리는 미생물이다. 볼카니가 발견하고 70년 뒤 화학자 아다 요나트가 이 미생물을 연구해 노벨 화학상을 받았다.

요나트는 생화학을 공부했고 박사논문을 쓰면서 X선 결정학을 연구하기 시작했다. X선 결정학은 결정에 X선을 조사해 결정 구조를 연구하는 학문이다. 여기에서는 X선이 결정 원자들에 의해 얼마나 회절되는가를 측정한다. 회절 정도는 결정의 구조와 화학 성분에 따라 달라지므로, 회절을 통해 결정 속 모든 원자의 위치와 특성을 재구성하는 것이 가능하다. 원칙적으로는 그렇다. 하지만 실제로는 훨씬 어렵다. 무엇보다 단순한 결정이 아니라 복잡한 생물학적 분자의 구조를 이해하는 것은 쉽지 않다. 하지만 아다 요나트는 복잡한 분자를 목표로 삼았다. 바로 리보솜이 어떻게 기능하는지를 알고자 했던 것이다.

리보솜은 모든 생물에게 꼭 필요한 부분이다. 리보솜이 단백질 합성을 담당하기 때문이다. 단백질 구조에 대한 정보는 DNA에 저장되어 있다. 하지만 단백질이 실제로 만들어지려면, 이런 코드를 복사해서 리보솜에 전달해야 한다. 이 일은 mRNA를 통해 일어난다. 여기서 'm'은 메신저, 즉 전령을 뜻한다. 이 전령은 이제 단백질 합성이 시작되는 리보솜에게로 길을 떠난다. 리보솜이 없이는 면역계의 항체도, 혈액을 통해 산소를 운반하는 헤모글로빈도, 피부와 뼈에 구조를 부여하는 콜라겐도 존재할 수 없다. 이 모든 것이 단백질이기 때문이다. 단백질은 수많은 다른 단백질과 더불어 생명체 안에서 일어나는 수많은 일을 해결한다.

그런데 이 모든 것을 이해하고자 한다면, 우선 리보솜이 기본적으로 어떻게 구성되어 있는지를 정확히 알아야 한다. 이것은 X선 결정학을 통해 가능하다. 그런데 이 일이 가능하려면 우선 리보솜을 결정 상태로 만들어야 한다. 이것은 원칙적으로 가능하다. 많은 분자를 '질서 정연한(정돈된)' 단위체로 만들 수 있다. 하지만 분자들은 적절한 조건하에서만 그렇게 결정화될 수 있고, 커다란 분자일수록 그렇게 되는 것이 더 힘들다. 리보솜은 수십만 개의 원자로 구성되어 있어 오랫동안 결정화가 불가능하다고 여겨졌다.

그러나 요나트에겐 아이디어가 있었다. 자전거 사고를 당해 오랜 시간 침대에서 보내던 중에 요나트는 북극곰에 관한 기사를 읽었다. 그 기사에는 북극곰이 동면하면서 깨어날 때까지 몇 주간 신체가 스트레스를 받는 조건하에서도 나중에 즉각 기능을 발휘할 수 있도록 리보솜을 아주 높은 밀도로 촘촘히 배열해 쌩쌩하게 유지한다고 되어 있었다. 요나트는 이 기사에 깊은 인상을 받아 북극곰과 비슷한, 극한의 상태를 견딜 수 있는 생물을 찾아 나섰다. 극한의 조건에서 살아남는 생물이라면 그들의 리보솜도 마찬가지로 결정화를 견딜 수 있을 거라고 여겼다.

요나트는 우선 온천에서 발견된 박테리아와 고세균을 연구 대상으로 삼았고, 바실루스 스테아로테르모필루스*Bacillus stearothermophilus*라는 박테리아로 일단은 꽤 성과를 거두었다. 하지만 성과는 만족할 만큼 정확하지 않았으므로 요나트는 새로운 기술을 개발해 섭씨 −196도에서 액체 질소로 결정을 얼리고, 이와 비슷하게 낮은 온도에서 X선 회절을 통해 결정 구조를 연구했다. 그러고는 결국 사해의 미생물인 할로아르쿨라 마리스모르투이를 연구 대상으로 삼아 활용해 원래 의도했던 측정의 정확도에 도달할 수 있었다. 그러는 동안에 미국 생화학자 토머스 스타이츠Thomas Steitz와 인도 생물학자 벤카트라만 라마크리슈난Venkatraman Ramakrishnan도 리보솜의 X선 결정학을 연구하는 중이었고, 2000년에 세 사람이 동시에 목표에 도달했다. 리보솜의 구조가 드디어 해독되어, 어떤 원자가 어떻게 결합되어 있는지를 알게 된 것이다.

더 많은 호기심과 열정을

요나트는 2009년 이런 공로를 인정받아 토머스 스타이츠, 벤카트라만 라마크리슈난과 공동으로 노벨 화학상을 받았다. 그는 이 상을 받은 네 번째 여성이자, 도러시 호지킨Dorothy Hodgkin 이후 45년 만에 나온 여성 수상자였다. 요나트는 리보솜에 관한 추상적인 지식으로 만족하지 않았고, 이 지식을 활용해 항생제가 작용하는 메커니즘을 이해하고자 했다. 항생제가 박테리아의 리보솜에 결합해 박테리아를 파괴할 때 어떻게 작용하는지를 말이다. 아다 요나트의 연구 덕분에 항생제의 정확한 작용 메커니즘을 알게 되었을 뿐 아니라, 일부 박테리아가 항생제에 내성을 갖게 된 이유와 새로운 약물을 어떻게 개발할 수 있는지도 이해할 수 있었다.

후배 연구자들에게 조언해주고 싶은 말이 있느냐고 묻는 질문에 아다 요나트는 네 가지로 답했다. "하나, 당신의 호기심을 따르라. 둘, 더 많은 호기심을, 셋, 더욱더 많은 호기심을 가지라. 넷, 열정을 가지라, 호기심만으로는 충분하지 않기 때문이다. 자신이 하는 일을 사랑해야 한다."

메탈로스페에라 세둘라
외계 생명체의 흔적?

미국 대통령이 기자회견을 소집해 과학적 주제를 논한다면, 그야말로
특별한 과학적 발견에 관한 것이 틀림없을 것이다. 실제로 1996년 8월
7일 빌 클린턴 대통령은 "우리의 가장 오래된 질문"에 답을 줄 수 있
을 것으로 보이는 발견을 했다고 발표했다. 화성에서 날아온 운석을
발견했는데, 이것이 '지구 밖에도 생명체가 있을까?' 하는 질문에 답
을 줄 수 있을 것으로 보인다는 내용이었다. 이런 질문은 수천 년 전
부터 과학계뿐 아니라 세간의 관심이 높았던 질문이다. 클린턴 대통
령은 외계 생명체가 존재한다는 증거가 발견되었다고 전한 것이다.

물론 UFO 같은 것이 지구상에 착륙하거나 하지는 않았다. 꽤 지
적인 외계인이 나타나 우리에게 은하연합에 가입하라고 부탁한 것
도 아니었다. 초미의 관심사는 바로 'ALH 84001'이라는 명칭이 부
여된 돌 속에서 발견된, 현미경으로나 확인 가능한 아주 미세한 흔적
이었다. 이 돌은 1984년 12월 남극에서 발견되었고, 10년 남짓 지나
서 화성에서 온 운석이라는 연구 결과가 나왔다. 암석을 상세히 분석
한 결과 1500만여 년 전에 화성에 커다란 소행성이 충돌했고, 그 와
중에 화성 표면으로부터 우주로 튕겨 나온 파편일 것이라 추정했다.
튕겨 나온 파편은 태양 주위를 공전하다가 1만 3000여 년 전에 지구

와 충돌해 남극의 얼음 위로 떨어졌다. 이웃 행성에서 온 돌을 연구할 수 있다는 것은 그 자체로 이미 충분히 특별한 일이다. 하지만 정말 주목할 만한 점은 전자현미경으로 그 외계의 돌을 관찰하는 가운데 눈에 띄는 구조를 발견한 것이었다. 동료들과 함께 연구를 수행한 우주생물학자 데이비드 매케이David McKay는 이것이 화석화된 박테리아의 흔적이라고 보았다.

만약 매케이의 주장이 사실이라면 정말 센세이션한 발견일 것이었다. 다른 천체에도 생명이 있다는 최초의 증거가 나온 셈이기 때문이다. 하지만 후속 연구는 이를 뒷받침해주지 않았다. 매케이가 관찰한 흔적은 지구상의 박테리아 흔적보다는 훨씬 작았다. 물론 이것이 이론적으로 아주 미세한 '나노박테리아'의 흔적일지도 모르지만, 대부분의 과학자는 이런 흔적이 미생물의 존재 없이도 만들어질 수 있다고 본다. 따라서 ALH 84001에 나타난 흔적이 정말로 화성에 사는 미생물의 흔적인지, 아니면 비생물적인 지질학적 과정의 흔적인지는 일단 확실한 결론이 나지 않았다.

우리는 운석에 흔적을 남길 수 있는 미생물들이 있음을 안다. 2019년 빈대학의 생화학자 테티야나 밀로예비치Tetyana Milojevic 팀은 고세균인 메탈로스페에라 세둘라Metallosphaera sedula에 대한 논문을 발표했다. 나폴리 근처의 화산 분화구에서 발견된 이 고세균은 산성 환경과 중금속에 강한 내성을 지니고 있으며, 철을 녹으로 바꾸는 가운데 에너지를 얻는다. 밀로예비치 팀은 메탈로스페에라 세둘라가 외계의 환경에 얼마나 잘 적응할 수 있는지를 연구했다. 사실 고세균은 운석을 아주 마음에 들어할 것이다. 지구의 암석과 비교해 우주에서 날아온 운석에는 금속이 훨씬 많다. 실험 결과 정말로 운석의 미생물이 지구의 암석에서와 비교해 더 빨리 불어나는 것으로 나타났다.

이것이 메탈로스페에라 세둘라가 외계에서 온 고세균이라는 뜻은 아니다. 고세균은 아주 오래된 생명 형태로, 35억 년 전 젊은 지구에서 생겨난 첫 생물이다. 초창기 지구는 오늘날보다 더 우주에서 날아오는 소행성과 많이 충돌했을 것이므로, 운석을 영양원으로 삼는 것은 좋은 서식 전략이었을 것이다. 하지만 우주 어딘가에 정말로 고세균처럼 강인한 미생물이 서식한다면 운석에 흔적을 남기는 것도 불가능하지 않다. 고세균이 지구에서 극한의 서식환경에 거주하는 것처럼, 그들 역시 우주를 가로지르는 소행성과 같은 열악한 환경도 견딜 수 있을 것이다. 그리고 밀로예비치 팀의 연구가 보여주듯이 그들의 특별한 신진대사가 운석의 화학적 구성에 흔적을 남길 것이다. 우리는 언젠가 우주에서 날아온 암석 가운데 정말로 외계 생명의 흔적이 담긴 것을 찾을 수 있을지도 모른다. 그때는 정치계가 아니라 과학계가 발견 소식을 알릴 수 있기를!

외계 생명체의 흔적?

83

하테나 아레니콜라
새로운 생물의 출현을 생생하게 보여주다

하테나 아레니콜라*Hatena arenicola* 라는 이름은 일어와 라틴어의 조합으로 이루어진 이름이다. '모래 속에 사는 수수께끼 같은 생물'이라는 뜻이다. 이 단세포생물은 지금까지 일본의 해변에서만 발견되었는데, 확실히 수수께끼 같고 신비롭다. 하테나 아레니콜라는 편모충류다. 즉 이동하거나 먹이를 잡는 역할을 하는 실 같은 편모를 여러 개 가진 동물이다. 더 흥미로운 것은 바로 이 편모충의 내부에 숨어 있다. 하테나 아레니콜라 내부에 네프로셀미스*Neproselmis* 속의 녹조류가 들어 있는 것이다. 네프로셀미스는 광합성을 통해 햇빛에서 얻은 에너지를 하테나 아레니콜라가 사용하도록 제공한다.

이것 자체는 그리 특별한 일은 아니다. 서로 다른 생물 간의 공생은 자연에서 아주 흔히 볼 수 있는 일이기 때문이다. 가령 균류와 조류 혹은 박테리아가 공생해 '지의류'를 만들어내지 않는가(54장 참조). 장 속에 많은 박테리아와 여타 미생물이 서식하는 우리 인체 내부도 공생이 이루어지는 장이다(90장 참조). 모든 경우에 우리는 서로 다른 생물의 협업에 빚지고 있다. 하테나 아레니콜라도 마찬가지다. 그런데 과학자들은 하테나에게서는 특별히 아주 오래전에 복잡한 생명체가 출현하게 된 과정을 엿볼 수 있을 거라고 기대하고 있다.

생물은 박테리아와 고세균이라는 두 개의 커다란 그룹과 함께 세 번째 그룹인 '진핵생물'로 분류된다. 진핵생물에는 인간을 포함한 모든 식물, 균류, 동물이 포함된다. 우리 몸속 세포에는 '진짜 핵'이 들어 있다. 이것이 바로 '진핵세포'가 의미하는 바다. 세포의 유전정보가 담긴 세포핵 말고도 진핵생물의 세포는 더 복잡하게 구성된다. 즉 세포 안에 서로 다른 영역들, 이른바 세포 소기관들이 있다. 미토콘드리아도 세포소기관이다. 미토콘드리아에서는 화학반응이 일어나고, 그로 인해 발생하는 에너지가 세포의 과정을 가능케 한다. 식물과 조류로 광합성을 할 수 있게끔 하는 색소체도 세포소기관이다.

진핵세포 내의 고도의 분업과 조직화가 비로소 복잡한 생물의 발달을 가능하게 만들었다. 박테리아와 고세균과 같은 단순 세포에서 최초의 진핵세포로 옮아갔던 걸음은 진화에서 엄청나게 중요한 사건이었다. 이때 무슨 일이 일어났는지를 알게 된 것은 미국의 생물학자 린 마굴리스의 연구 덕분이다. 27세의 나이로 버클리대학교에서 박사학위를 받고 1년 뒤 1966년 마굴리스는 〈세포분열의 기원On the Origin of Mitosing Cells〉이라는 제목의 논문을 발표했다. 아니 정확히 말해 발표하려고 노력했다. 처음에는 녹록지 않았다. 여남은 개 넘는 학술지가 그녀의 논문을 거부했고 우여곡절 끝에 《이론생물학 저널 Journal of Theoretical Biology》에 논문을 실을 수 있었다. 그도 그럴 것이 마굴리스가 이 논문에서 주장한 것은 대부분의 생물학자에게는 황당무계한 것으로 들렸기 때문이었다. 마굴리스는 먼 과거의 어느 순간에 세포핵과 소기관이 없는 단세포생물이 다른 단세포생물을 합병했다고 주장했다. 이때 한 생물이 다른 생물을 먹어버린 것이 아니라 둘이 합체되어 새로운 생물을 이루었으며, 이것이 바로 최초의 진핵세포라고 했다.

세포 내 공생의 비밀

이것은 사실 마굴리스가 처음 떠올린 아이디어는 아니다. 이미 19세기 후반에 독일의 식물학자 안드레아스 심퍼Andreas Schimper가 색소체의 탄생을 이런 과정으로 설명하고자 했다. 1905년에는 러시아 생물학자 콘스탄틴 메레시콥스키Konstantin Mereschkowsky가 미토콘드리아의 탄생에 대해 그와 비슷한 이론을 제기했다. 하지만 둘의 이론은 학계에서 그다지 진지하게 받아들여지지 않았다. 메레시콥스키가 보였던 미심쩍은 행보들도 그의 이론을 학계가 귀담아듣지 않게 하는 데 영향을 미쳤던 듯하다. 그는 우주에 대한 미신적인 이론을 신봉했으며, 러시아 차르의 반유대주의 정책을 지지했고, 여학생들을 성폭행했다는 혐의를 받았다. 1960년대에 메레시콥스키의 생물학적 명제나 심퍼의 주장은 모두 잊혔다. 그 뒤 이런 주장을 다시 환기해낸 것은 생물학자 한스 리스Hans Ris였는데, 마굴리스는 위스콘신대학에서 한스 리스에게 배웠다. 마굴리스는 현미경으로 연구하는 가운데, 정말로 메레시콥스키가 주장했듯 미토콘드리아가 박테리아와 매우 유사하게 보인다는 것을 확신했다. 그리하여 잊혔던 연구 결과들을 결집해 현대 지식으로 보완한 다음, 특유의 고집과 끈기로 이 이론을 확산시키는 데 전력을 다했다.

마굴리스는 논문에서 자신이 심퍼와 메레시콥스키, 리스의 연구에 착안했음을 드러내놓고 언급했다. 물론 그 부분을 충분히 강조했는지에 대해서는 논란이 있을 수 있다. 하지만 마굴리스의 연구가 이후 생명의 기원을 생물학적으로 어떻게 볼 것이냐 하는 문제에 혁명을 가져왔다는 점은 논란의 여지가 없다. 그의 불굴의 의지와 현대 유전학의 연구 방법 덕분에 우리는 오늘날 그가 옳았고, 미토콘드리아, 색소체 그리고 다른 소기관들은 독립된 유기체가 합체된 결과물이라는 걸 알고 있다. 원시 박테리아 혹은 고세균은 다른 미생물을 길들여 영구적으로 자신 안에 살게 만들었던 것이다.

하테나 아레니콜라는 이런 일이 어떻게 일어날 수 있는지를 보여준다. 하테나 아레니콜라 안에서 바로 그런 '공생 발생Symbiogenesis (세포 내 공생설)'이 일어날 수 있을 것으로 보이기 때문이다. 이 편모충이 번식을 위해 분열할 때, 새로운 세포 가운데 하나만 조류인 네프로셀미스를 이어받는다. 다른 세포들은 '포식 기관(먹는 기관)'을 만들어내 '포식자'가 되어 삶을 시작하며 물속을 헤엄쳐 새로운 조류를 찾아나선다. 그러나 조류를 포획하자마자 포식 기관은 사라지고, 조류는 자라나며, 하테나 아레니콜라는 조류 덕분에 햇빛으로 먹고 사는 평화로운 생물이 된다. 즉 이 편모충은 다른 생물을 잡아먹는 포식자로서의 삶과 식물로서의 삶 사이에서 이리저리 옮겨가는 것이다.

이런 세포 내 공생endosymbiose 과정은 아직 마무리되지 않았다. 편모충과 조류가 계속 공생하고, 서로에게 적응해 유전자를 교환한다면, 언젠가 완전히 새로운 생물이 등장할 수 있을지도 모른다. 그러면 하테나는 수십억 년 전 우리 인간의 유래가 된 단세포생물들이 거쳤던 경로를 밟게 될 것이다.

84

마르부르크 바이러스
더티 더즌, 치명적인 생물학 무기

바이러스는 매혹적인 유기체다. 살아 있다고 인정하든, 하지 않든 그들은 정말 유능하게 전 지구를 정복했다. 그들이 목적을 이루기 위해 사용하지 않는 생물은 가히 없다. 때로 그 과정에서 생물들이 바이러스로부터 도리어 유익을 얻는 경우도 있다(6장 혹은 74장을 보라).

때로는 면역계가 바이러스와의 싸움에서 승리할 수 있다. 하지만 때로는 바이러스와 숙주 간의 접촉이 파국으로 치닫는다. 그러면 전염병이 발생하고 팬데믹이 전 세계를 휩쓴다. 이런 일이 우연히 일어나는 것만도 충분히 끔찍하다. 하지만 만약 바이러스를 의도적으로 투입해 팬데믹을 조장한다면, 그건 정말 인간만이 할 수 있는 잔인한 일일 것이다.

넓은 의미의 생물 무기는 수천 년 전부터 사용되어왔다. 고대인들은 전염병으로 죽은 사람들의 시체로 적들의 우물을 오염시키고, 병든 가축을 적진으로 들여보내 적의 가축들을 병들게 만들었다. 19세기에 박테리아를 의도적으로 연구하고 무엇보다 배양할 수 있게 되자, 사람들은 병균을 무기로 투입할 수 있지 않을까 심사숙고했다.

1차 세계 대전이 끝난 뒤 '생물 무기'에 대한 연구가 활발히 진행되었으며, 2차 세계 대전 중에는 집중적으로 연구가 이루어졌다. 약간 비꼬아 '채식주의자 작전Operation Vegetarier'이라 불리는 영국군의 생물 무기 작전에서는 탄저균 포자로 오염된 아마씨를 넣은 수백만 개의 케이크를 독일 상공에 투하하자는 계획을 세웠다. 그러면 소와 양, 여타 가축들이 이 케이크를 먹고 탄저병에 걸려 사람들에게 무더기로 이 병을 전염시킬 거라고 봤다. 이 무기는 1942년 스코틀랜드 연안의 그뤼나드섬에서 테스트되었다. 이 섬은 무인도라 양들을 풀어놓고 테스트했는데, 양들이 예상대로 케이크를 먹고 죽음을 맞이하는 것을 확인할 수 있었다. 다행히 이 생물 무기는 전쟁에는 투입되지 않았다. 하지만 스코틀랜드의 그뤼나드섬은 탄저균에 오염되어 1990년까지 출입금지 구역으로 남았다.

의도적 팬데믹의 공포

생물 무기는 다행히 지금까지는 의도적으로 투입하기에는 너무 변수가 많다고 여겨진다. 병원균은 누가 우군이고 누가 적군인지 분별하지 못한다. 군복을 식별하지도 못하고 국경이 어디인지 가늠하지도 못한다. 그러나 생물 무기에 대한 두려움은 남아 있다. 미국 질병통제예방센터CDC 는 빠른 확산과 높은 치사율로 말미암아 전쟁에 투입하기 '좋은' 열두 가지 치명적인 병원체 목록을 작성했다. '더티 더즌The Dirty Dozen'이라 불리는 이 병원균에는 수천 년 동안 인간을 괴롭혀온 전염병과 천연두 같은 질병도 들어 있고, 훨씬 더 나중에 발견된 병원체도 들어 있다. 심각한 내출혈을 동반하는 '출혈열'을 유발하는 바이러스들도 들어 있다.

이런 바이러스 가운데 하나는 1967년에 독일 중부에서 발견되었다. 마부르크의 제약회사 베링베르케의 직원들 사이에서 갑자기 이상한 증세가 나타났다. 베링베르케는 약품과 백신을 제조하는 회사였는데, 처음 몇몇 직원이 증상을 느끼고 두통을 호소할 때까지만 해도 대수롭지 않게 여겼다. 하지만 이어 고열에 출혈 증상이 따르자 상황은 긴박해졌다. 예상치 않게 발생한 이 질병이 어떤 질병이고 어떤 원인으로 발생했는지 쉽게 파악되지 않았다. 마르부르크에 이어 프랑크푸르트 암 마인에서도 환자가 발생해 첫 사망자가 나왔고, 세계보건기구는 독일로 전문가들을 파견해 문제를 파악하도록 했다.

1차 감염원은 아프리카산 긴꼬리원숭이로 파악되었다. 베링베르케에서는 원숭이 신장 속의 화학물질로부터 홍역과 소아마비 백신을 얻기 위해 우간다에서 이 원숭이들을 수입해 실험실에서 활용하고 있었던 것이다. 원숭이들이 지금까지 알려지지 않은 바이러스에 감염된 상태로 독일로 왔던 듯했다. 그러고 나서 이 바이러스가 베링베르케의 직원들 사이에 확산되었고, 백신물질이 테스트된 프랑크푸르트의 실험실에도 번졌던 것이다. 원숭이들은 베오그라드를 통해 들어왔는데, 베오그라드에서도 그 원숭이들을 진찰했던 수의사 한 사람이 질병에 걸려 사망했다. 진정세로 접어들기까지 총 7명이 사망했다. 별로 많지 않게 들리지만, 질병에 걸렸던 총 31명 가운데 7명이 사망했으므로 치사율은 23퍼센트였다. '마르부르크 바이러스Marburg-Virus'라는 이름을 얻은 이 바이러스는 1998년에서 2000년 사이에 콩고민주공화국에서 새롭게 유행해 154명의 감염자 가운데

128명이 사망해 83퍼센트의 치사율을 기록했다. 2004년에서 2005년 사이에는 앙골라에서 252명이 마르부르크병에 걸려 90퍼센트가 사망했다.

마르부르크병이 최초로 어디에서 기원했는지는 아직 알려져 있지 않다. 바이러스가 박쥐에게서 원숭이에게로 옮겨졌을 수도 있다. 1967년 이래 마르부르크병은 자꾸 재발하고 있다. 다행히 지금까지는 팬데믹으로 발전하지 않았다. 하지만 소련이 이 바이러스를 무기로 투입하는 것을 연구했다는 사실은 자못 불안하게 한다. 서로에게 해를 끼치는 것에 관한 한 우리 인간은 유감스럽게도 바이러스보다 더 유능하기 때문이다.

(85)

메타노페레덴스 니트로리두센스
미생물 동물원에 가다

2016년 네덜란드 연구팀은 트벤테 운하의 진흙에서 그때까지 알려지지 않았던 미생물 하나를 발견했다. 이 인공 수로에는 놀라운 특성을 가진 고생물이 서식하는 것으로 알려졌다. 그 이름은 바로 메타노페레덴스 니트로리두센스*Methanoperedens nitroreducens*. '질산염을 줄이는 메탄 포식자'라는 뜻이다. 고생물은 무엇보다 메탄을 만들어낼 수 있는 유일한 생물로 알려져 있다(63장 참조). 하지만 메탄을 소비하는 고생물도 있다. 그런 고생물은 굉장히 반갑다. 메탄은 대기 중의 농도가 높아서는 안 되는, 강력한 온실가스이기 때문이다. 하지만 트벤테 운하에 사는 고생물의 신진대사 능력은 남다르다. 이 고생물은 질산염을 화학적으로 전환해 에너지를 얻는다. 질산염은 중요한 비료이지만 토양이나 물에 질산염이 너무 많이 함유되어 있으면 좋지 않다. 그러므로 메타노페레덴스 니트로리두센스와 같은 미생물이 하수처리장에 있으면 좋을 것이다.

대부분의 사람은 고세균, 박테리아, 다른 미생물들이 우리가 사는 세계에 얼마나 많은 영향력을 행사하는지 잘 의식하지 못한다. 미생물들은 메탄이나 질산염의 생성과 분해와 같은 중요한 순환에 관여할 뿐 아니라 그 밖의 다른 모든 곳에 두루두루 영향력을 행사한다.

이 책의 모든 장이 미생물이 이 세상에 얼마나 중요한 존재인지를 보여주지 않는가. 보통 사람들은 박테리아나 바이러스라고 하면 병을 일으키는 병원체로서만 생각하는 경향이 있다. 이들의 다른 특성들에서는 잘 알지 못한다. 충분히 이해할 수 있는 일이다. 미생물은 눈에 보이지 않으니 관심의 대상으로 떠오르기가 쉽지 않은 것이다. 육안에 뚜렷이 보이거나, 인상적이거나 예쁘고 귀여운 모습을 지닌 것들이라야 주목을 받는다. 그래서 대부분의 어린이책에는 동식물이 많이 등장한다. 하지만 단세포생물의 세계를 다루는 어린이책은 거의 없다. 흠, 미생물은 이미지 관리에 문제가 있다.

어찌하여 바이러스나 박테리아를 사자나 코끼리처럼 근사하게 보여주는 미생물 동물원은 없을까? 네덜란드의 헤이그 발리안Haig Balian은 암스테르담 동물원 '아티스Artis'의 관장이 되었을 때, 이런 생각을 품었고, 2014년 이 동물원 내에 세계 최초의 미생물관을 만들었다. 이름하여 '마이크로피아Microopia'. 그 이래로 사람들은 그곳에서 평소에 눈에 보이지 않던 미생물들을 볼 수 있게 되었다. 알록달록한 페트리 접시로 가득한 벽은 다양한 박테리아와 곰팡이를 보여주고, 현미경은 눈부신 생물의 이미지를 대형 스크린에 투영한다. 관람객들은 미생물이 동물의 사체를 어떻게 분해하는지를 볼 수 있고, 미생물 연구에 대한 과학자들의 설명을 듣기도 한다. 고세균이 극한의 환경에서 어떻게 움직이는지를 생생하게 체험할 수 있도록 하는 인터랙티브 3D 파노라마도 있고, 실험에 참가도 해보고 여러 정보를 알 수도 있다. 보통 사람들의 눈에는 보이지 않고, 소수의 연구자나 관찰하던 미생물이 그곳의 주인공이다.

　미생물이 우리 삶에서 얼마나 커다란 역할을 하는지를 감안할 때, 더 많은 지역에 미생물 동물원이 생겨나야 하지 않을까? 오스트리아에서는 곧 네덜란드의 미생물 동물원을 본떠 만든 "미크로브알피나 MikrobAlpina"가 문을 열 예정이다. 이 미생물 동물원은 원래는 2019년 인스부르크대학의 개교 350주년을 기념해서 인스부르크에 건립될 예정이었다. 하지만 자금 조달 문제와 일정 지연으로 인해 인스부르크 서쪽의 치를이라는 마을로 부지가 변경되었고, 2022년 개관 예정이다. 좋은 소식이지만, 장기적으로는 모든 동물원에 미생물관이 생겨나기를 소망해본다. 보이지 않는 미생물의 세계는 눈에 보이는 큰 동물의 세계만큼 흥미진진하다. 그리고 오히려 눈에 안 보이는 생물이 우리의 삶에는 더 중요하다.

우스니아 필리펜둘라
대멸종을 딛고 종 다양성으로

6500만 년 전 10여 킬로미터 직경의 소행성이 지구와 충돌했다. 이 소행성은 멕시코만에 부딪혀 300킬로미터의 크레이터를 만들었다. 100미터가 넘는 쓰나미가 발생해 대륙 연안을 강타했고, 어마어마한 지진이 땅을 뒤흔들고 튕겨 나간 암석이 성층권까지 이르러 지구를 빙 돌아 땅에 떨어졌다. 전 지구적으로 산불이 발생했고, 불로 말미암아 그을음과 먼지가 하늘을 뒤덮어 여러 달 내지 여러 해 동안 태양 빛을 가렸다. 이런 어마어마한 일이 일어났으니 후유증이 없을 수 없는 일! 이 시기 소행성 충돌의 가장 두드러진 희생양은 바로 공룡이었다. 공룡은 그로 말미암아 멸종해버렸다. 하지만 멸종한 동물이 공룡만은 아니었다. 모든 종의 4분의 3 이상이 소행성 충돌이 빚은 후유증으로 사라져갔다.

하지만 이런 어마어마한 파국이 생태계에 부정적인 영향만을 미친 건 아니다. 생물이 모조리 죽은 것은 아니었으며 살아남은 생물들은 넓게 열린 생태적 지위를 점유하고 전보다 더 강력하게 지구를 정복해나갈 수 있었다. 인간을 포함한 포유류도 충돌에서 이득을 본 동물에 속한다. 충돌 덕분에 포유류가 오늘날 확인할 수 있는 다양한 종으로 발달해나갈 수 있는 길이 열렸다. 균류도 거의 피해를 보지 않았다. 충돌로 말미암아 종말을 맞은 동식물이 부패하면서 그들에게 이상적인 서식지를 제공해주었다.

소행성 충돌로부터 살아남은 나무 수염

지의류 역시 소행성 충돌에서 살아남은 생물에 속한다. 이것은 당연한 일은 아니다. 지의류는 조류나 시아노박테리아와 공생하는 균류(곰팡이)로 이루어지는데(54장 참조), 조류와 시아노박테리아는 광합성을 할 만큼 햇빛을 받지 못하면 대부분의 식물처럼 타격을 받을 수밖에 없다. 하지만 이들은 균류 파트너가 마련한 양분 덕에 살아남았고, 지의류도 생존할 수 있었다. 2019년 미국의 연구팀이 규명한 바에 따르면, 지의류는 살아남을 수 있었을 뿐 아니라 소행성 충돌로 말미암아 종 다양성이 가히 폭발하다시피 했던 것으로 보인다.

하지만 공룡 연구와는 달리 지의류는 화석을 토대로 연구를 진행할 수 없다. 지의류의 화석은 거의 없기에 현재로부터 과거를 재구성하는 방식으로 연구가 진행되었다. 미국 연구팀은 수천 종의 지의류 DNA를 분석해 유사성을 살폈다. 두 종 사이의 유전암호가 일치할수록 더 긴밀한 친척이다. 즉 유전암호가 비슷할수록, 진화과정에서 서로 갈라져 나온 지 얼마 안 되었다는 소리다. 연구팀은 이 연구를 통해 지의류에 대한 폭넓은 계통수를 만들 수 있었고, 그럼으로써 어떤 지의류가 세월이 흐르면서 종 다양성을 가장 많이 펼쳐나갔는지를 가늠할 수 있었다.

연구 결과 모든 지의류 그룹이 다양한 종으로 발달해나갔지만, 무엇보다 얇은 껍질처럼 표면을 덮는 작은 지의류(마이크로 지의류)와 달리, 거의 덤불처럼 자라는 거대 지의류(매크로 지의류)가 충돌 이후 종 다양성이 훨씬 증가한 것으로 나타났다. 거대 지의류는 넓게 열린 생태학적 지위로부터 유익을 얻었던 것으로 보인다. 특히 레카노로미세티다에 *Lecanoromycetidae* 과에 속한 지의류가 그랬던 것 같다. 인상적인 지의류 우스니아 필리펜둘라 *Usnea filipendula* 도 이 과에 속한다. 우스니아 필리펜둘라는 '나무 수염'이라고도 불리는데, 실물로 보면 정말로 나무껍질로부터 수염처럼 늘어져 있다. 우스네아 필리펜둘라는 침엽수와 자작나무에서 자라며, '수염'의 길이가 최대 30센티미터에 육박한다.

오스트리아 티롤주에서는 '나무 수염'이 특별한 역할을 한다. 5년마다 열리는 텔프스시의 사육제 가장행렬(2010년 유네스코에 의해 인류무형문화유산으로 지정되었다)에서 '야생의 남자들'이 나무로 조각한 가면을 쓰고, '나무 수염' 지의류를 온몸에 두르고는 행렬에 참가하는 전통이 있다. 지의류로 만든 가장행렬 복장을 만들기 위해서는 산에서 야생의 남자 한 사람당 다섯 자루의 지의류를 수집해 와야 한다. 대멸종을 견디고 살아남은 지의류가 결국 사육제 의상으로 생을 마치다니, 참 알다가도 모를 운명이다.

메타노테르모코쿠스 오키나웬시스
꽁꽁 언 위성의 얼음 아래 숨겨진 것

과학자들에게 우리 태양계에서 외계 생명체가 있을 확률이 가장 높은 곳이 어디일까를 물으면 "엔셀라두스!"라고 대답할 확률이 높다 (당연히 천문학과 생물학을 좀 아는 사람들에게 물어야 할 것이다. 그렇지 않으면 "음…… 잘 모르겠네요"라고 답할 테니 말이다). 화성이 아니고 엔셀라두스라니! 굉장히 놀랍게 들린다. SF에 주로 '화성인'이 등장해왔던 탓이다. 게다가 엔셀라두스는 보통 사람들이 상식적으로 알고 있는 천체가 아니다. 행성도 아니고 토성을 도는 80개 이상의 위성 가운데 하나일 따름이다. 직경 500킬로미터의 이 위성은 다른 많은 소행성보다 더 작은 규모다. 엔셀라두스는 1789년에 영국의 천문학자 윌리엄 허셜William Herschel에 의해 발견되었다. 그러나 우리가 엔셀라두스를 자세히 볼 수 있게 된 것은 토성 탐사에 나선 우주탐사선 카시니가 2005년부터 계속해서 이 위성 가까이를 지나면서였다.

엔셀라두스에서 본 것은 아무도 예상하지 못했던 것이었다. 엔셀라두스는 두꺼운 얼음층으로 덮여 있었다. 그거야 뭐 특별한 건 아니었다. 오히려 태양에서 먼 작은 천체에서 볼 수 있는 아주 전형적인 상황이었다. 하지만 카시니가 엔셀라두스의 남극 쪽으로 날아갔을 때 그곳에서 주변보다 더 온도가 높은 지역을 발견했다. 이에 대해 자세히 분석한 결과, 얼음에 수백 킬로미터 길이에 최대 300미터 깊이의 균열이 있는 것으로 나타났다. 이 균열의 내부는 주변보다 온도가 더 높았다. 물론 얼음이 완전히 녹을 정도로 높지는 않았지만 이런 온도 차이는 첫눈에 보기와는 달리 엔셀라두스의 모든 지역이 얼음으로 꽝꽝 얼어 있는 것은 아님을 여실히 보여주었다.

카시니가 발견한 것은 얼음화산cryovolcanism이라 불리는 현상이다. 얼음화산은 지구상의 화산처럼 작동한다. 다만 물이 암석 역할을 할 뿐이다. 토성의 위성 엔셀라두스의 두꺼운 얼음 아래에는 암석으로 된 핵이 있다. 암석은 따뜻하고, 그 부근의 얼음은 녹은 상태다. 그래서 지구 내부에서 용용된 암석이 표면으로 분출할 수 있는 것처럼 엔셀라두스에서는 물이 열 때문에 상승해 얼음의 균열을 타고 위로 올라와 '질척질척한 눈'으로 분출된다. 균열을 통해 간혹 수증기와 얼음 입자로 이루어진 간헐천이 사방으로 분출되곤 하는 것이다(이것이 토성의 고리를 이루는 물질의 일부를 이룬다). 카시니는—우연히—그런 분출물을 뚫고 날아가며, 구성성분을 측정할 수 있었다. 분출물 속에서는 물 외에 메탄과 같은 다른 분자도 발견되었다.

엔셀라두스에 과연 생명체가 있을까?

여기서 이제 메타노테르모코쿠스 오키나웬시스*Methanothermococcus okinawensis*가 등장한다. 2000년 일본 오키나와섬 앞바다 972미터 깊이에서 발견된 이 고세균은 열수분출공, 즉 몇백 도의 뜨거운 물이 솟아나는 해저의 구멍 근처에 서식하고 있는데, 이름에서 짐작할 수 있듯이 메탄 생성 능력을 가진 고세균이다. 그의 신진대사는 이산화탄소를 기반으로 하는데, 수소와 이산화탄소를 반응시켜 메탄으로 바꾼다. 그런데 카시니는 엔셀라두스의 간헐천에서 이산화탄소·수소·메탄, 이 모든 분자를 발견했다. 오스트리아 린츠대학의 우주생물학자 루스소피 타우브너Ruth-Sophie Taubner는 이런 결과에 착안해 메타노테르모코쿠스 오키나웬시스가 토성의 위성에도 거주할 수 있을지 적합성 테스트를 해보고자 했다. 엔셀라두스의 얼음 아래에는 —카시니 덕분에 알게 된 바—1킬로미터에서 최대 10킬로미터 깊이의 물로 이루어진 대양이 숨겨져 있기 때문이다. 분출물에서 발견되는 다양한 화학 분자는 그곳에서 나온 것이 틀림없으며, 이는 그곳에도 열수분출공이 있어 이런 분자들을 만들어내고 있음을 시사해준다. 그렇다면 그곳에 지구의 고세균과 비슷한 미생물이 살지도 모르는 일 아니겠는가.

타우브너는 실험실에서 그곳의 조건을 재현했고, 메타노테르모코쿠스 오키나웬시스가 그 조건들을 견디고 살아남을 수 있음을 보였다. 이것은 엔셀라두스에 정말로 생명체가 있을 거라는 뜻은 아니다. 하지만 그런 곳에 지구에서 유일하게 메탄을 만들어낼 수 있는 고세균 같은 생물이 서식하는 게 가능할 수도 있음을 보여준다. 엔셀라두스에 '외계 고세균'이 있어 카시니가 감지한 메탄가스를 만들어냈을지도 모른다. 하지만 생물의 존재 없이 그냥 순수하게 지구화학적 과정으로 메탄이 생겨났을 수도 있다. 이를 명확히 알기 위해서는 엔셀라두스를 더 자세히 탐사하는 수밖에 없다. 독일과 미국의 우주국은

'엔셀라두스 익스플로러Enceladus Explorer' 또는 '엔셀라두스 라이프 파인더Enceladus Life Finder'와 같은 위성 임무들을 계획하고 있다. 하지만 이런 프로젝트를 언제 실현할 수 있을지는 미정이다. 그리하여 엔셀라두스의 얼음 아래 숨겨진 것은 앞으로 얼마간은 더 그렇게 숨겨진 채로 남을 듯하다.

⑧⑧

스트렙토코쿠스 서모필루스
범인은 미생물 지문을 남긴다

인체는 50조 내지 100조 개 정도의 세포로 이루어진다. 우리 몸에 서식하는 생물의 세포 수도 이에 맞먹는다. 우리 몸속에는 박테리아(세균)를 비롯한 미생물이 서식하기 때문이다. 우리 몸속 미생물들은 피부, 머리카락, 손톱 아래, 귀, 배꼽 등에 서식한다. 미생물에겐 우리가 걸어 다니는 우주와 다름없는 것이다.

실제로 우리는 어마어마한 미생물의 구름에 둘러싸여 있다. 어딘가에 앉을 때마다 우리는 반드시 그곳에 박테리아와 균류를 남기며, 전에 앉았던 사람들이 남긴 박테리아와 균류 일부를 자신의 신체로 받아들인다. 그렇게 우리는 문고리, 전화, 컴퓨터 키보드를 만질 때마다 미생물을 교환한다. 연구에 따르면 다른 사람과 악수하거나 키스를 할 때는 더더욱 그렇게 된다. 어떤 사람이 프로바이오틱 요거트를 마시고 키스를 한다고 하자. 프로바이오틱 요거트에 들어 있는 세균 중에는 스트렙토코쿠스 서모필루스*Streptococcus thermophilus*도 있다. 치즈, 요구르트, 다른 유제품을 만드는 데 사용되는 이 박테리아는 키스할 때 입에서 입으로 미생물이 얼마나 쉽게 옮겨지는지를 보여주는 지표 역할을 한다. 실험 결과 10초간 혀키스를 하면 8000만여 개의 박테리아를 교환할 수 있는 것으로 나타났다. 하지만 두 사람이

정기적으로, 자주 키스를 할 때만 박테리아 교환이 지속적인 영향을 미치며, 그 밖에는 체내의 미생물 구성이 도로 평소 자신이 지닌 특유의 상태로 돌아온다.

우리가 자신의 미생물을 온갖 군데에 퍼뜨리며―시간당 1000만여 개―각 사람마다 고유한 '미생물 지문'을 가지고 있다는 사실은 '미생물 법의학' 연구를 태동시켰다. 이 학문의 목표는 바로 범죄 현장에서 발견되는 미생물을 통해 범인을 밝히려는 것이다. 가령 신발 밑창에서 채취한 시료를 도구로 대상자가 전에 어느 곳을 돌아다녔는지를 확인할 수 있다. 박테리아, 곰팡이, 그 외 다른 미생물을 비교하면 명확한 결론이 난다. 미생물 법의학은 계속 진보하는 중이다. 연구자들은 도둑을 식별하는 과정에서 미생물이 어느 정도로 도움을 줄 수 있는지를 테스트해보았다. 여러 사람으로 하여금 도둑을 가장해 집에 침입하도록 한 뒤, 집에서 발견된 미생물을 보고 어떤 실험 대상자가 도둑이 된 것인지를 파악하고자 해보았다. 물론 연결을 지을 수는 있었다. 하지만 미생물 증거는 '침입자'를 확실히 식별할 수 있을 만큼 명확하지는 않았다.

'박테리아 증거'를 법정에 도입하려면 아직 더 많은 연구가 필요하다. 하지만 범죄와 관련해 미생물을 조사하는 것이 지문을 수색하는 것만큼 일반적인 일이 될 날이 멀지 않은 듯도 하다. 앞으로 범죄를 꾀하는 사람은 장갑을 껴야 할 뿐 아니라 항생제로 자신의 미생물을 두루 감춰야 할 날이 올지도 모르겠다.

89

클라미도모나스 니발리스
핏빛 눈이 지구온난화를 부추긴다

2020년 봄 아주 기이한 사진이 언론에 나돌았다. 남극 대륙의 하얀 눈 속에 피처럼 붉은 눈이 섞여 있는 사진이었다. 남극에 소재한 우크라이나의 베르나드스키 연구센터 주변은 학살이라도 일어나서 눈 속에 피가 스며 든 듯한 모습이었다. 2021년 2월 동티롤 지역의 알프스 산지에도 '피눈blood snow'이 내렸다는 소식이 들려왔다. 하지만 사실 이런 현상은 전혀 새롭지 않다. 아리스토텔레스도 이미 이런 붉은 눈에 대해 기록한 바 있으며, 이후에도 붉은 눈은 계속 등장했다. 영국의 극지 탐험가 존 로스John Ross도 1818년 항로를 찾아 북극해를 항해하다가 그린란드 해안에서 핏빛 눈을 발견했다. 로스는 시료를 수집했고, 흙이나 운석이 얼음에 충돌해서 눈이 오염된 탓에 그런 현상이 나타난 것이라고 추측했다.

반면 존 로스가 그린란드에서 가져온 시료를 연구한 스코틀랜드의 식물학자 로버트 브라운Robert Brown은 이런 현상이 조류 때문이라고 발표했는데, 로버트 브라운의 발견은 20세기에 이르러서야 정당성을 인정받았다. 눈을 핏빛으로 만든 장본인은 현미경으로 봐야만 겨우 보이는 녹조류인 클라미도모나스 니발리스Chlamydomonas nivalis다. 클라미도모나스 니발리스는 녹조류라는 이름에 걸맞게 초록색으로 삶을 시작한다. 클라미도모나스 니발리스가 녹색을 띠는 것은 광합성을 통해 햇빛을 에너지로 바꾸는 데 활용하는 초록 색소 때문이다. 이들은 서식에 최고로 적합한 환경을 찾을 때까지 눈 속에서 이동한다. 너무 밝지도 어둡지도 않은 장소, 햇빛이 강하지 않으면서 충분한 양분이 있는 장소를 찾아가는 것이다. 그러다가 어느 순간 양분이 바닥나고, 햇빛이 너무 강해지면 위험에 처한다. 무엇보다 태양의 자외선이 클라미도모나스 니발리스에게 해롭기 때문이다. 그리하여 그들은 이제 이런 위험한 환경에서 살아남을 수 있게끔 포자 단계로 옮아가, 외부 층이 두터워지고 자외선과 다른 강한 태양광선을 차단하는 붉은 색소인 아스타잔틴astaxanthin 을 만들어낸다.

즉, 원래 녹조류였던 것이 빨갛게 변해 '세월이 좋아지기'를 기다리는 것이다. 그리고 눈이 녹자마자 눈 녹은 물에 휩쓸려 다른 곳으로 퍼져나간다. 클라미도모나스 니발리스는 이 일에 무임승차를 하지만은 않는다. 평소 흰 눈은 햇빛을 잘 반사할 수 있어서 차가운 상태를 유지하기가 쉽다. 그리하여 눈이 많이 녹으려면 많은 햇빛이 필요하고 오랜 시간 온도가 높은 상태를 유지해야 한다. 하지만 클라미도모나스 니발리스가 흰 눈을 붉게 물들이면, 눈은 따스한 햇빛을 더 잘 흡수할 수 있고, 눈이 녹는 속도도 더 빨라진다.

2016년 독일 지구과학 연구센터 소속 지질학자 리안 베닝Liane Benning 은 빙하가 녹는 데 이 녹조류가 어떤 역할을 하는지에 대한 연구를 주도했다. 연구 결과 이 녹조류는 눈과 얼음이 햇빛을 반사하는 비율을 평균 13퍼센트 정도 감소시키는 것으로 나타났다. 이로써 그들은 지난 150년간 인류가 자초하고 있는 과정을 뒷받침한다. 인간의 활동으로 말미암아 대기로 방출되는 온실가스가 지구온난화를 유발해 극지방의 얼음을 녹이고 있는데, 이 녹조류는 그 과정을 촉진할 뿐 아니라 기온이 올라가는 것을 즐기는 것이다. 기온이 약간 오르면 평소에 척박했던 지역에서도 양분이 더 많아지기 때문이다.

클라미도모나스 니발리스에 대한 연구는 중요하다. 하지만 존 로스가 탐험을 나선 지 200년 이상이 흘렀음에도 아직도 연구는 쉽지 않다. 이 녹조류는 온도가 아주 낮은 곳에 서식하고, 온도가 높아지면 신진대사가 제대로 작동하지 않기에 지금까지 실험실에서 이들을 배양하는 데 성공하지 못했기 때문이다. 그리하여 우리는 눈 속에 서식하는 그들의 복잡한 라이프사이클을 아직 정확히 이해하지 못한 상태다. 다만 확실한 것은 극지방과 고산지대에서 얼음이 서서히 사라지고 있다는 사실이다. 클라미도모나스 니발리스가 이러한 현상과 관련이 있는지를 밝히고자 한다면 연구를 너무 오래 지체해서는 안 될 것이다.

90

인유두종 바이러스 6
우리는 바이러스와 함께 산다

오랜 생각과는 달리 인간이 독자적으로 생명을 유지하는 것이 아니라는 사실은 그동안 거의 상식이 되었다. '마이크로바이옴', 즉 인체 내부와 피부에 사는 박테리아에 대한 연구가 한창이다. 인체에 서식하는 박테리아의 총 개수는 평균 수십조 개로 인체를 이루는 세포 수와 거의 맞먹는다. 그렇다고 우리가 반은 인간이고 반은 박테리아라는 뜻은 아니다. 근육세포나 지방세포에 비해 박테리아는 훨씬 작고 가볍다. 체중이 70킬로그램 나가는 인간에게 서식하는 박테리아의 무게는 다 합쳐도 200그램에 불과하다. 하지만 그럼에도 미생물의 영향을 결코 과소평가할 수 없다. 우리는 박테리아와 인간의 상호작용이 어떻게 이루어지는지 아직 세세하게 알지 못한다. 하지만 우리에게 서식하는 미생물은 소화를 돕고, 신진대사에 중요한 화학물질을 조절하며, 병원체로부터 우리를 보호해준다.

그러나 마이크롬 외에 '바이러스체virome (바이롬)'도 우리 몸의 주거 공동체에 속한다. 바이러스체는 인체에 서식하는 모든 바이러스를 말한다. 바이러스체라는 말은 좋은 어감으로 들리지는 않는다. 바이러스라고 하면 우리는 자연스레 질병을 떠올리기 때문이다.

인유두종 바이러스HPV만 해도 그러하다. 인유두종 바이러스는 유형이 100가지가 넘는데 그중에는 위험한 것도 있고 별로 위험하지 않은 것도 있다. 위험한 유형은 체세포를 비정상적으로 성장하게 하고, 종양을 유발할 수 있다. 생식기 사마귀를 유발하는 인유두종 바이러스 6Human Papilloma Virus 6은 덜 위험한 그룹에 속한다. 위험하지는 않지만, 달갑지도 않다. 하지만 바이러스체에는 전혀 꺼릴 필요가 없는 바이러스도 있다. 과학자들은 우리의 장에서만 14만 가지 유형의 바이러스를 확인했다. 몸속과 피부 전체로 따지면 300조 개 이상의 바이러스가 서식한다.

바이러스체에 속한 대부분의 바이러스는 우리에게는 별 관심이 없다. 그들은 박테리아를 감염시키려 할 뿐이며, 인체는 박테리아를 많이 가진 서식지 가운데 하나일 따름이다. 하지만 우리는 마이크로바이옴보다 바이러스체에 대해서는 더 잘 알지 못한다. 바이러스는 박테리아보다 검출이 힘들고, 우리 몸에 돌아다니는 바이러스의 모든 종이 다 알려져 있지도 않다. 검사할 때마다 새로운 바이러스를 만나며, 그들이 우리에게 어떤 영향을 미치는지 분명하지 않은 경우도 많다. 하지만 그들이 우리에게 영향을 미친다는 사실은 확실하다.

모든 생태계가 먹이사슬 맨 위에 있는 육식동물의 영향을 받는 것처럼, 바이러스는 우리 몸속 박테리아 개체군을 조절하는 역할을 한다. 우리는 우리가 서로 바이러스를 교환한다는 것을 알고 있다. 같은 집에 사는 사람들의 바이러스체는 시간이 흐르면서 서로 같아진다. 음식이 체내 박테리아에 영향을 미치고, 박테리아는 다시금 바이러스 개체군에 영향을 미친다.

미생물의 관점에서 인체는 완벽한 행성이다. 우리는 다양한 서식지로 가득하다. 산소가 없는 따뜻하고 어두운 구석이 있으며, 습기 차고 서늘한 곳도 있다. 양분이 많은 구역도 있고, 양분이 적은 구역도 있다. 바이러스와 박테리아만 우리 몸속에서 생존에 필요한 모든 것을 발견하는 것이 아니다. 고세균도 우리 몸속에 살며, 균류도 우리 몸속에 산다. 장이나 피부에 서식하는 다양한 유형의 효모들이 그것이다. 앞으로는 지구 구석구석뿐 아니라 우리 인체 내부도 생물학적 모험의 매력적인 장소가 될 것이 틀림없다.

91

프로메테오아르카에움 신트로피쿰
우리의 기원을 밝히는 데 필요한 인내심

지구상의 모든 생물이 인간만큼 몸집이 컸다면, 세상은 어떤 모습일까? 지구가 완전히 비좁은 만원 버스처럼 될 것은 물론이고, 인간이 생물 가운데 절대 소수라는 점이 눈에 적나라하게 드러났을 것이다. 인간과 포유류, 조류, 물고기, 나아가 식물조차도 미생물에게 수적으로 한참 밀린다. 우리는 아주 작다는 이유로 박테리아를 무시하는 경향이 있지만, 미생물의 관점에서 보면 인간과 단세포 아메바 사이에는 그리 큰 차이가 나지 않는다. 생물 계통수에서 인간은 동물, 균류, 식물, 다수의 원생동물과 더불어 진핵생물 가지에 놓인다. 즉 세포가 복잡한 구조를 지닌 생물로 분류되는 것이다. 진핵세포는 세포핵과 다양한 과제를 담당하는 여러 부분으로 구성된다.

생물 계통수에서 진핵생물 반대편에는 박테리아 가지가 있다. 박테리아와 진핵생물이 언제, 왜, 어떻게 갈라졌는지 우리는 아직 알지 못한다. 이런 일은 생물의 세 번째 역인 고세균과 관련이 있을지도 모른다. 고세균은 진핵생물은 아니지만, 진핵생물만큼이나 박테리아와 차이를 보인다. 사실 우리는 박테리아보다 고세균과 훨씬 더 가깝다. 그리고 몇 가지 사실이 최초의 진핵세포가 고세균에서 발달해 나왔다는 것을 뒷받침해준다.

'진핵생물 탄생'의 수수께끼를 푸는 건 쉽지 않다. 무엇보다 고세균을 연구하는 일이 어렵기 때문이다. 고세균은 지구에서도 극한의 환경에 서식하기에, 실험실에서 이들을 배양하고자 할 때 비슷한 조건을 조성해주기가 힘들다. 2006년 일본 과학자들이 바로 이런 일을 시도했다. 그들은 해수면으로부터 2.5킬로미터 깊이의 해저에서 시료를 가져와 실험실에서 그곳의 조건을 모방하고자 애썼다. 그러고는 무작정 기다렸다. 무려 5년이라는 시간이 흘렀고, 그 뒤 정말로 미생물이 증식했다.

일본 연구자들은 인내심이 있을 뿐 아니라 운도 좋았다. 실험을 시작한 지 4년 뒤인 2010년에 이들이 시료를 채취한 바로 그 심해에서 다른 연구팀이 새로운 종의 고세균을 발견한 것이다. 연구 결과 이 고세균의 유전자가 진핵생물의 유전자와 매우 유사한 것으로 나타나 진핵생물과 고세균을 연결하는 미싱 링크를 찾은 것이 아닌가 생각되었다(20장 참조). 하지만 문제는 유전자 외에는 별로 알아낼 수 있는 것이 없고, 현미경으로 관찰할 수 있는 고세균도 없다는 것이었다. 연구자들은 해저에서 가져온 시료 전체를 대상으로 거기에 존재하는 DNA를 연구하고, 발견한 것들을 기존의 미생물 데이터뱅크와 비교했다. 하지만 여기서 발견한 몇몇 DNA 조각은 기존에 알려진 미생물 그 무엇과도 들어맞지 않았다. 따라서 이 DNA는 아직 알려지지 않은 유기체의 것이 틀림없었다. 그리하여 연구자들은 이 새로운 고세균 그룹에 로키아르카에오타*Lokiarchaeota* 라는 이름을 붙였다.

접촉이 많을수록 협업이 순조롭다

2006년 장기간이 소요될 실험을 시작했을 때, 일본 연구자들은 이 모든 것을 알지 못했다. 하지만 5년간의 기다림 끝에 이루어진 첫 분석에서 배양한 미생물 가운데 분명히 그동안 발견된 로키아르카에오타의 친척들도 있다는 결과가 나왔다. 이어 몇 년간 일본 연구자들은 서로 다른 종의 고세균들을 분리해 '순수배양'을 하는 데 성공했다. 다시금 인내심이 요구되었다. 박테리아들은 보통 번식에 불과 몇 시간이 걸리지 않지만, 심해의 고세균들은 20일이 소요된다. 그리하여 연구에는 다시금 오랜 세월이 소요되었고, 2020년 1월에 공식적으로 성공 소식이 들려 왔다.

로키아르카에아 과에 속한 고세균을 순수배양하는 데 최초로 성공한 것이었다. 전에 알려져 있지 않던 이 종은 프로메테오아르카에움 신트로피쿰*Prometheoarchaeum syntrophicum*이라는 이름을 얻었고, 연구자들은 이제 마음껏 이 고세균을 연구할 수 있었다. 연구 결과 우선적으로 밝혀진 놀라운 사실은 새로 발견된 이 고세균이 진핵세포보다는 분명히 덜 복잡하다는 것이었다. '세포 내 공생설(내부공생설)'(83장 참조)은 고세균과 박테리아가 합쳐져 진핵세포가 생겨났다고 본다. 고세균이 박테리아를 삼킨 뒤 먹지 않고 연합해 한 몸을 이루면, 박테리아의 신진대사를 자신의 목적을 위해 사용할 수 있다. 그리고 시간이 흐르면서 이런 공생이 아주 효율적으로 이루어져 박테리아는 더 이상 독립적인 생물이 되기를 중단하고, 세포 내에서 에너지를 생성하거나 광합성을 할 수 있는 특별한 메커니즘으로 남는다.

프로메테오아르케움 신트로피쿰의 세포는 이런 식으로 진핵세포로 발달하기에는 너무 작다. 하지만 그들은 촉수와 비슷한 특별한 돌기를 많이 가지고 있다. 그 밖에도 이 고세균은 특정 박테리아와 공동체를 이루어 사는 것으로 확인되었다. 이 고세균은 신진대사 과정에서 수소를 만들어내며, 어떻게든 이런 수소를 제거해야 한다. 그리하여 신진대사에 수소를 활용하는 박테리아에 이를 전달하며, 박테리아가 수행하는 화학 과정에서 생겨나는 '노폐물'을 고세균이 다시금 활용한다. 하지만 조건이 변해 갑자기 주변에 산소가 훨씬 더 많아진다거나 하면 프로메테오아르케움 신트로피쿰은 전략을 변화시켜, 변화된 조건에 자신의 신진대사를 맞추기 위해 다른 박테리아를 찾아야 한다.

이때 '촉수'가 중요한 역할을 한다. 이 고세균은 촉수의 도움으로 주변의 박테리아를 붙잡을 수 있다. 그러고는 그 박테리아를 꿀꺽 삼키다시피 한다. 고세균과 박테리아 사이에 접촉이 많을수록 협업은 더 순조롭게 진행된다. 세포 내 공생설에 따르면 어느 순간 이런 공생으로부터 박테리아가 단지 하나의 구성요소에 불과한 세포가 발달한다. 진핵생물은 바로 이렇게 탄생했을 것이다. 물론 이런 가설이 정확히 맞는지는 아직 분명하지 않다.

하지만 적어도 우리에겐 고세균을 자세히 연구할 가능성이 생겼다. 앞으로 로키아르카에아에 과에 속한 다른 종의 고세균도 실험실에서 배양할 수 있을 것이다. 다시 한번 인내심을 발휘할 요량이 있다면 말이다.

믹소코쿠스 잔투스
진화는 바퀴를 만들 수 있을까?

어찌하여 바퀴가 달린 동물은 없을까? 바퀴로 굴러가는 게 걸어가는 것보다 훨씬 더 쉬운데 말이다. 인간이 바퀴를 발명한 이래, 바퀴는 유용한 이동수단으로 자리매김했다. 하지만 자연은 수십억 년의 진화과정에서 아직도 다리 대신 바퀴가 달린 (혹은 다른 이동수단이 달린) 생물을 배출하지 않았다. 물론 그 이유는 쉽게 납득이 간다. 바퀴는 바닥이 평평해야 잘 굴러갈 수 있다. 매끄러운 도로에서는 바퀴가 실용적이지만 숲이나 산, 풀밭처럼 울퉁불퉁한 바닥에서는 바퀴가 오히려 불편하다. 어디엔가 인간이 개입하지 않아도 바닥이 평평한 곳이 있어 그곳에서 생태학적 틈새를 발견할 수 있다 해도, 진화는 바퀴를 만들어내지 못할 것이다. 왜냐하면 바퀴가 신체의 일부여야 하기 때문이다. 즉 성장할 수 있어야 하고 혈관과 신경관도 지나가야 한다. 또한 동시에 자유롭게 회전할 수도 있어야 한다. 물론 오늘날 우리는 혈관이 바퀴 축의 중심으로 지나가서, 바퀴가 돌아가도 얽히지 않도록 하는 생물학적 시스템이 가능하지 않을까 하는 상상을 할 수 있다. 하지만 진화는 그렇게 계획에 따라 진행되지 않는다. 진화는 목적지향적으로 나아가지 않는다. 생물학적 바퀴가 탄생하기까지 각각의 중간 단계가 진화적 유익을 제공해야 그런 도구가 탄생할 수 있다.

그러므로 눈 씻고 찾아봐도 그 어느 곳에도 바퀴 달린 동물이 없는 것이 이상하지 않다. 사정이 이러한 만큼 육안으로 보이지 않는 미생물의 세계에 바퀴가 존재한다는 발견은 놀랍기 짝이 없다. 게다가 이 바퀴는 특이한 방식이긴 하지만, 정말로 이동에 사용된다. 아주 많은 박테리아(그리고 다른 많은 미생물)에게 편모가 있다. 편모는 박테리아 외부에 붙은 실 모양의 구조물로, 편모를 가지지 않은 박테리아를 나열하는 것이 더 쉬울 정도로 박테리아에게 흔한 구조물이다. 이번 장의 주인공인 박테리아 믹소코쿠스 잔투스*Myxococcus xanthus* (점액세균) 도 마찬가지다. 이 박테리아는 스스로 점액을 분비하고 그 위에서 미끄러지듯 이동한다.

편모를 가진 박테리아들은 이런 실 같은 돌기를 프로펠러처럼 활용해 우아하게 이동할 수 있다. 어떤 박테리아는 편모를 활용해 영양 공급원에게로 헤엄쳐 가며, 어떤 박테리아는 편모를 통해 숙주를 더 수월하게 감염시킨다. 편모는 축을 중심으로 초당 100회 이상 회전할 수 있다. 이것은 진짜 회전으로, 편모는 꼬리(필라멘트)와 갈고리, 모터로 이루어진다. 꼬리(필라멘트)는 갈고리에서 끝나고, 갈고리는 고리로 둘러싸여 있다. 이런 '회전자'는 '고정자', 즉 특수단백질로 이루어진 복합체를 통해 박테리아와 연결된다. 양전하를 띤 수소 원자가 이런 특수단백질을 통해 흐르며, 수소 원자는 회전자의 아래쪽 끝에서 전하를 띤 원자와 상호작용하고, 이런 원자들은 정전기력을 행사해 편모와 함께 회전자를 회전시킨다. 단백질을 통해 수소 원자가 더 많이 흐를수록 회전은 더 빨라진다.

이 모든 것이 세부적으로 어떻게 작동하는지는 아직 알려져 있지 않다. 하지만 이 장치는 잘 돌아간다. 박테리아의 편모는 미세한 분자 엔진에 의해 가동되어 일정 수의 회전 운동을 한다. 박테리아가 앞쪽으로 헤엄치고 싶은지, 뒤쪽으로 헤엄치고 싶은지에 따라 엔진의 회전 방향도 바뀐다.

이런 박테리아 바퀴가 기능할 수 있는 것은 그것이 아주 미세하기 때문이다. 이것은 단백질 몇 개로만 구성되며, 회전하기 위해 원자만 움직이면 된다. 바퀴를 달고 굴러가는 동물들과는 달리, 진화적으로 박테리아 바퀴의 탄생이 저지될 이유가 없다. 많은 미생물은 특정 화학물질을 다른 세포로 전달하는 이른바 분비 시스템을 지닌다. 그러기 위해 그들은 세포벽에 원형 구멍들을 뚫어야 한다. 연구 결과 이런 능력이 유전적으로 편모 엔진과 밀접한 관계가 있는 것으로 드러났다. 바로 그런 분비 시스템으로부터 생화학적 바퀴가 발달했을지도 모르는 일이다. 진화가 박테리아에 실용적인 프로펠러를 달아주고자 처음부터 '계획'한 것은 아니다. 하지만 기존의 시스템으로부터 우연히 그런 것이 탄생한다면, 그 유용한 능력은 물론 대대적으로 환영받을 것이다.

93

인플루엔자 A 바이러스
미생물이 우주에서 비처럼 내린다면

고대인들은 혜성이 세상에 불행과 전염병을 가져온다며, 갑작스레 하늘에 등장하는 혜성을 두려워했다. 혜성은 별이나 행성과 같은 보통의 천체들과는 너무나도 달라 보였기에 전쟁, 재앙, 죽음의 징조로 여겨졌다. 혜성에 대한 두려움은 중세를 넘어 근대에까지 이르렀다. 가령 1681년의 한 전단지는 혜성이 나타난 뒤 많은 재앙과 함께 "고열, 질병, 페스트, 죽음"이 나타난다고 주장했다. 20세기의 가장 비중 있는 천문학자 가운데 한 사람마저도 이런 견해를 대변하고 나섰다.

그는 바로 영국 출신의 걸출한 과학자 프레드 호일Fred Hoyle이었다. 호일은 마거릿 버비지Margaret Burbidge, 제프리 버비지Geoffrey Burbidge, 윌리엄 A. 파울러William A. Fowler와 더불어 천문학의 커다란 수수께끼를 풀어낸 사람이다. 이들은 1950년대 말 혁명적인 논문에서 우주에서 다양한 화학 원자들이 어디에서 어떻게 생겨나는지를 설명했다. 별 내부에서 어떻게 핵융합이 일어나 탄소·산소·철이 생겨나는지, 그리고 폭발하는 별이 어떻게 금이나 은 같은 원소들을 만들어내는지를 보여주었다. 이 논문은 현대 천문학의 초석을 놓았고, 호일은 20세기의 가장 영향력 있는 연구자 가운데 한 사람임이 틀림없다. 하지만 그의 모든 생각이 과학자들에게서 한결같이 지지를 받았던 것은 아니다. 호일은 당시 새롭게 개진되었던 우주 탄생 이론을 거부했다. 그 이론이 정말 웃긴다고 생각해서 조롱하듯 "빅뱅Big Bang"이라 불렀다. 이 말은 이론 자체만큼이나 빠르게 관철되어, 차츰 모두가 그 이론을 빅뱅이라 부르게 되었다. 하지만 호일은 죽을 때까지 우주 대폭발 이론을 받아들이지 않았다.

빅뱅을 받아들이지 않은 것보다 더 기이한 것은 질병의 유래에 대한 그의 가설이었다. 천문학자가 의학의 소관에 속한 주제에 천착하는 것은 좀 이상해 보인다. 하지만 호일은 많은 바이러스와 박테리아가 사실은 우주에서 유래했고, 우주망원경으로 보이는 항성 간의 커다란 구름은 미생물들이 어마어마하게 뭉쳐서 이루어진 것이라고 여겼다. 이런 미생물들은 차가운 우주에서는 비활성 상태로 있다가 혜성이나 소행성 덕분에 지구에 도달해 질병과 전염병을 유발한다고 보았다. 특히 독감은 이로 말미암아 유행하는 것이라고 했다. 1918년 세계적으로 수천만 명의 목숨을 앗아간 스페인 독감, 1951년의 영국 독감, 1977년 러시아 독감, 이 모든 독감은 인플루엔자 A 바이러스Influenza A Virus가 원인이었다. 이 바이러스의 다양한 아형亞型들은 지난 수십 년간 전 세계에서 전염병을 일으켰다. 오늘날 우리는 이 바이러스가 물새와 같은 조류에서 시작되어 돼지에게 전염되고, 마지막에 우리 인간도 감염시킬 수 있음을 알고 있다. 하지만 당시 호일은 이 병원체가 우주에서 비롯되었다고 확신했다.

그는 동료 찬드라 위크라마싱헤Chandra Wickramasinghe와 함께 영국과 지구 곳곳의 질병 사례 데이터를 세심하게 모아, 바이러스가 우주에서 지상으로 떨어진다고 볼 때만이 감염경로를 설명할 수 있음을 보여주고자 했다. 광우병이나 AIDS의 등장을 소행성 충돌과 연결하고자 했고, 바이러스 외에 박테리아도 계속해서 우주에서 지구로 내려온다고 굳게 확신했다. 진화과정에서 콧구멍이 아래를 향하게 된 것도 위에서 떨어지는 미생물이 콧구멍으로 직접 흘러들어 오지 않도록 하기 위함이라고 설명했다.

호일의 나머지 연구들은 굉장히 천부적이었지만, 바이러스가 우주에서 왔다는 생각은 크게 틀린 것이었다. 오늘날 우리는 성간 구름은 가스와 먼지로 되어 있음을 확실히 알고 있다. 우리는 소행성을 방문했고 복잡한 유기 분자를 많이 찾아냈지만, 생명이나 병원체 같은 것은 전혀 찾을 수가 없었다. 혜성은 인상적인 천체 현상이지만, 재앙의 징조나 전염병을 일으키는 원인은 아니다.

우주는 불친절한 곳이다. 소행성이 지구로 떨어질 수도 있고, 행성 운동의 불규칙성이 빙하기를 유발할 수도 있다. 태양풍이 우리의 위성을 고장 나게 할 수도 있다. 저 밖에는 우리에게 위험한 것들이 많이 있다. 하지만 최소한 바이러스와 박테리아가 우주에서 비처럼 내리지는 않는다. 그러므로 우리는 코로 외계 미생물이 쏟아져 내리지 않을까 하는 걱정 없이 안심하고 하늘을 올려다볼 수 있다.

94

클라미도모나스 라인하르티
미세조류로 만든 먹는 백신의 미래

클라미도모나스 라인하르티 *Chlamydomonas reinhardtii* ? 흥미로운 미세조류에게 이런 재미없는 이름 따위는 어울리지 않는다. 독일 식물학회가 2014년 올해의 조류로 선정했던 이 미세조류는 지난 수십 년간 과학계의 진정한 보물로 부각되었다. 이들이 이렇게 보물처럼 다가오는 것은 우선 그들의 기본적인 특성 때문이다. 이 미세조류는 식물과 마찬가지로 광합성을 통해 햇빛을 유용한 에너지로 변환시킨다. 하지만 크기가 몇 마이크로미터에 불과한 클라미도 모나스 라인하르티는 식물과 달리 능동적으로 움직일 수 있다. 이 조류는 두 개의 편모를 가지고 있어, 인간이 평영을 할 때 팔을 사용하는 것과 비슷하게 편모를 활용한다. 클라미도모나스 라인하르티는 편모를 활용해 1초에 120마이크로미터를 이동할 수 있다(크기를 감안하면 세계적인 수영 선수보다 열 배 이상 빠른 헤엄이다).

클라미도모나스 라인하르티는 굉장히 특별한 안점을 가지고 있다. 안점은 여섯 개의 광수용체와 많은 단백질로 구성되는데, 이를 통해 조류는 빛이 어디에서 오는지를 인식할 수 있을 뿐 아니라 빛의 세기도 감지하고, 나아가 빛의 서로 다른 색깔도 구분할 수 있다. 이런 능력 덕분에 클라미도모나스 라인하르티는 광합성을 위해 최적의 조건이 지배하는 곳으로 의도적으로 이동할 수 있다. 최적의 조건이 주어지지 않는 경우에는 비상 프로그램으로 전환할 수 있다. 클라미도모나스 라인하르티는 보통은 햇빛을 이용해 전자를 만들어내 화학반응을 일으킨다. 이런 화학반응에서 당이 생성되며, 이 당으로부터 신진대사를 위한 에너지를 얻는다. 하지만 당을 만들 수 있는 양분이 부족하면, 조류는 비상 프로그램을 가동해 다른 방법으로 전자를 동원해 수소를 만든다.

이러한 특성은 1940년에 이미 발견되었고, 그 이후로 연구자들은 조류가 비상 프로그램을 작동하게끔 해보려고 노력하는 중이다. 이 일이 잘되면 기후친화적인 자동차 연료로 활용할 수 있는 수소를 생산할 수 있는 생물학적 원천을 갖게 되는 셈이니 말이다. 이런 노력은 아직 성공 단계는 아니다. 하지만 클라미도모나스 라인하르티는 몇 가지 흥미로운 연구를 가능케 한다. 2003년 클로미도모나스 라인하르티의 전체 게놈이 해독되면서, 이 조류는 미생물학의 중요한 모델이 되었다. 클로모나스 라인하르티의 유전정보는 특히나 쉽게 바꿀 수 있다. 실험실에서도 쉽게 배양할 수 있고, 빠른 번식률 덕분에 다양한 변종을 만들어낼 수 있다. 안점이 없는 균주도 만들어낼 수 있고, 서로 다른 종류의 편모를 가진 균주도 만들어낼 수 있어서, 이 모든 요소가 어떻게 기능하는지를 상세히 연구할 수 있다.

한편, 이 조류의 편모는 기능과 구조 면에서 인간 정자의 꼬리와 유사하다. 그리하여 이 원생생물이 어떻게 움직이는지를 이해한다면 정자가 어떻게 기능하는지도 이해할 수 있게 될 것이다.

유전자 변형 식물의 쓸모

나아가 클라미도모나스 라인하르티는 의학 연구에 혁명을 일으킬 수도 있다. 앞으로 이를 활용해 비용이 많이 들고 생산 단가가 높은 백신을 저렴하게 생산할 수도 있으며 나아가 이 백신을 주사가 아닌 경구로 투여할 수도 있다. 예방접종이 효과가 있는 것은 그것이 면역계를 안전하게 훈련시켜주기 때문이다. 면역계가 진짜 감염에서 최초로 병원체를 만나면, 때는 이미 늦을 수도 있다. 면역계가 침입자를 물리치기 위해 적절하게 반응하기도 전에 병원체가 빠르게 증식할 수 있기 때문이다. 하지만 백신에는 신체에 무해한 형태로 병원체에 대한 정보가 포함되어 있다. 백신을 가능케 하는 한 가지 방법은 완전한 병원체를 사용하지 않고 병원체의 특징적인 부분만 사용하는 것이다. 이런 부분은 그 자체로는 해를 끼칠 수 없지만, 면역계를 훈련시켜 실제 위험에 대비해 무장시키기에는 충분하다.

실전에서는 아직 투입되고 있지 않지만, 먹는 백신을 실현하기 위한 한 가지 방법은 바로 유전자 변형 식물을 활용해 '항원'을 만들어내는 것이다. 이 식물을 먹으면 항원도 체내에 도달하고, 면역계도 훈련을 시작할 수 있다. 말은 쉽지만 그리 쉬운 일은 아니다. 위장관은 백신을 체내에 들여보내기에 썩 좋은 장소가 아니기 때문이다. 그럼에도 '먹는 백신'에 대한 연구가 집중적으로 이루어지고 있다.

재래식 백신 생산이 종종 아주 값비싸고 복잡한 산업적 공정을 통해 생산되는 반면, 식물은 비교적 쉽게 재배할 수 있다. 올바른 종을 활용하면, 오래 유통할 수 있고 쉽게 운반하고 저장할 수 있다. 무엇보다 우리는 그동안에 식물을 적절히 변형시키는 일에 많은 경험을 축적했다. 하지만 단세포 조류를 유전적으로 변형시키는 것은 식물보다 더 쉽다. 더욱이 단세포 조류는 쉽게 배양할 수 있어 생산비용이 더 저렴해진다.

식용 가능한 클라미도모나스 라인하르티와 함께 이미 다양한 백신 후보들이 속속 물망에 올라와 유망한 결과를 예고하고 있다. 언젠가 정말로 먹는 조류 백신이 질병 예방을 위해 실용화될 날이 올지도 모른다. 주사를 맞는 대신 백신 조류를 얹은 스시 한 조각을 먹는 것으로 질병을 예방할 수 있다면, 예방접종을 꺼리는 사람들도 좀 더 거부감 없이 면역 효과를 누릴 수 있지 않을까.

95

GFAJ-1
가짜 외계인 소동

2010년 12월 미국항공우주국은 기자회견에서 "생명의 정의가 방금 확장되었다"면서 "외계 생명체를 탐색하는 데 영향을 미칠 우주생물학적 발견"을 발표하겠다는 말로 멋들어지게 운을 뗐다. 기자회견장에는 설레는 분위기가 감돌았고, 모두 속으로 근사한 시나리오를 떠올려보았다. 이어 미국항공우주국 측에서 발표한 내용은 먼 우주에서 외계 생명체가 발견되었다거나 하는 혁명적인 사건이 아니었다. 이 기자회견의 주인공은 캘리포니아 모노 호수에 서식하는 미생물이었다.

미국의 지구생물학자 펠리사 울프사이먼Felisa Wolfe-Simon은 자신의 팀과 함께 모노호에서 아주 특별한 박테리아를 찾아 나섰다. 모노호 주변 지역은 오랫동안 로스앤젤레스의 식수원으로 사용되었고, 시간이 지나면서 수위가 낮아졌다. 자연적인 배수구가 없기에 염분 함량이 높아졌고, 기타 수용성 물질들의 농도도 높아졌으며, 특히나 화학원소인 비소도 비교적 많은 양이 존재하는 것으로 드러났다.

울프사이먼 팀은 그런 극한의 조건에서 사는 생물은 특별한 생존전략을 개발했을 거라고 예상했다. 모노호의 미생물들은 지구상의 다른 생물들에게는 없는 속성을 가진 것이 틀림없다! 연구팀은 바로 이를 알아내고자 했다. 마침내 울프사이먼 팀이 발견한 박테리아들은 조금 특별한 수준으로 그치지 않았다. 《슈피겔Der Spiegel》에서는 그들이 "정말 스펙터클한 생명 형태"로, "지구와 외계의 생명체에 대한 표상"을 변화시킬 만한 것이라고 보도했다.

새로운 생명 기본 물질을 찾아서

예전에 생명은 반드시 탄소·수소·산소·질소·인·황, 이 여섯 가지 화학 원소로 구성된다고 여겨졌다. 양은 서로 다르지만, 이 여섯 원소 가운데 어느 하나도 빠져서는 안 된다고 생각했다. 가령 인은 DNA에서 유전정보를 전달하는 화학적 구성요소를 연결하는 역할을 한다. 그러나 울프사이먼 팀이 'GFAJ-1'이라는 이름을 붙인, 이 모노호에서 서식하는 할로모나다세아Halomonadaceae 과의 박테리아는 유독한 비소가 보통의 생물에서 인이 하는 역할을 담당한다는 결과가 나왔다.

이런 발견은 매우 놀랄 만한 것이었다. 생명에 필수적인 기본 구성요소를 다른 화학물질로 대치할 수 있지 않을까 하는 생각은 전에도 이미 대두되곤 했다. 하지만 비로소 GFAJ-1이 처음으로 그런 아이디어를 입증한 생물이 된 것이다. 미국항공우주국이 보도자료에서 밝힌 바와 같이 이런 특별한 속성은 외계 생명체를 찾는 데 커다란 영향을 미친다. 생명이 기존에 알려진 것과 다른 화학적 요소로 구성될 수 있다면 앞으로 우리는 다른 장소에서 다른 눈으로 생명을 탐색해야 할 것이다.

하지만 이런 과학적 센세이션은 불과 며칠 가지 못했다. 미국항공우주국의 발표가 있자마자 몇몇 연구자가 회의를 표명하고 나섰다. 증거가 너무 부족하고, 충분한 통제 실험이 수행되지 않았다는 것이었다. 더욱이 일부 과학자는 박테리아의 DNA에 인 대신 비소가 포함되어 있음을 직접 증명할 수 있는 신빙성 있는 방법이 없음을 지적했다. 울프사이먼 팀은 이에 대한 직접적인 분석을 한 것이 아니라 간접적인 입증 방법을 사용했는데—또 다른 비판에 따르면—이 방법조차 철저하게 적용한 게 아니라는 것이었다. 그래서 발견된 비소는 진짜 새로운 생명 형태를 이루는 것이 아니고, 실험이 오염되었다고 보는 편이 더 합당하다는 지적이었다.

이런 비판은 그치지 않았고, 2012년 다른 연구팀이 독자적으로 그 박테리아를 분석한 결과 GFAJ-1이 소량의 비소를 견딜 수 있지만, 비소가 그 DNA의 구성물질은 아닌 것으로 드러났다. 모노호에서 발견된 그 특이한 박테리아도 지구상의 나머지 생물들과 동일한 기본 구조를 사용한다는 것이었다.

펠리사 울프사이먼은 여전히 자신의 연구에 심각한 오류가 없다고 확신하며, GFAJ-1에 대한 연구 결과를 변호하고 있다. 울프사이먼이 자신의 연구 결과를 한사코 고집하는 것은 인간적으로는 이해가 가는 일이다. 공동 저자로서 울프사이먼의 연구에 참여한 폴 데이비스Paul Davies에 따르면, GFAJ-1이라는 이름은 'Give Felisa a Job'의 약자이기 때문이다. 어쨌든 생명의 기본 구성요소로 비소를 사용하는 특이한 생물을 발견했다고는 말하기 힘들어졌다. 하지만 우리는 아직 지상의 생명이 어떻게 탄생했는지 정확히 알지 못하므로, '색다

른' 생명체가 없다고도 말할 수 없는 형편이다. 모노호가 아니라도,
어딘가 다른 장소에 그런 생명체가 있을 수도 있지 않겠는가.

96

믹소트리카 파라독사
움직이는 박테리아들의 도시

믹소트리카 파라독사*Mixotricha paradoxa* 라는 이름은 '예기치 않게 뒤섞인 털'이라는 뜻이다. 믹소트리카 파라독사는 호주의 생물학자 진 서덜랜드*Jean Sutherland* 가 발견한 미생물로, 미용실에서 머리가 엉망이 된 일과는 아무 관계도 없다. 그보다는 진 서덜랜드가 흰개미의 내장 속에서 이 미생물을 발견했을 때의 모습을 묘사한 말에 가깝다. 흰개미들은 나무를 먹고 살지만, 나무를 소화하는 것은 혼자 힘으로 안된다. 그리하여 흰개미의 내부에는 질긴 셀룰로스를 소화할 수 있는 다양한 미생물이 서식한다.

서덜랜드는 1933년 흰개미 내부에서 지금까지 알려지지 않았던 미생물을 발견했다. 이 원생동물은 비교적 커서, 최대 0.5밀리미터에 달했다. 몸 겉부분에는 '털'이 많이 나 있었는데, 한편으로는 '섬모'를 연상시키는 무수한 솜털이 나 있었다. 섬모는 세포를 통과하는 물질 운반이나 이동에 활용되며, 많은 생물에게서 볼 수 있는 기관이다. 그런데 믹소트리카 파라독사는 섬모만이 아니라 '편모'처럼 보이는 약간 더 길고 두꺼운 '털'들도 가지고 있었다. 박테리아나 여타 미생물은 채찍과 비슷하게 생긴 이 편모를 이용해 이동을 할 수 있으며, 이런 편모를 가진 종 역시 적지 않다(92장을 참조하라). 하지만 지금까지

357

움직이는 박테리아들의 도시

섬모와 편모, 둘 모두를 가진 생물은 발견된 적이 없었다. 서덜랜드는 섬모와 편모가 섞여 있음에 착안해, 이 원생동물에 믹소트리카 파라독사라는 이름을 지어주었다.

하지만 이 미생물의 특이한 점은 이것이 전부가 아니다. 믹소트리카 파라독사는 흰개미가 셀룰로스를 소화하는 걸 돕지만, 이 일을 스스로도 '아웃소싱'한다. 믹소트리카 파라독사는 세포에서 에너지 생산을 담당하는 일반적인 미토콘드리아를 가지고 있지 않다. 이 원생동물은 대신 자신의 내부에 서식하는 박테리아에게 그 일을 담당하도록 한다. 믹소트리카 파라독사는 삼중의 공생관계의 중심에 있다 하겠다. 그는 박테리아에게 서식지와 영양분을 제공하고, 박테리아의 특성을 활용해 흰개미 내장 안에서 안전하게 체류한다. 그리고 한편으로는 흰개미에게는 나무를 소화하게끔 도와줌으로써 신세를 갚는다.

인체 마이크로바이옴의 미래

1950년 이 원생동물의 섬모와 편모를 더 자세히 연구했을 때 놀라움은 더 커졌다. 많은 섬모가 그냥 섬모가 아니라 트레포네마 속의 박테리아로 드러난 것이다. 믹소트리카 파라독사를 덮은 25만여 개의 '섬모'는 사실은 하나하나가 모두 박테리아였던 것이다. 이 박테리아들은 주변을 자유로이 유영하는 대신, 원생동물과 연결되어 있다. 그리고 이 원생동물은 박테리아 덕분에 흰개미 내장을 채우고 있는 끈적끈적한 액체 안에서 더 수월하게 이동할 수 있다. 대신에 박테리아에게 양분을 더 용이하게 공급하는 것으로 보상을 한다. 상당히 길쭉한 편모 역시도 사실은 원생동물과 협업하며 살기로 작정한 카날레파롤리나 다위니엔시스*Canaleparolina darwiniensis* 종의 박테리아다.

그런데 트레포네마 박테리아들은 믹소트리카 파라독사에게 단순히 그냥 달라붙어 있는 것이 아니었다. 그들은 이 원생생물이 그들을 위해 특별히 만들어낸 미세한 집게와 비슷한 돌출부에 붙어 있었는데, 집게마다 다른 쪽 끝에는 또 다른 종의 박테리아가 있었다. 이 '메가 유기체'에서 이런 박테리아들이 어떤 역할을 하는지는 아직 알려지지 않았다. 하지만 그들 역시 주거공동체에 뭔가 기여를 하고, 반대급부로 유익을 얻는 것이 틀림없다.

그러므로 믹소트리카 파라독사는 단순한 단세포생물이 아니라 수십만 개의 박테리아가 거주하는, 움직이는 도시라 할 수 있다. 호주 북부의 특정 지역에만 서식하는 흰개미의 장 내부에 있는 도시다! 이런 특별한 생활공동체가 세상에 얼마나 많이 존재하는지 누가 알겠는가? 믹소트리카 파라독사는 어떤 생물도 따로 떼어 보아서는 안 된다는 걸 인상적으로 보여준다. 살아 있는 모든 개체는 다른 개체에 의존해서 살아간다. 어떤 경우는 의존도가 더 높고, 어떤 경우는 더 낮으며, 어떤 경우는 개체 간의 경계가 희미하다.

인간도 예외는 아니다. 우리 몸속에도 많은 박테리아가 서식한다. 우리의 내장에 서식하는 박테리아는 최대 1000종에 달하며, 박테리아 수를 모두 합치면 우리 몸을 구성하는 세포만큼이나 많다. 피부에도, 입에도, 코와 모든 점막에도 미생물이 산다. 미생물들은 우리의 소화를 도와주고, 중요한 물질(가령 몇몇 비타민)을 만들어내며, 병원체를 물리쳐준다. 그 외 우리가 아직 알지 못하는 훨씬 더 많은 중요한 과제를 처리할 것이 틀림없다. 인간의 이런 '마이크로바이옴'의 역할은 이제 막 연구 중에 있다. 한 가지 확실한 점은 우리 역시 혼자서 사는 존재가 아니라는 것이다. 우리는 무수히 다양한 생물의 생활공동체다. 모든 생물이 서로 의존하며 살아간다.

세네데스무스 오블리쿠스
조류로 만든 집에서 살기

'조류 하우스'라니, 그리 매력적으로 들리지 않는다. 미끈거리고, 습하고, 불쾌할 것만 같다. 2013년 함부르크의 빌헬름스부르크 지역에 지어진 집은 정말로 일명 '조류 하우스'다. 하지만 조류의 이미지와는 전혀 거리가 먼 집이다. 이 건물의 공식적인 이름은 BIQBio Intelligent Quotient 이고, 이 집을 특별하게 만드는 것은 바로 단세포 녹조류인 세네데스무스 오블리쿠스Scenedesmus obliquus 다. 이 녹조류는 일반적으로 호수와 연못 같은 담수에 서식한다. 하지만 오스트리아 건축사무소가 지은 이 집에서는 건물 정면에 조류가 산다. 볕이 환하게 드는 건물 앞부분은 129개의 유리로 이루어져 있으며, 유리 속 수족관에서 조류들이 자란다.

조류가 성장하려면 빛, 약간의 양분, 이산화탄소가 필요하다. 이산화탄소 일부는 집에 난방을 할 때 나오는 배기가스로부터 직접 얻는다. 조류의 광합성에 쓰이지 않는 햇빛은 유리 패널을 통해 열로 변환되어 집에 온수를 공급하는 데 활용된다. 물론 조류를 마냥 키우고만 있을 수는 없다. 조류가 어느 순간 증식해서 건물 전면의 수족관을 완전히 채울 테니 말이다. 정기적으로 조류를 수확해 천연가스 시설로 보내면 그곳에서 조류가 발효되어 가스를 생성하고, 이것으로 집에서 필요한 에너지를 충당할 수 있다.

하지만 조류만으로는 집 전체에 필요한 에너지를 공급하기에 역부족이었는데, 이것은 조류 시설이 처음에 바란 만큼 원활하게 기능하지 않았기 때문이기도 하다. 이 건물은 함부르크에서 열리는 국제건축박람회IBA에 출품된 건축물로, 건축가들은 환경에 역동적으로 반응하는 건축 자재를 사용해 에너지를 최적으로 사용할 수 있는 '스마트 머티리얼 하우스Smart Material Houses'를 선보이고자 했다. 이 5층짜리 건물은 시범 프로젝트였기에, 아직 해결해야 할 문제들이 산적한 것으로 드러났다. 조류 탱크에 양분을 공급하는 파이프는 너무 작아서 종종 막혔고, 온도 조절도 제대로 되지 않았다. 겨울에는 냉해 방지를 위해 조류를 모두 걷어내야 했다. 하지만 시스템을 완전히 개조한 뒤 조류 하우스는 원래 계획했던 대로 비교적 잘 기능하고 있다.

이 조류 하우스는 광생물반응기를 실험실이나 기업에서만 활용할 수 있는 게 아님을 보여준다. 미생물을 키울 수 있는 광생물반응기를 '일반적인' 건축물에 활용해 천연가스 생산을 위한 바이오매스를 만들어낼 수도 있고, 건물에서 사용하는 온수도 공급할 수 있다. 조류로 말미암아 건축물의 외관도 더 멋있어진다. 물론 취향 차이는 있겠지만, 함부르크 조류 하우스의 생동감 넘치는 초록 외관은 상당히 독특하다. 집 전면의 유리 상자들에는 거품이 뽀글뽀글 올라오는 물이 채워져 있고, 물속에서 조류가 춤을 춘다. 조류가 얼마나 많이 자라느냐에 따라 물은 더 진한 초록빛을 띠기도 하고 연한 초록빛을 띠기도 한다. 미생물이 서식하는 물은 침전물이 형성되지 않게 계속 움직여

쥐야 하기에, 129개의 생물반응기로 계속 커다란 기포가 유입된다.

　이 조류 하우스로 단박에 에너지 비용을 절감해보자는 생각은 애초에 없었다. 이 하우스에 참여한 건축가와 과학자들은 일단 이런 기술이 원칙적으로 활용 가능하다는 걸 보여주고자 했다. 앞으로는 이런 시설이 더 큰 건물에도 활용될 수 있을 것이다. 사무실 건물, 공장, 창고 등 일부분을 조류로 치장할 수 있을 커다란 건물들은 충분하다. 또한 조류를 꼭 바이오매스로만 활용해야 하는 건 아니다. 다른 목적을 위한 원료로도 사용할 수 있다. 조류는 미량원소와 영양분이 풍부하므로 화장품 산업에도 유용하게 쓰일 수 있다. 또한 식용도 가능하므로, 식품으로 활용될 수도 있다. 물론 이런 조류로 스시를 말아먹을 수는 없겠지만, 건강보조식품, 스무디 혹은 빵에 발라먹는 스프레드 재료로 활용이 가능할 것이다. 응용 가능성은 무궁무진하다. 그러니 앞으로 집을 조류와 나눠 쓰지 못할 이유가 있을까?

98

돼지 서코바이러스 1형
세상에서 가장 작은, 그리고 가장 큰

바이러스는 작다. 바이러스가 그렇게 느지막이 발견된 것도 바로 크기 때문이다(43장을 보라). 바이러스는 박테리아나 다른 모든 미생물보다 훨씬 작다. 알려진 바이러스 가운데 가장 작은 바이러스는 돼지 서코바이러스 1형Porcine circovirus 1, PCV-1이다. 이 바이러스는 돼지를 감염시키지만 (이 바이러스와 가까운 친척인 돼지 서코바이러스 2형, 3형과는 달리) 돼지에게서 질병을 일으키지는 않는다. 돼지 서코바이러스 1형은 17 나노미터에 불과해 크기가 거의 원자 수준에 이른다. 가장 작은 원자는 헬륨으로 헬륨 원자 600여 개를 일렬로 배열하면 돼지 서코바이러스 1형의 길이에 도달한다. 헬륨 원자보다 약간 더 큰 탄소 원자는 220개 정도를 줄 세우면 되고, 알려진 원자 가운데 가장 큰 원자인 방사성 원소 프랑슘의 경우는 48개만 있으면 가장 작은 바이러스의 길이와 맞먹는다.

돼지 서코바이러스 1형은 물리적으로 작을 뿐만 아니라 게놈의 크기 면에서도 작다. 이 바이러스의 유전정보는 고리 모양의 핵염기에 담겨 있다. 핵염기는 유전암호의 '철자'를 이루는 구성성분으로, 돼지 서코바이러스 1형은 1700개 정도의 핵염기로 이루어진다. 비교를 위해 말하자면, 우리 인간의 DNA에는 30억 개 이상의 핵염기가 있으며, 박테리아는 보통 10만 개 이상의 핵염기를 갖는다. 바이러스 가운데 100만 개 이상의 핵염기를 갖는 것들도 있지만, 그런 바이러스는 예외적이다. 바이러스의 게놈은 대부분 박테리아나 다른 미생물의 게놈보다 작으며, 많은 바이러스가 돼지 서코바이러스 1형처럼, 불과 몇천 개의 핵염기로 이루어진다.

이것은 한편으로 바이러스가 숙주에 더 많이 의존하고 있음을 의미한다. 작은 게놈에는 정보를 거의 저장할 수 없기에, 감염시킨 숙주세포에 있는 분자적 도구들을 활용해 스스로를 복제해야 하는 것이다. 하지만 다른 한편 바이러스는 미니멀 게놈의 잠재력을 최대로 활용할 수 있는 길도 찾았다. 그리하여 어떤 바이러스들은 같은 핵염기 세트로 서로 다른 유전자를 암호화할 수 있다. 염기의 순서를 어떻게 읽느냐, 어디에서부터 읽느냐에 따라 서로 다른 정보를 읽을 수 있고, 이런 '겹치는 유전자' 덕분에 작은 게놈에 생각보다 더 많은 데이터를 집어넣을 수 있다.

육안으로 볼 수 있는 미생물의 세계

바이러스를 생물로 볼 것인가에 대해 견해가 일치하지 않는 것처럼, 돼지 서코바이러스 1형을 정말로 기존에 알려진 이 세상의 생물 가운데 가장 작은 생물로 볼 것이냐를 두고도 의견이 갈린다. 어쨌든 이 바이러스는 숙주세포의 도움으로 스스로를 복제할 수 있는 유기체 가운데 가장 작은 유기체다. 하지만 이 '눈금자'의 다른 쪽 끝에는 진짜 놀라운 사실이 준비되어 있다. 세상에서 가장 큰 생물은 어떻게 보면 미생물이기 때문이다. 이 미생물은 흔히 '조개뽕나무버섯'이라 불리는 균류 아르밀라리아 오스토야에 *Armillaria ostoyae* 다. 이 균류는 먹을 수 있지만, 조심해서 먹어야 한다. 안 맞는 사람들도 있고, 충분히 익혀 먹지 않으면 구토나 설사를 유발할 수도 있기 때문이다. 이 버섯은 침엽수 안이나 곁에서 자라는데, 이 버섯을 본 적이 있는 사람이라면, 이 버섯이 공식적으로 '미생물' 칭호를 달고 있음이 놀라울 것이다. 이 버섯의 갓 부분은 직경이 최대 20센티미터에 이를 수 있기 때문이다.

하지만 우리가 보통 '버섯'으로 채취해 먹는 것은 균류의 자실체 fruit body 다. 균류는 이런 자실체를 통해 번식해나간다. 그곳에 포자가 형성되어 바람이나 물, 다른 경로를 통해 확산되는 것이다. 포자들은 작아서, 조개뽕나무버섯의 경우는 불과 몇 마이크로미터가 되지 않는다. 포자로부터 가늘고 긴 실인 '균사'가 만들어져 이것이 버섯의 몸체 대부분을 이룬다. 균사는 격벽이라 불리는 가로벽으로 나뉜다. 즉 서로 나란한 세포로 구성되는 것이다(이들 세포는 균류에 따라 세포핵을 가질 수도 있지만, 꼭 그렇지는 않다). 이런 미세한 작은 실 모양의 균세포들이 다수가 함께 뭉쳐서 자라면, 육안으로도 보인다. 양질의 카망베르 치즈를 뒤덮은 사상균층도 그런 '균사체'에 다름 아니다.

따라서 균류는 숲에서 흔히 우리 눈에 띄는 것만이 아니라, 무엇보다 균사로 이루어진 지하의 네트워크 전체를 말한다. 이것은 엄청나게 커질 수 있다. 1998년에 미국 오리건주 숲의 땅속에서 균사체가 거의 10제곱킬로미터의 넓이로 뻗어 있는 조개뽕나무버섯이 발견되었다. 뭐, 이것이 가장 큰 미생물이려나? 하지만 어딘가 어떤 숲의 땅속에 이보다 더 큰 미생물이 숨어 있는지도 모를 일이다.

99

시겔라 소네이
하루에 박테리아 1억 마리 섭취하기

"하루에 사과 한 개면 의사가 필요 없다"는 말이 있다. 사과는 의사를 멀리한다. 하지만 사과가 멀리하지 않는 것이 무엇인지 아는가? 그것은 바로 박테리아다. 전형적인 사과 한 개에는 박테리아가 1억 개 정도 있다. 오, 갑자기 사과가 먹기 싫어지지 않는가? 하지만 이것은 아주아주 정상적인 일이다. 박테리아, 최소한 적절한 박테리아를 우리 몸속으로 들여보내는 것은 우리 건강에도 중요한 일이다. 박테리아들은 무엇보다 소화 시스템이 제대로 기능하는 데 도움을 주기 때문이다. 2019년 가브리엘레 베르크가 이끄는 그라츠 공대 연구팀은 하나의 사과 안에 어떤 박테리아들이 돌아다니는지를 살펴보았다. 연구팀은 '알릿Arlet'이라는 품종의 사과 8개를 분석했는데, 그중 4개는 유기농 인증을 받은 사과였고, 나머지 4개는 일반적인 농법으로 수확한 것이었다.

이 연구에서 얻을 수 있는 첫 번째 인식은, 사과 속 박테리아로부터 유익을 얻고자 한다면 사과를 통째로 남김없이 먹어야 한다는 것이다. 그도 그럴 것이 유기농 사과와 일반 사과를 막론하고 미생물은 사과의 씨와 줄기 부분에 가장 많았고, 과육과 껍질에서는 훨씬 적었다.

박테리아의 수도 유기농이건 일반 사과건 별로 차이가 나지 않았다. 하지만 미생물의 다양성 면에서는 뚜렷한 차이가 있었다. 미생물 다양성은 유기농으로 재배된 사과가 더 높았다. 주된 이유는 수확 후 처리 과정 탓일 것이다. 유기농 사과는 나무에서 따서 직접 실험실로 가져온 반면, 일반 사과는 으레 수확 후에 하는 처리를 거쳤으니 말이다. 즉 일반 사과는 수확 후 우선 사과를 저온에 놓았다가 씻은 뒤, 비닐에 싸서 보관했던 사과였다. 발견된 박테리아 DNA를 정확히 분석한 결과, 대부분의 종이 유기농 사과와 일반 사과에 공통적으로 발견되었다.

하지만 어떤 박테리아들은 유기농 사과 혹은 일반 사과 한쪽에만 있었다. 가령 시겔라 속에 속한 박테리아들은 주로 일반 사과에 있었다. 시겔라 박테리아들은 불쾌한 증상을 유발할 수 있다. 열대지방에서 주로 발견되는 시겔라 디젠테리아*Shigella dysenteriae*는 심한 설사를 유발할 수 있다. 반면 시겔라 소네이*Shigella sonnei* 종은 중부 유럽에서 많이 발견되고, 이 역시 밤에 배가 아파서 화장실을 들락날락하게 할 수 있지만, 그리 고통스럽지는 않다(화장지만 많이 준비되어 있다면 오케이다).

그러나 대부분의 경우 설사를 유발하는 것은 사과가 아니다. 그보다는 오염된 식수가 원인인 경우가 훨씬 많다. 그라츠대학에서 분석한 사과의 경우에도 시겔라 박테리아의 양은 미미했다. 하지만 앞에서 말했듯이 일반 사과에서만 발견되었다. 반면 유기농 사과에서는 몇몇 락토바실루스*Lactobacillus* 종의 박테리아들이 검출되었다. 이 유산균은 식품산업에서 치즈나 다른 유제품 같은 것을 제조할 때 투입되며(28장 참조), 우리의 소화관에서 특히 건강에 유익한 작용을 한다 (12장 참조). 일반 농법으로 재배한 사과에서는 이런 박테리아들이 검출되지 않았다.

이런 분석 결과 앞에서 유기농 사과만 건강에 좋고 일반 사과는 먹을 게 못 된다는 결론을 내려서는 안 될 것이다. 이런 연구는 우리가 뭔가를 먹을 때, 우리가 입으로 들여보낸다고 믿는 것뿐 아니라, 우리 눈에 보이지 않는 미생물들도 계속해서 취한다는 것을 여실히 보여준다. 그러므로 우리의 음식에 어떤 박테리아들이 서식하는지, 그들의 종 다양성은 생산 방법을 통해 어떻게 변화하는지를 아는 것은 중요하다. 앞으로 식품 라벨에 칼로리와 지방 함량뿐 아니라 해당 식품의 미생물 구성이 함께 표기되는 날이 도래할지도 모르겠다.

ⓘⓞⓞ

티오알칼리비브리오 티오시아녹시단스
태초에서 마지막 시간에 이르기까지의 생명

지구상의 생명은 35억여 년 전에 탄생했다. 그리고 앞으로 10억 년 정도가 지나면, 태양은 너무 뜨거워져서 지표면 온도가 섭씨 100도를 웃돌게 될 것이다. 40~50억 년이 더 지나면, 태양은 적색거성으로 부풀어 오를 것이고, 지구는 태양에 잡아먹혀 소멸되거나 그렇지 않다 해도 생명이 살기 힘든 땅이 될 것이다. 우주의 무한함에 비하면, 우리 행성의 생명은 아주 짧은 시간을 허여받았다. 하지만 지구 외에 어느 다른 곳에서 생명이 훨씬 더 일찍 시작되어, 훨씬 더 오래 이어갈지도 모르는 일이다.

하지만 우선은 지구에 남아 일본 앞바다 1300미터 심해의 해저 바닥을 살펴보자. 2006년 국제 연구팀은 그곳에서 두 가지 인상적인 현상에 주목했다. 첫 번째는 해저 바닥 아래에 액체 이산화탄소로 된 호수가 있다는 것이었고, 두 번째는 그런 극한의 환경에 서식하는 미생물이 있다는 것이었다.

그 지역은 지각활동이 상당히 활발해, 두 대륙판이 서로 어긋나면서 지각이 녹고 화산 가스가 방출되는 곳이다. 이산화탄소도 방출되는데, 해저 바닥은 압력이 높고 온도가 낮기에 이산화탄소가 액체 상태를 유지한다. 원래 수중에서 이산화탄소는 위쪽으로 상승한다. 하지만 이곳에서는 이산화탄소가 두 퇴적층 사이에 갇혀 작은 구멍에 붙잡혀 있다. 따라서 이것은 우리가 보통 상상하는 호수는 아니지만, 그럼에도 흥미롭고 특별한 호수다. 그곳에 서식하는 미생물을 분석한 결과 다양한 박테리아와 고세균이 있는 것으로 드러났다. 고세균과 박테리아는 주로 액체 이산화탄소층과 경계를 이루는 퇴적물에서 발견되었지만, 소수는 액체 이산화탄소 안에도 있었다. 직접 살펴볼 수는 없었기에 정확히 어떤 종인지는 알 수 없었다. 하지만 시료에 포함된 DNA를 분석해 기존에 알려진 어떤 유기체들과 가까운지 확인이 가능했다. 가장 가까운 것으로 드러난 미생물 가운데 하나는 바로 티오알칼리비브리오 티오시아녹시단스Thioalkalivibrio thiocyanoxidans로, 산도와 염도가 높은 환경에 즐겨 서식하는 고세균이다. 이 미생물이 액체 이산화탄소 안에서 어떻게 살아가는지는 알지 못한다. 그곳의 조건을 한동안 견디고 있을 따름인지도 모른다. 아니면 그런 조건을 직접 활용해 신진대사를 위한 에너지를 얻는지도 모른다.

아무튼 물 말고 다른 액체 속에서 생명이 발견되었다는 건 주목할 만한 일이다. 우주에 물은 흔하지만, 대부분은 수증기나 얼음 형태로 존재하기 때문이다. 하지만 이산화탄소 같은 다른 물질들은 아주 낮은 온도에서도 액체 상태로 있을 수 있다. 이런 사실은 하버드대학의 두 천문학자 마나스비 링검Manasvi Lingam과 에이브러햄 로엡Abraham Loeb을 진짜 과학이라기보다는 거의 SF처럼 들리는 가설로 인도했다.

오늘날 외계 생명체를 찾을 때 우리는 별을 공전하는 행성을 유력시한다. 생명이 서식하기에 적절한 온도가 조성되려면 주변에 강한 에너지원이 있어야 하기 때문이다. 그러나 링검과 로엡은 우주가 형성된 직후 우주 전체가 충분히 따뜻했을 거라고 지적한다. 138억 년 전 빅뱅 때 우주는—단순하게 말하자면—입자와 에너지로 구성된 뜨겁고 걸쭉한 수프였다. 그로부터 40만 년이 흐른 뒤에야 비로소 온도가 낮아져 최초로 진짜 원자가 생겨났다. 그런 다음 에너지는 굉장히 뜨거운 복사 형태로 공간으로 확산되었다. 이것이 이른바 '우주배경복사'다. 우주배경복사는 오늘날에도 전 우주를 채우고 있다. 하지만 우주 팽창으로 말미암아 냉각되어, 현재는 섭씨 −270도다.

링검과 로엡은 우주가 1000만 살에서 1억 살 정도 되었을 때, 우주배경복사는 아주 뜨거워서 여러 물질이 액체 상태로 존재했을 수도 있다고 지적한다. 즉 현재 지구에서 기체 상태인 암모니아, 메탄올, 황화수소와 다른 화학물질은 당시 액체 상태였을 수 있다. 물론 우주가 탄생한 지 얼마 안 되어 이미 천체가 생성되었어야만이 천체에 그런 물질도 있을 수 있었겠지만 말이다. 언제 최초의 별이 탄생했고, 언제 최초의 행성이 만들어졌는지 우리는 정확히 알지 못한다. 하지만 낙관적으로 계산하면 별과 행성이 만들어질 수 있는 시간은 충분했을 것이다. 따라서 당시 젊은 우주에 행성, 위성 혹은 암성 덩어리라도 존재했다면, 우주방사선으로 말미암아 여러 화학 성분이 액체 상태로 존재할 수 있었을 것이다.

그 당시에 미생물도 탄생했는지 우리는 알지 못한다. 액체 황화수소나 그와 비슷한 특이한 화학물질 속에서만 서식하는 생물도 알지 못한다. 하지만 이산화탄소 호수 속에 사는 고세균은 최소한 이런 액체 화학물질 속에서 미생물이 서식하는 것이 불가능하지 않음을 보여준다. 따라서 생명은 빅뱅 직후에 이미 탄생했을지도 모른다. 그리고 생명이 그렇게 일찍부터 있었다면, 생명은 아마 우주가 끝날 때까지도 이어질 것이다. 미생물학은 계속해서 여기 지구상에서 아무리 극한의 조건에서도 생물이 살아남을 수 있음을 보여준다. 빛도 산소도 없는 수 킬로미터 깊이의 지하 암석에도, 극도로 뜨겁거나 차가운 곳에도, 장구한 세월을 살아남을 잠재력을 가진 생명이 많다. 우리 인간은 매우 민감한 피조물이라 그럴 수 없지만, 미생물은 별의 죽음을 견디고 살아남을 수 있을지도 모른다. 우주의 암석 덩어리에 실려 다니며 더 나은 시간이 도래하기까지 기다릴 수 있을지도 모른다.

지상의 생명의 시간, 무엇보다 우리 인간의 시간은 한정되어 있다. 우주에서 생명은 얼마나 진기한 것일까? 있을 법하지 않은 상황이 극히 드물게 맞아떨어져서 탄생하는 것일까? 생명 탄생의 가능성이 이보다 조금이라도 높다면, 생명은 우주 어딘가에서 계속 스스로를 관철해나갈 것이다.

추천도서

미생물에 대한 더 많은 이야기가 궁금하다면

이 책에서 우리는 현재 알려진 미생물들을 쭉 열거했지만, 그럼에도 모든 미생물을 언급하기에는 자리가 충분하지 않았다. 하물며 모든 바이러스, 박테리아, 고세균, 곰팡이, 원생동물에 대한 흥미진진한 이야기를 이 자리에서 다 할 수는 없었다. 이 책에서 다룬 것 외에도 흥미로운 이야기들이 많지만, 우리는 불가피하게 많은 내용을 누락시킬 수밖에 없었다. 그래서 이 자리를 빌려 우리가 이 책을 쓰는 데 자극을 받고 참고문헌으로 활용했던 미생물에 대한 몇몇 다른 책들을 소개하려고 한다.

미생물에 대해 더 상세한 내용을 포괄적으로 알고 싶은 사람은 미생물에 관한 기본 저서라 할 수 있는 《Brock의 미생물학》(바이오사이언스)을 보면 좋을 것이다. 하지만 이 책을 보려면 양손을 다 사용해야 할 것이다. 그도 그럴 것이 이 책은 현재 제15판이 나와 있는데, 페이지 수가 자그마치 1390쪽에 무게가 거의 3킬로그램에 달하기 때문이다(한국어판으로도 제15판이 출간되었고, 쪽수는 972쪽에 무게는 2.6킬로그램에 달한다—옮긴이). 이 책은 아주 방대한 교과서로, 그만큼 많은 정보를 담고 있다. 건조하고 딱딱한 문체에 약간의 선지식을 요하지만, 이 책을 독파하고 나면 미생물학의 거의 절반은 꿰고 있다고 해도 과언이 아닐 것이다.

한스페터 모흐만Hanspeter Mochmann 과 베르너 쾰러Werner Köhler 가 쓴《세균학의 획기적 사건들Meilensteine der Bakteriologie 》는 좀 더 수월하게 읽을 수 있다. 이 책은 연식이 좀 되었지만, 그래도 박테리아 연구의 역사를 다루기 때문에 읽을 만하다. 게르하르트 고트샬크Gerhard Gottschalk 의《박테리아, 고세균, 바이러스의 세계Welt der Bakterien, Archaeen, und Viren 》는 박테리아, 고세균, 바이러스의 세계에 대한 아주 방대한 지식을 전해준다. 선지식이 없는 상태에서 고세균의 발견과 연구에 대한 매력적인 이야기를 알고 싶은 독자들에겐 팀 프렌드Tim Friend 의《제3의 역: 우리가 미처 몰랐던 고세균 이야기와 생명공학의 미래The Third Domain: The untold story of Archaea and the future of biotechnology 》를 추천하는 바다.

균류의 놀라운 세계에 대해서는 역시나 놀라운 책인 메를린 쉘드레이크Merlin Sheldrake 의《연결된 삶: 균류는 어떻게 우리의 세계를 만들고 우리의 미래에 영향을 미치는가Verwobenes Leben: Wie Pilze unsere Welt formen und unsere Zukunft beeinflussen 》를 추천한다. 미생물이 우리 몸과 우리 집에 어떤 영향을 미치는지에 대해서는 디르크 복뮐Dirk

Bockmühl이 《우리 집 병원체Keim Daheim》에서 자세히 들려준다. 이 주제에 대해 더 상세히 알고 싶은 독자는 롭 던Rob Dunn의 《집은 결코 혼자가 아니다》(까치)와 《야생의 몸, 벌거벗은 인간》(열린과학)을 참조하라. 우리 행성에 미생물이 얼마나 중요한 역할을 하는지는 베른하르트 케겔Bernhard Kegel의 멋진 제목의 저서 《세계의 지배자: 미생물은 어떻게 우리의 삶을 좌우하는가Die Herrscher der Welt: Wie Mikroben unser Leben bestimmen》에 실려 있다.

미생물만큼 흥미로운 것이 바로 미생물을 연구한 인간들의 이야기다. 연구자들의 이야기는 아니크 페로트Annick Perrot와 막시메 슈바르츠Maxime Schwartz의 《로베르트 코흐와 루이 파스퇴르: 두 거장의 결투Robert Koch und Louis Pasteur: Duell zweier Giganten》에서 읽을 수 있다. 미생물학의 고전 격에 속하는 파울 데 크루이프Paul de Kruif의 《미생물 사냥꾼》(반니)은 출간된 지 거의 100년이 지났는데도 여전히 읽어볼 만한 책이다. 미생물학계에 공헌한 여성학자들이 궁금하다면(여성학자들의 전기는 여전히 등한시될 때가 많다) 레이철 휘터커Rachel Whitaker와 헤이즐 바턴Hazel Barton이 펴낸 《미생물학의 여성들Women in Microbiology》전집을 읽어보면 좋을 것이다.

제시카 스나이더 색스Jessica Snyder Sachs 는《좋은 균 나쁜 균》(글항아리)에서 인간과 박테리아 간의 영원한 싸움에 대해 흥미진진한 이야기를 들려준다. 도로시 크로퍼드Dorothy Crawford 의《보이지 않는 적: 바이러스의 자연사The Invisible Enemy: A Natural History of Viruses》역시 바이러스와 인간의 관계에 대해 읽어볼 만한 이야기를 들려준다.

루트거 베스Ludger Wess 의《작고, 강하고, 많은Winzig, zäh und zahlreich》은 콤팩트하지만 굉장히 추천할 만한 책으로 박테리아에 대한 흥미진진한 이야기가 담겨 있다. 마릴린 루싱크Marylin Roosinck 의《바이러스!: 협력자, 적, 삶의 예술가 - 101개의 초상Viren!: Helfer, Feinde, Lebenskünstler - in 101 Porträts》은 바이러스에 대한 아름다운 그림책이다. 하지만 텍스트는 약간 기술적이고 딱딱하다.

생명 자체의 위대한 이야기는 걸출한 고전인 리처드 도킨스Richard Dawkins 의《조상 이야기》(까치), 그리고 데이비드 쾀멘David Quammen 의《진화를 묻다 The Tangled Tree》(프리렉)에서 읽을 수 있다. 특히 쾀멘의 책은 고세균을 발견한 이야기를 집중 조명하고 있다.

자녀가 있다면 자녀와 함께 마르크 반 란스트Marc Van Ranst, 헤이르트 바우카르트Geert Bouckart, 세바스티안 반 도닝크Sebastiaan Van Doninck

의 《괴물 미생물: 이로운 박테리아와 위험한 바이러스에 대한 모든 것Monster Mikroben: Alles über nützliche Bakterien und fiese Viren》를 읽어보면 좋을 것이다. 카르스텐 브렌싱Karsten Brensing 과 카트린 링케Katrin Linke 의 《바이러스와 박테리아의 흥미로운 세계Die spannende Welt der Viren und Bakterien》 혹은 수전 쉐틀리히Susan Schädlich 와 카타리나 하이네스 Katharina Haines 의 《코로나, 바이러스, 박테리아에 대한 모든 것 그리 고 이들로부터 자신을 보호하는 법Alles über Corona, Viren und Bakterien und wie wir uns schützen können》은 자녀가 없다 해도 읽어보면 좋을 것이다.

미생물에 대한 책들은 그 책들이 다루는 주제만큼이나 다양하다. 미생물에 대한 인류의 지식이 계속 확장되고 있기 때문에 보이지 않 는 미생물에 대한 새로운 책들이 계속해서 나올 것으로 기대한다. 행 운을 빈다!

감사의 말

《100개의 미생물, 우주와 만나다》가 더 좋은 책으로 거듭날 수 있도록 신경을 써준 편집자 아니카 도마인코에게 감사합니다. 그 밖에 크리스티네 모이슬아이힝거, 마르틴 그루베, 마르쿠스 안호이저에게도 감사합니다. 이들 미생물학자는 전문적인 질문들을 해결하는 데 많은 도움을 주었습니다(책에 오류가 있는 경우 이 학자들에게 책임을 전가하고 싶지만, 만일 그런 일이 있으면 책임 소재는 우리에게 있음을 인정할 수밖에 없군요).

다그마 푹스, 마티아스 키텔, 힐드룬 발터는 원고를 읽고, 소중한 조언을 해주었습니다. 이들 덕분에 책의 이해도를 한결 더 높일 수 있었습니다.

천문학자 프라이슈테터는 그 밖에도 몇 달간 미생물에 푹 빠져 다른 것에 관심을 두지 않았던 자신을 호의적으로 묵묵히 참아준 에비 페히에게 심심한 감사를 전합니다.

생물학자 헬무트 융비르트 역시 천문학자 프라이슈테터와의 협업으로 말미암아 가족끼리 함께하는 시간을 현저히 희생해야 했습니다. 이를 묵묵히 참고 견디어준 아내 케르스틴, 아들 야콥, 강아지 우디에게 특별한 감사를 전합니다.

찾아보기

389

옮긴이 **유영미**

연세대학교 독문과와 동 대학원을 졸업했으며, 전문 번역가로 활동하고 있다. 인문, 과학, 사회과학, 에세이 등 다양한 분야의 책을 번역했다. 옮긴 책으로는 《100개의 별, 우주를 말하다》를 비롯하여 《우리에겐 과학이 필요하다》《부분과 전체》《악의 과학》《왜 세계의 절반은 굶주리는가》 등이 있다. 《스파게티에서 발견한 수학의 세계》로 2001년 과학기술부 인증 우주과학도서 번역상을 받았다.

감수자 **김성건**

2002년 한국과학기술원 생명과학과에서 박사 학위를 받았다. 2007년부터 한국생명공학연구원 생물자원센터에서 일하고 있으며, 2018년부터 생물자원센터장을 맡고 있다. 세균 분야 큐레이터이며, 글라이딩 세균 등 유용한 신종 세균 자원에 대한 미생물 분류와 특성분석에 관한 연구를 수행하고 있다. 감수한 책으로는 《미생물이 우리를 구한다》가 있다.

100개의 미생물, 우주와 만나다

초판 1쇄 발행 2022년 9월 26일

지은이 • 플로리안 프라이슈테터, 헬무트 융비르트
옮긴이 • 유영미
감수자 • 김성건

펴낸이 • 박선경
기획/편집 • 이유나, 강민형, 지혜빈, 김선우
홍보/마케팅 • 박언경, 황예린
디자인 제작 • 디자인원(031-941-0991)

펴낸곳 • 도서출판 갈매나무
출판등록 • 2006년 7월 27일 제395-2006-000092호
주소 • 경기도 고양시 일산동구 호수로 358-39 (백석동, 동문타워 I) 808호
전화 • 031)967-5596
팩스 • 031)967-5597
블로그 • blog.naver.com/kevinmanse
이메일 • kevinmanse@naver.com
페이스북 • www.facebook.com/galmaenamu

ISBN 979-11-91842-32-6/03470
값 20,000원